串联电容补偿装置技术与应用

戴朝波　王崇祜　编著

中国电力出版社
CHINA ELECTRIC POWER PRESS

内容提要

近10多年来，串联电容补偿装置在1000kV特高压电网和10kV配电网都取得了显著进展。本书汇集了编著者近20年在串联电容补偿装置技术领域的研究成果，较为系统地介绍了现代串补装置中具有参考和借鉴价值的、专业性强的通用技术。本书注重基本原理、技术研究与工程应用相结合，力求表述简洁严谨，并注重图文并茂。

全书共6章。第1章为概述，介绍了串补装置基本概念、作用、发展状况和分类。第2章重点阐述固定串联电容补偿装置组成及其保护，第3章重点阐述可控串联电容补偿装置组成及其控制。第2章和第3章力求较为系统地介绍串补装置基本知识点。第4章详细论述电容器接线、串联电容器组快速旁路、串联电容补偿装置冗余、可控串补装置同步和特高压可控串补装置支路并联等现代串补装置中具有参考和借鉴价值的、专业性强的通用技术。第5章以国内外较为典型的串补装置工程为例阐述了串补装置应用，并简要阐述串补装置应用中的特殊问题。第6章阐述了串补装置在低压配电网应用时的特殊性。

本书适合于从事串联电容补偿装置技术、智能电网电力装备技术、高电压技术的科研人员、高等院校电力专业师生、技术开发与工程设计人员、运行维护人员阅读，也可作为相关领域研究的参考教材。

图书在版编目（CIP）数据

串联电容补偿装置技术与应用 / 戴朝波，王崇祜编著．—北京：中国电力出版社，2019.11
ISBN 978-7-5198-3782-2

Ⅰ．①串…　Ⅱ．①戴…②王…　Ⅲ．①配电线串联补偿一研究　Ⅳ．①TM714.3

中国版本图书馆CIP数据核字（2019）第227181号

出版发行：中国电力出版社
地　　址：北京市东城区北京站西街19号（邮政编码100005）
网　　址：http://www.cepp.sgcc.com.cn
责任编辑：罗翠兰（010-63412428）
责任校对：黄　蓓　朱丽芳
装帧设计：张俊霞
责任印制：石　雷

印　　刷：三河市万龙印装有限公司
版　　次：2019年11月第一版
印　　次：2019年11月北京第一次印刷
开　　本：710毫米×1000毫米　16开本
印　　张：14.75
字　　数：229千字
印　　数：0001—1000册
定　　价：68.00元

前 言

串联电容补偿装置指串联在输配电线路中，用以补偿线路等值感抗，通常由电容器组及其保护、控制等设备组成的装置，主要有固定串联电容补偿装置和可控串联电容补偿装置，其中，固定串联电容补偿装置串联电抗基本不变或不能平滑调节，可控串联电容补偿装置串联电抗可实时调节。串补装置主要用于提高系统稳定性，增加线路输送能力，改善电压质量和无功功率平衡条件，合理分配并联线路或环网中的潮流。

早在 1928 年，美国纽约电力和照明（New York Power and Light）公司在 33kV 输电线路的鲍尔斯顿 • 斯帕（Ballston Spa）变电站投运了世界上第一套串补装置。我国于 1954 年 10 月在牡丹江地区鸡西到密山 22kV 线路的永安变电所内投运了国内第一套串补装置。尽管串补装置已有 90 多年的应用历史，但一直处于变革和创新中。2004 年 12 月，甘肃省电力公司在碧口电厂至成县变电站 220kV 输电线的成县变电站投运了我国第一套国产可控串补装置。2007 年 10 月，在东北伊敏至冯屯双回 500kV 输电线的冯屯变电站投运了我国第一套国产 500kV 可控串补装置。2011 年 12 月，在 1000kV 晋东南—南阳—荆门特高压交流线路的南阳和长治变电站投运了世界上电压等级最高的特高压串补装置。在 10kV 配电网中，串补装置作为应对低电压、闪变等问题的经济有效的措施得到了推广应用。

戴朝波有幸作为主要研发人员参加过 2000 年后投运的上述这些串补装置工程。王崇祜参加了 1000kV 特高压串补装置工程和多个 500kV 串补装置工程。戴朝波和王崇祜一起编写过关于串补装置的 1 项国家标准和 3 项行业标准，并一起去浙江金华市浦江供电局等地考察过 10kV 配电网串补装置，本书绝大部分内容均取材于编著者所参加的串补装置工程经验总结和标准编写过程中收集整理的资料。

本书采用专题形式对串补装置电容器接线、串联电容器组快速旁路、串补装置冗余、可控串补装置同步和特高压可控串补装置支路并联等 5 个技术点进行阐述，使各技术点各自独立，便于仅对这些技术点感兴趣的读者提供较为详细的论述。在突出串补装置近 10 多年新进展、新成果的基础上，本书兼顾覆盖面，从低电压的 10kV 配电网串补装置到世界最高电压的 1000kV 特高压串补装置，串联电容器组快速旁路技术包括 20 世纪 40 年代开始使用的间隙到最新的 ABB 开普托技术，从而尽可能地满足普通电力阅读者对串联电容补偿装置进行系统性、完整性了解的需要。编著者深知见识有限、所做的工作也只是沧海一粟，但愿意花时间和精力整理出来，作为编著者多年工作的总结，希望能够起到抛砖引玉的功效。

本书第 1 章简要阐述串补装置基本概念、作用、分类和发展状况。第 2 章和第 3 章分别阐述固定串联电容补偿装置组成及其保护和可控串补装置组成及其控制，力求系统介绍串补装置基本知识点。对于现代串补装置中具有参考和借鉴价值的、专业性强的通用技术，如电容器接线、串联电容器组快速旁路、串联电容补偿装置冗余和可控串补装置同步和特高压可控串补装置支路并联，做适当的延伸和扩展后，整理成第 4 章。第 5 章以国内外较为典型的串补装置工程为例阐述了串补装置应用，重点阐述世界首套 1000kV 特高压串补装置工程。第 6 章简要介绍串补装置在低压配电网应用时的特殊性。本书由戴朝波和王崇祜合作编著，其中，王崇祜编写了本书的第 2 章、第 4 章 4.1、第 5 章 5.1 和第 6 章，并通读全文，提出不少修改建议，戴朝波编写了其余章节，并负责统稿。

在编写过程中，以全球能源互联网研究院有限公司荆平教授级高级工程师和华北电力大学李琳教授等为代表的老一代科研和教学工作者给予了不少的关怀和支持，对此笔者深表感谢。中电普瑞科技有限公司詹雄、袁洪亮、金雪芬和喻劲松，国网冀北电力科学研究院沈丙申，全球能源互联网研究院李金元和张喆，国网浙江省电力有限公司宁波供电公司张浩，中国电力科学研究院周玮西安 ABB 电力电容器有限公司郭庆文和桂林电力电容器有限责任公司梁琮等给予了技术指导和帮助，在此一并表示由衷的感谢。华北电力大学周攀、王鑫、赵志伟和王威峰帮助查找了技术文献，在此表示感谢。衷心感谢中国电力出版社责任编辑罗翠兰在本书出版过程中给予的热情帮助。对本书所引用文献的作者表示谢意。在此特别感谢我的爱人许薇女士，她承担了多年的家务和教育孩子的重任，使我有时间和精力去撰稿和统稿。

虽经反复修改和完善，但限于编著者学识水平有限，书中难免有不少错误、疏漏和偏颇的观点，恳请广大读者批评指正。联系方式：chaobodai@qq. com。

戴朝波
2019 年 6 月

目 录

第1章 概 述

1.1 基本概念

串联补偿通过在输电线路中串联接入相应的装置，以改变输电线路静态或/和动态特性，从而达到改善电网运行性能的目的。可控串联补偿通常指在一个交流输电系统中应用串联电抗，并能实现对串联电抗的实时控制。可控串联补偿主要有下列5种装置：

（1）晶闸管控制串联电容器（Thyristor Controlled Series Capacitor，TCSC）；

（2）晶闸管投切串联电容器（Thyristor Switched Series Capacitor，TSSC）；

（3）晶闸管控制串联电抗器（Thyristor Controlled Series Reactor，TCSR）；

（4）晶闸管投切串联电抗器（Thyristor Switched Series Reactor，TSSR）；

（5）静止同步串联补偿器（Static Synchronous Series Compensator，SSSC）。

静止同步串联补偿器通过改变注入电压的幅值和相角（超前或滞后线路电流约90°）来实现串联基波电抗的实时控制。

统一潮流控制器和相角调节器等装置确实也能起到串联补偿的作用[1]，但其串联侧和输电线路通常有比较大的有功功率交换，不属于应用串联电抗的范畴，因此，通常不把这些装置归类到串联补偿中。

串联电容器补偿装置[2]指串联在输电线路中，由串联电容器组及其保护、控制等辅助设备组成的装置，也被称为串联电容器[3]、串联电容补偿装置[4]和串联补偿装置[5]，俗称串补装置，主要有固定串联电容补偿装置或固定串联电容器（Fixed Series Capacitor，FSC）和可控串联电容补偿装置[6]或晶闸管控制串联电容器[7-9]或晶闸管控制串联补偿器（thyristor controlled series compensator[10,11]）。其实，与串联电容器补偿装置略有不同，串联电容补偿装置组成中可以没有串联电容器组，比如静止同步串联补偿器，范围略广。

根据故障发生位置不同，可将故障分为区内故障和区外故障。区内故障指发生在装有串补装置的被保护线路部分的线路故障[2]，如图 1-1 所示。通俗一点，可以理解为发生在串补装置所在线路两端的线路断路器之间的故障[12]。

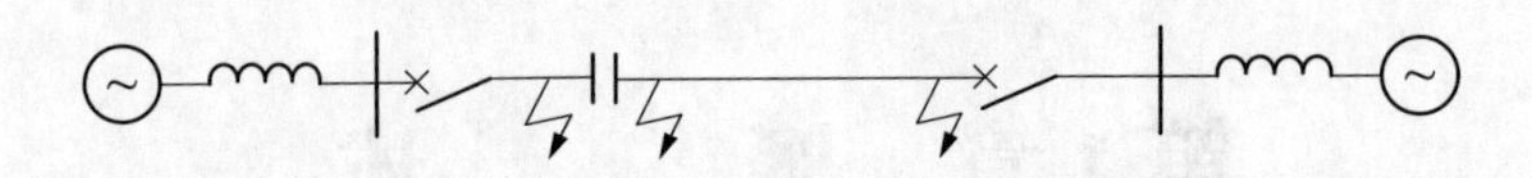

图 1-1　区内故障

区外故障指发生在装有串补装置的被保护线路部分以外的故障[2]，如图 1-2 所示。通俗一点，可以理解为发生在串补装置所在线路两端的线路断路器及之外的所有故障[12]。需要强调的是：通常把线路断路器故障归到区外故障。

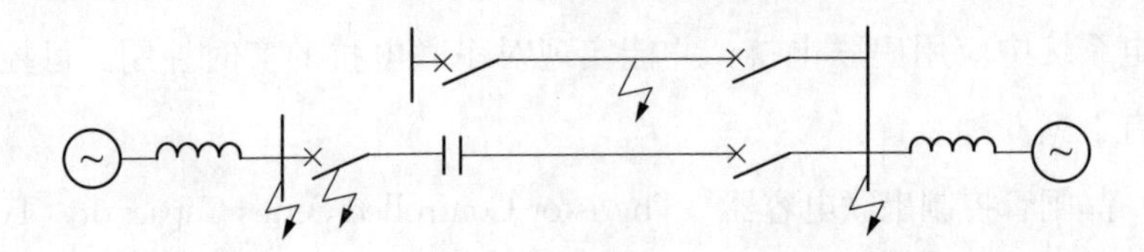

图 1-2　区外故障

图 1-3 给出了串联电容器组补偿线路的示意，此时，串联电容器组通常是固定不变的，线路的串联补偿度 k（简称串补度）一般为 25%～70%，可按式（1-1）计算得到[3]。

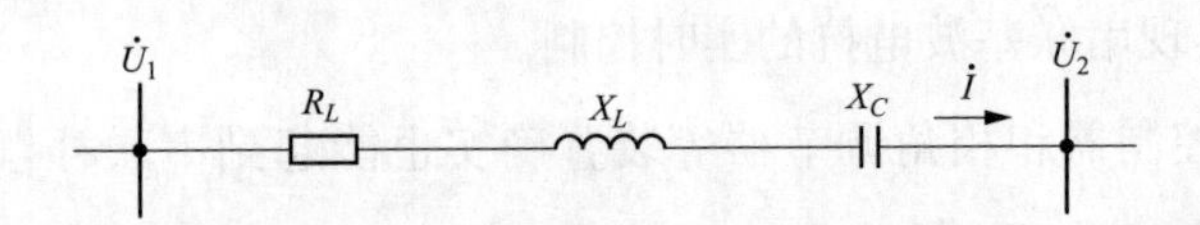

图 1-3　串联电容器组补偿线路

$$k = 100(X_C/X_L)\% \tag{1-1}$$

式中　k——串补度；

X_C——串联电容器组的容抗，Ω；

X_L——串补装置所在线路的正序感抗的总和，Ω。

TCSC 指在串联电容器组两端并联晶闸管控制的电抗器及其控制保护等设备组成的装置。TCSC 可以实时控制其基波电抗，在串补度 k 基础上，又引入提升系数 k_B 的基本概念，变化范围通常为 1.0～3.0，可按式（1-2）计算得到。

$$k_B = X(\alpha)/X_C \tag{1-2}$$

式中 k_B——提升系数；

$X(\alpha)$——TCSC的基波容抗，Ω。

1.2 串联电容补偿装置作用

串补装置主要用于提高系统稳定性和增加线路输送能力，改善系统电压质量和无功功率平衡条件，合理分配并联线路或环网中的潮流。

（1）提高系统稳定性和增加输送能力。对于图1-3中所示的电路，忽略线路等值电阻 R_L 的影响，线路两端电压幅值 U_1、U_2 恒定时，线路输送的有功功率近似为

$$P = U_1U_2\sin\delta/(X_L - X_C) = U_1U_2\sin\delta/[(1-k)X_L] \tag{1-3}$$

式中 P——线路输送的有功功率，W；

U_1、U_2——串补装置所在线路两端电压幅值，V；

δ——串补装置所在线路两端电压的相角差，°。

从式（1-3）可得，串补装置可在同一相角差情况下使输送的有功功率 P 提高到 $1/(1-k)$ 倍，静态稳定极限输送容量相应增大。另一方面，在输送同一有功功率 P 时，由于 δ 变小，系统抗扰动裕度增加，暂态稳定性有所提高。

（2）改善系统电压质量和无功功率平衡条件。电容器组所产生的无功功率与通过电容器组电流 $\dot{I}$ 幅值的平方成正比，因此，串补装置对于改善系统运行电压和无功功率平衡条件有自适应能力。以线路电压 $\dot{U}_2$ 为基准，图1-4给出了图1-3所示电路的电压向量图，忽略电压降落的垂直分量，则接入串补装置后线路电压降 ΔU 可近似表示为

$$\Delta U = I[R_L\cos\varphi + (1-k)X_L\sin\varphi] \tag{1-4}$$

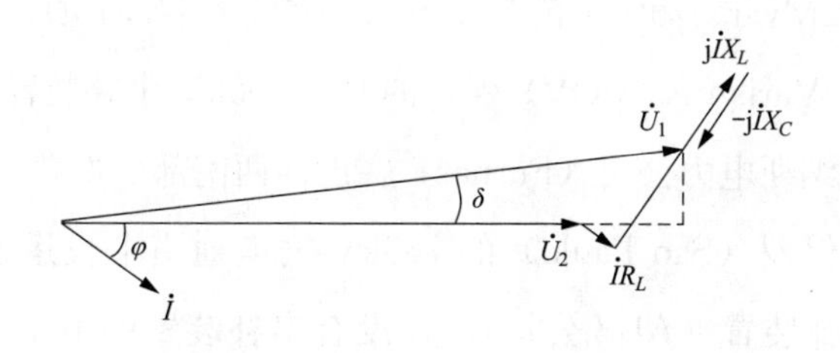

图1-4 电压向量图

式中 ΔU——串补装置所在线路的电压降，V；

I——串补装置所在线路的电流幅值，A；

R_L——串补装置所在线路的等值电阻，Ω；

φ——线路电压 $\dot{U}_2$ 处负载的功率因数角，°。

由此可得，电容器组可使线路电压降 ΔU 近似减少 $kIX_L \sin\varphi$。串补度 k 越高，线路 X_L/R_L 比值越大，负载功率因数 $\cos\varphi$ 越低，电压的补偿效果就越显著。

(3) 合理分配并联线路或环网中的潮流。在由不同导线截面组成的或不同电压线路经变压器组成的闭合电网中，可以采用串补装置来等效缩短线路的电气距离，优化线路的潮流分布，从而降低线路有功功率的损耗。

1.3 串联电容补偿装置发展状况

1928 年，美国纽约电力和照明（New York Power and Light）公司在 33kV 输电线路上的鲍尔斯顿·斯帕（Ballston Spa）变电站投运了容量为 1.2Mvar 的串补装置（GE 公司）。1950 年，瑞典国家电力局（Swedish State Power Board，SSPB）在瑞典斯塔德福森（Stadsforsen）到哈里斯贝尔格（Hallsberg）长约 483km 的 230kV 线路中间的阿尔夫塔（Alfta）应用串补度为 20%、容量为 31.4Mvar、额定电流为 510A、容抗为 40Ω、单间隙保护的串补装置（ASEA 和 Sieverts Kabelverk 公司）[13,14]，使线路输送容量提高了 25%。1954 年，瑞典国家电力局在密特斯柯格（Midskog）到哈里斯贝尔格（Hallsberg）长达 475km 的 400kV 线路上的哈维罗（Havero）和特茹尔摩（Djurmo）变电站应用串补度为 19%+20%、容量为 105Mvar+108Mvar、额定电流为 1000A、容抗为 35Ω+36Ω、单间隙保护的两套串补装置（ASEA 公司）[13]。1977 年，阿根廷的意太罗（Hidronor）电力公司在亨德森（Henderson）Ⅱ和普埃尔切斯（Puelches）Ⅱ各自投运容量为 182Mvar、额定电流为 2056A、容抗为 14.375Ω、金属氧化物限压器（Metal Oxide Varistor，MOV）保护的两套 500kV 串补装置（ASEA 公司）。1989 年，巴西福纳斯电力公司（Furnas）在巴西西南部伊泰普（Itaipu）大型水电站到东南部圣保罗（Sao Paulo）的 765kV 输电通道上投运了额定电流都为 2780A 的 8 套串补装置（ABB 公司）。在没有串补装置的最不利情况下，三回 765kV 输电线路的输电能力局限在 4500MW。8 套串补装置投运后，总量达

6300MW的全部发电量都可从伊泰普经由765kV交流输电走廊安全地输送到负荷中心[15]。1991年，美利坚电力公司（American Electric Power）在西弗吉尼亚州的卡拉瓦河（Kanawha River）变电站345kV输电线路上投运容量为787.5Mvar、额定电流为2500A、容抗为42Ω的TSSC，其串补度可从0%～60%按每级10%变化，用于潮流控制和提高线路的输电能力等。TSSC与TCSC的主要差别是：TSSC旁路电抗值选得比TCSC的小得多，它只能运行在接入或旁路两种状态。1992年，美国西部电力管理局（Western Area Power Administration）在亚利桑那州的卡因塔（Kayenta）变电站230kV输电线路上投运49.5Mvar、1000A、16.5Ω（k_B=1.1时）的TCSC（西门子公司），又称先进串联补偿（Advanced Series Compensation）。1993年，美国邦纳维尔电力局（Bonneville Power Administration，BPA）在俄勒冈州的斯拉脱（Slatt）串补站投运了500kV电压等级的232.1Mvar、2900A、9.2Ω（k_B=1.15时）的TCSC（GE公司），每相由6个相同的TCSC模块串联组成。1999年，专用于次同步谐振抑制的147.8Mvar、1500A、21.9Ω（k_B=1.2时）的TCSC在瑞典400kV斯多德（Stöde）串补站中投运（ABB公司）。2000年，美国南加州爱迪生电力公司（Southern California Edison）在洛杉矶北面的500kV文森特（Vicent）变电站投运了由西门子公司提供的401.4Mvar、2400A、23.23Ω的基于晶闸管阀保护的串补装置（Thyristor protected series capacitor，TPSC）。2003年，ABB公司的快速保护装置（Fast protective device，FPD）在加拿大的卡穆拉斯卡（Kamouraska）变电站内的315kV串补装置的一相上得到试验应用。

在国内，1954年10月，在牡丹江地区22kV鸡西到密山线路的永安变电所内投运了容量为600kvar、容抗为54.5Ω、串补度为168%的串补装置。当线路负荷增至1790kW，串补装置能使受端电压从16kV提高到19kV[16]。1955年7月，在齐齐哈尔地区35kV齐齐哈尔到富拉尔基线路上安装容量为4440kvar、容抗为25.5Ω、串补度为104%的串补装置，输送能力提高约1倍[16]。1966年，在新安江—杭州—上海线路上的杭州变电站投运容量为29.7Mvar、串补度为18.8%的220kV串补装置[17]。1968年5月，电气化铁道牵引供电系统用串补装置在秦岭牵引变电所投入运行[18]。1968年8月，在绍兴—宁波的110kV线路的上虞变电站投运了容量为6.75Mvar、容抗为38.2Ω的串补装置[19]。1972年，在刘家峡—天水—关中长达530km的330kV单回线路上的秦安变电站投运了串补度为30%、容量为54Mvar的串补装置，使该线路输电能力提高了20%[17]。2000年12月，在500kV东明到三堡线路上的三堡变电站内投运了500Mvar、2360A、29.92Ω、串补度为40%的串补装置（西门子公司）[20]。2003年7月，中国南方电网公司在贵州天生桥（天二）至广西平果500kV输电线的平果变电站投运了两套54.78Mvar、2000A、4.565Ω（k_B=1.1时）的TCSC（西门子公司）[21]。2004年12月，甘肃省电力公司在碧口电厂至成县变电站220kV输电线的成县变电站投运由中国电力科学研究院（简称中国电科院）提供的86.65Mvar、1100A、23.87Ω（k_B=1.1时）的TCSC[22]。2006年7月，在东明开关站到三堡变电站第3回500kV线路的三堡变电站投运了529Mvar、2360A、31.64Ω、串补度为41.4%的串补装置（中国电科院）[23]。2007年10月，在东北伊敏至冯屯双回500kV线路的冯屯变电站投运326.6Mvar、2330A、20.05Ω（k_B=1.2时）、串补度为15%的TCSC（中国电科院）[6]。2011年12月，在1000kV晋东南（长治）—南阳—荆门特高压交流线路南阳1000kV变电站和长治1000kV变电站投运额定电流为5080A、总容量为3788 Mvar的3套串补装置（中国电科院和中电普瑞科技有限公司）[24]，线路输送能力从4480MW提高到5600MW。

综上所述，不难看出：尽管串联电容补偿装置已有90多年的工程应用历史，但还在不断地变革和创新。

1.4 串联电容补偿装置分类

按串补装置串联电抗是否实时可控，可分为固定和可控两种基本型式，图1-5（a）所示为固定串联电容补偿装置典型电气主接线，在第2章有相应介绍；图1-5（b）给出了TCSC的电气主接线，是可控型式中最为典型的，在第3章有相应介绍。

按串补装置所在电网的不同，可分为输电网串补装置和配电网串补装置。输电网串补装置通常用来提高系统稳定性和增加输送能力，是本书阐述的重点；配电网串补装置通常以改善电压质量为主，更加注重经济性，呈现出不少与输电网串补装置不同之处，在第6章有相应的阐述。

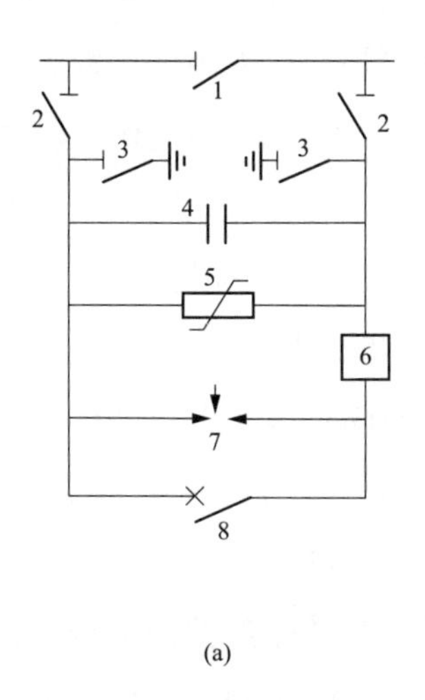

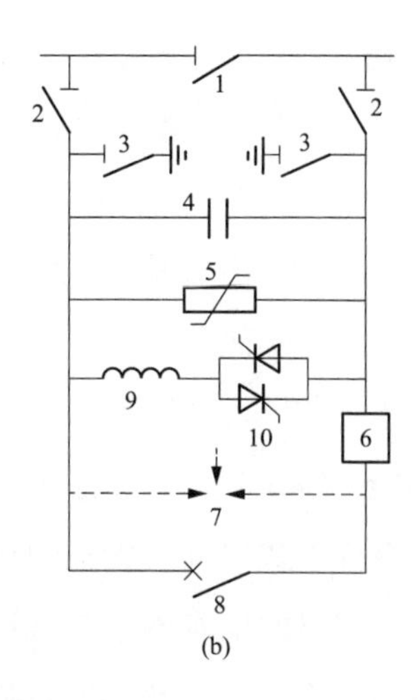

图 1-5　串补装置典型电气主接线

(a) 固定串联电容补偿装置；(b) TCSC

1—旁路隔离开关；2—串联隔离开关；3—接地开关；4—串联电容器组；5—金属氧化物限压器；6—阻尼装置；7—间隙；8—旁路开关；9—阀控电抗器；10—晶闸管阀

按串补装置工作方式不同，可分为常规串补装置和潜式串补装置。线路正常运行时，图 1-5（a）中旁路开关在合位，电容器组被旁路，处于热备用状态。在线路发生故障后，潜式串补装置控制保护判断出输电线路发生短路故障，并经适当延时将非故障线路所在的电容器组快速投入，即旁路开关分闸。补偿持续相对较短的一段时间后，旁路开关合闸，电容器组退出。潜式串补装置有点像潜水艇，平常总是“潜伏”在水面下，在系统发生故障后的最为关键的这段时间内“浮出”水面，发挥提高系统暂态稳定性的作用[25]。

按串补装置安装方式不同，可分为集中式和分布式两种。集中式串补装置容量大、体积大、占地面积也大，对运行维护的要求也相对较高。分布式串补装置容量小、体积小，通常挂接在电力传输线上[26]。

在此补充介绍相对较为新颖的潜式串补装置和分布式串补装置。

1.4.1　潜式串补装置

至少早在 1977 年，就有强补概念。在一些情况下，如线路故障后切除双回线路中的一回，或者单相自动重合闸的单回线路上，为充分利用串联电容器组来提高系统稳定性，在发生故障后，可借切除部分并接的电容器，来增加电容器的容抗，如图 1-6 所示，待故障消除、系统恢复正常后，再将切除的电容器重

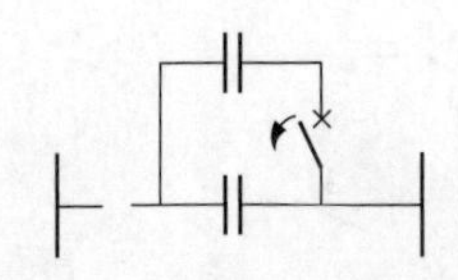
图 1-6 电容器组强补

新投入。这种措施就是强补。在采用强补时，必须计及电容器的短时过负荷能力、电容器容抗增加后对线路继电保护的影响、接线方式的复杂化及附属设备的增加等因素，然后确定是否采用强补及强补的程度[4]。

TCSC 通常具有强补功能，可参见第 5 章 5.2.1 节中的相关阐述。

潜式串补装置可理解为采用图 1-5（a）中的固定串联电容补偿装置来实现强补的功能。潜式串补装置特征在于旁路开关（图 1-5 中的旁路开关）断口为常闭接点，并受潜式串补装置控制保护所控制。当系统发生故障且切除故障线路后，非故障线路的电容器组投入线路进行补偿，抵消了线路的部分电抗，提高了系统的暂态稳定性。潜式串补装置设计的初衷是在确保串补装置提高电网暂态稳定性的同时，降低由于串补装置带来的次同步谐振/次同步振荡等风险[14]。

对于图 1-5（a）中的电气主接线，潜式串补装置正常运行时，阻尼装置串联在线路中，对系统稳定运行不利，存在有功功率损耗，还有噪声等问题。如将阻尼装置与电容器组串联连接，旁路开关处于合位时，阻尼装置也被旁路开关旁路而不接入线路，这就有图 1-7（a）所示的电气主接线[27]，解决了阻尼装置在“潜伏”期间线路电流/负荷电流产生的有功功率损耗和噪声等问题。当然，电容器组过电压保护方案不同，潜式串补装置电气主接线也就不同[27]。

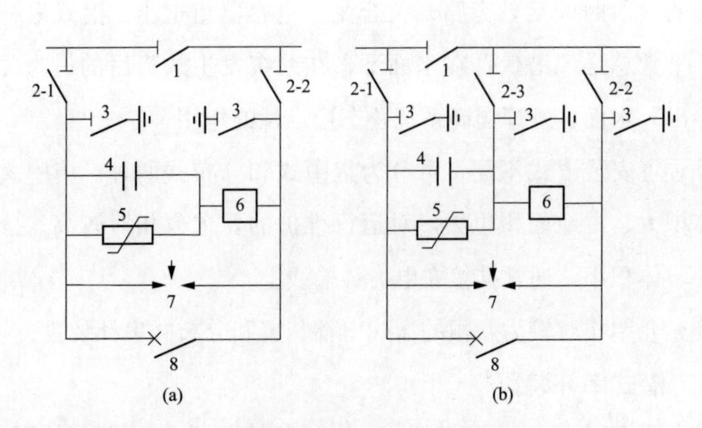

图 1-7 潜式串补装置电气主接线

（a）阻尼装置内置的潜式串补装置；（b）可转换的潜式串补装置

1—旁路隔离开关；2-1、2-2、2-3—串联隔离开关；3—接地开关；4—串联电容器组；5—金属氧化物限压器；6—阻尼装置；7—间隙；8—旁路开关

可转换的潜式串补装置电气主接线如图 1-7（b）所示，和图 1-7（a）相比，仅多一个串联隔离开关及其接地开关。作为常规串补装置运行时，串联隔离开关 2-2 始终处于分位，串联隔离开关 2-1 和 2-3 处于合位、旁路隔离开关和旁路开关处于分位，串联电容器组投入运行；作为潜式串补装置运行时，串联隔离开关 2-3 始终处于分位，串联隔离开关 2-1、2-2 和旁路开关处于合位、旁路隔离开关处于分位，串联电容器组被旁路，处于“潜伏”状态。控制保护系统应该有相应的常规串补和潜式串补这两种运行模式，以便和电气主接线的运行方式保持一致[28]。

潜式串补装置可采用下面的投入和退出策略[27]：

（1）区内故障。区内发生单相短路故障时，非故障相的潜式串补装置串联电容器组迅速投入进行补偿，故障相的潜式串补装置串联电容器组至少在单相重合闸重合成功前不应投入，即保持旁路状态。当单相重合闸重合成功后，如故障相潜式串补装置串联电容器组迅速投入，则有助于提高系统的暂态稳定性。经过一定时间，系统重新进入稳定，再将潜式串补装置整体退出，即将潜式串补装置三相电容器组旁路。区内发生两相或三相短路故障时，潜式串补装置应保持串联电容器组旁路不动作。

（2）区外故障。区外发生单相短路故障时，潜式串补装置串联电容器组可保持旁路不动作，也可三相整体迅速投入进行补偿。区外发生两相或三相短路故障时，线路断路器动作切除故障线路后，潜式串补装置串联电容器组三相均应迅速投入。经过一定时间，系统重新进入稳定状态，再将潜式串补装置串联电容器组旁路。

在此需要补充的是：潜式串补装置串联电容器组的容抗可以选得略大些，以便充分发挥其提高系统暂态稳定性的能力。当然，潜式串补装置是否能在工程中得到应用和推广，关键还在于潜式串补装置方案的技术经济性。

1.4.2 分布式串补装置

美国佐治亚理工学院的迪文·迪帕克（Divan Deepak）教授等人提出了分布式灵活交流输电技术（Distributed Flexible Alternative Current Transmission System，D-FACTS）概念[29]。D-FACTS 核心是小容量的分布式串联补偿器，即分布式 FACTS 控制器（Distributed FACTS Controller，DFC）。图 1-8 给出了 DFC 安装位置的示意，该技术将大量 DFC 分布地挂接在电力杆塔上或杆塔两侧的电力传输线上，通过调节线路的基波电抗，来控制断面潮流、提高被补偿线路的电压和输送能力、抑制次同步振荡、减轻拥塞、限制环流等[30]。

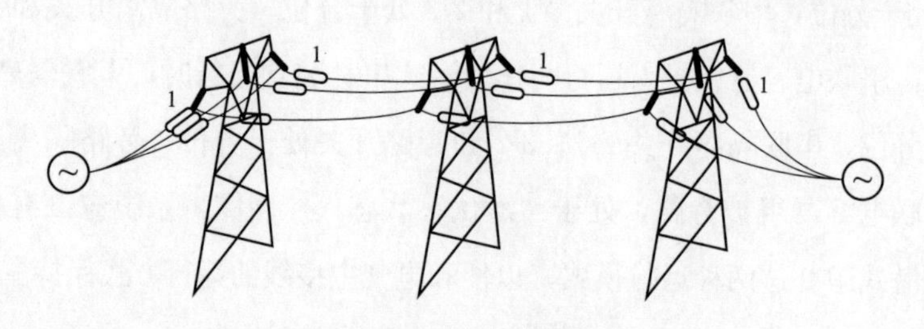

图 1-8　DFC 安装位置的示意

1—分布式 FACTS 控制器

DFC 中的分布式串联电抗（Distributed Series Reactor，DSR）由单匝变压器、常闭机械开关、取能电路、反并联晶闸管、控制保护、通信等组成[29]，结构较为简单，图 1-9 给出了 DSR 组成结构示意。采用单匝变压器的 DSR 最大特点就是不需要断开电力传输线，可以直接挂接在电力传输线上。2012 年 10 月，DSR 在美国田纳西州得到现场应用[31]，即挂接在电力传输线上，如图 1-10 所示。

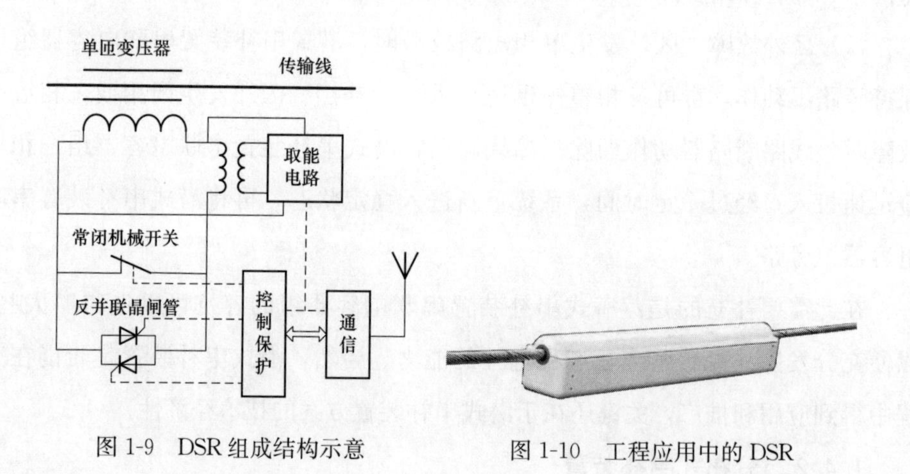

图 1-9　DSR 组成结构示意　　　　图 1-10　工程应用中的 DSR

DFC 中的分布式静止串联补偿器（Distributed Static Series Compensator，DSSC）由常闭机械开关、反并联晶闸管、滤波电容、滤波电感、单相电压源换流器、直流电容、控制保护、通信等组成[29,32]，结构略微复杂，图 1-11 给出了 DSSC 组成结构示意。DSSC 可提供基波等值电容或电感，功能较强。2016 年 10 月，DSSC 在爱尔兰西部的戈尔韦（Cashla）—恩尼斯（Ennis）110kV 线路得到正式应用[33]。DSSC容量和重量相对较大，不能直接挂接在传输线上，可以挂接安装在电力杆塔上，如图1-12中所示。

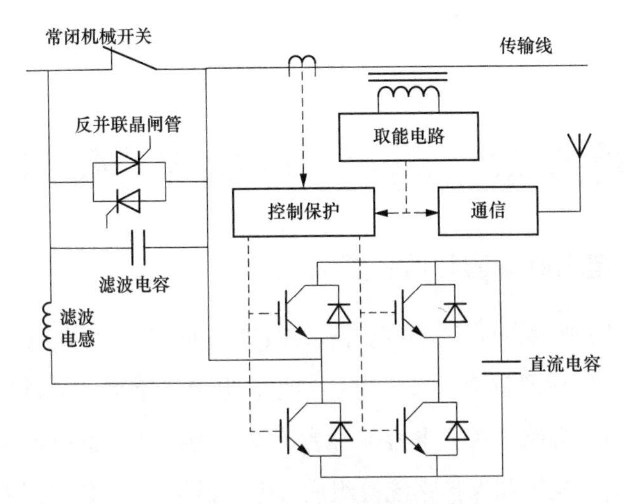

图1-11　DSSC组成结构示意

在配电网中采用串补装置，主要用于补偿线路的感性压降、改善电压质量。如DFC直接挂接在配电线路上，则对装置的重量和经济性有较为苛刻的要求。如采用柱上式安装方案，则对DFC的重量控制要求可略微放宽些，同时可不用单匝变压器。图1-13给出了一种较为简洁和经济的分布式串补装置结构示意[26]，其中，限流电抗仅为限制反并联晶闸管导通时的电流变化率。

图1-12　工程应用中的DSSC

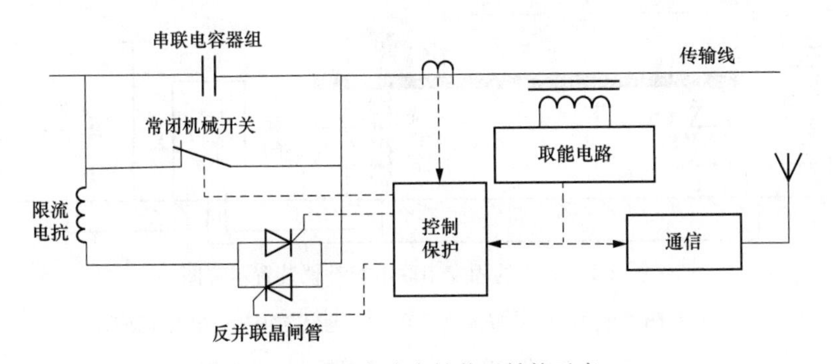

图1-13　分布式串补装置结构示意

第 2 章　固定串联电容补偿装置

2.1　固定串联电容补偿装置组成

图 2-1 给出了典型的固定串联电容补偿装置示意。固定串联电容补偿装置主要有旁路隔离开关、串联隔离开关、电容器组、电流互感器、金属氧化物限压器、阻尼装置、间隙、旁路开关、电容器平台、支柱绝缘子、斜拉绝缘子、光纤柱、平台测控和地面上的控制保护系统等组成。电容器组、金属氧化物限压器、阻尼装置、间隙、电流互感器等一次主设备通常安装在与地面绝缘的电容器平台上。

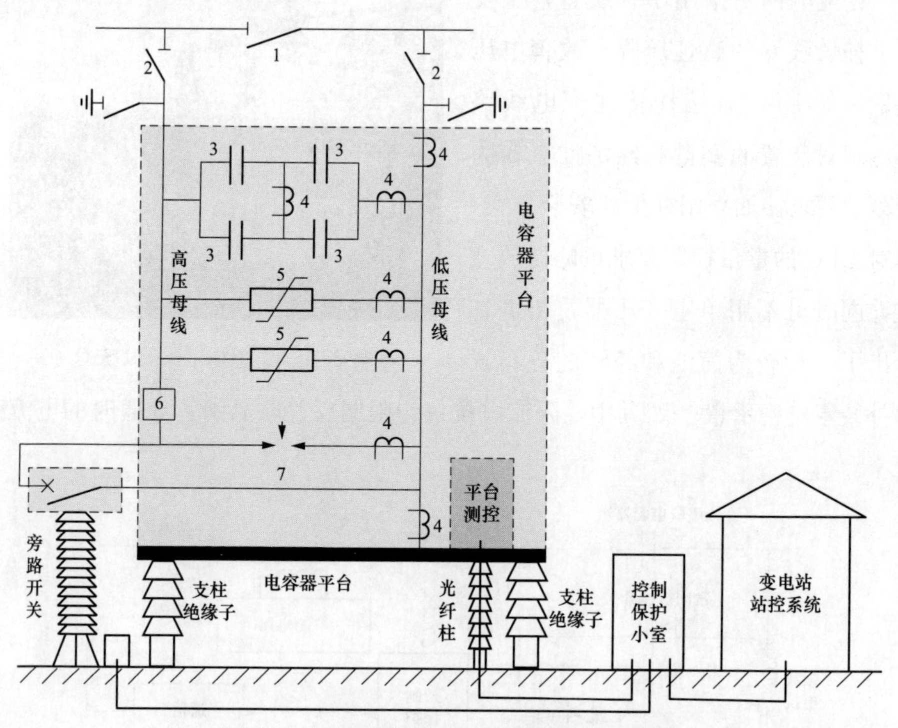

图 2-1　典型的固定串联电容补偿装置示意图

1—旁路隔离开关；2—串联隔离开关；3—电容器组；4—电流互感器；

5—金属氧化物限压器；6—阻尼装置；7—间隙

2.1.1　固定串联电容补偿装置一次主设备

2.1.1.1　电容器

电容器组由多台电容器单元通过串、并联组成，向输电线路提供所需要的容性电抗，是串补装置一次主设备之一。按照电容器单元熔丝的配置方式，电容器组可分为内部熔丝电容器组、无熔丝电容器组和装设外部熔断器的电容器组。熔丝配置方式不同，相应的电容器单元之间和电容器单元内部元件之间的接线有所不同，可参见第 4 章 4.1.1 中的相关阐述。现阶段，串补装置大都采用内部熔丝电容器组。

电容器组应能承受连续负荷电流、电力系统故障电流、系统摇摆电流、应急负荷电流等。由于电力系统故障或者其他不正常的系统状态可能使电容器组电压超过其允许值，快速动作的过电压保护装置能将电容器组电压限制在允许范围内。通常将电力系统发生故障期间出现在过电压保护装置上的工频电压的最大峰值定义为电容器组的保护水平，保护水平可以用电容器组上的额定电压峰值为基准的标幺值来表示，取值通常在 2.0～2.5p.u. 之间。图 2-1 中固定串联电容补偿装置采用的是间隙和 MOV 组合的过电压保护方案，当然也有快速保护装置和 MOV 组合的过电压保护方案与晶闸管阀和 MOV 组合的过电压保护方案，可参见第 4 章 4.2 节中的相关阐述。现阶段，采用间隙和 MOV 组合的过电压保护方案的串补装置相对较多。

对于区外故障，即发生在串补装置所在线路之外的线路故障，MOV 在限制电容器组电压时分流相应的故障电流。在故障和失去并联线路后，电容器组的典型电流-时间曲线示意如图 2-2 所示，先是以秒为单位的摇摆电流，接着是以分钟为单位的故障后应急负荷电流，最后通过系统运行方式的调整转为连续负荷电流。

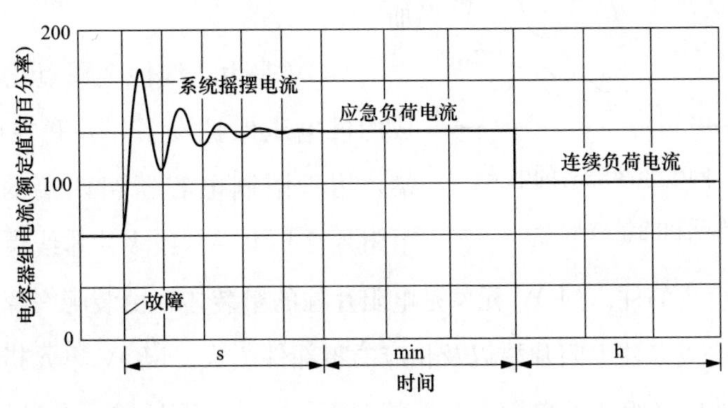

图 2-2　在故障和失去并联线路后，电容器组的典型电流-时间曲线示意

显然，串联电容器组需要耐受一个波动范围较宽的电流，至少要有表 2-1 所示的耐受能力。在有些应用场合，应急负荷电流的持续时间为 10min 或 4h，相应的数值会高于和低于表 2-1 中 30min 对应值。30min 应急负荷电流是最一般的规定，通常期望电容器组在其正常运行时的寿命期间内能耐受 300 次这样的过负荷。30min 应急负荷电流值会影响电容器组和 MOV 的设计和成本。国内串补装置通常约定 30min 应急负荷电流值为 1. 35p. u. ，如果该电流值大于 1. 6p. u. ，则需要增加电容器单元耐受连续负荷电流的能力。当然，电容器组的保护水平也会随之提高。

表 2-1　　　　电容器组典型的耐受过负荷和摇摆电流的能力

电流	持续时间	典型的范围（p. u. ）	最常见的值（p. u. ）
额定电流	连续	1. 0	1. 0
1. 1×额定电流	每 12h 中 8h	1. 1	1. 1
应急负荷电流（I_{EL}）	30min	1. 2～1. 6	1. 35～1. 50
摇摆电流	1. 0s～10s	1. 7～2. 5	1. 7～2. 0

2. 1. 1. 2　金属氧化物限压器

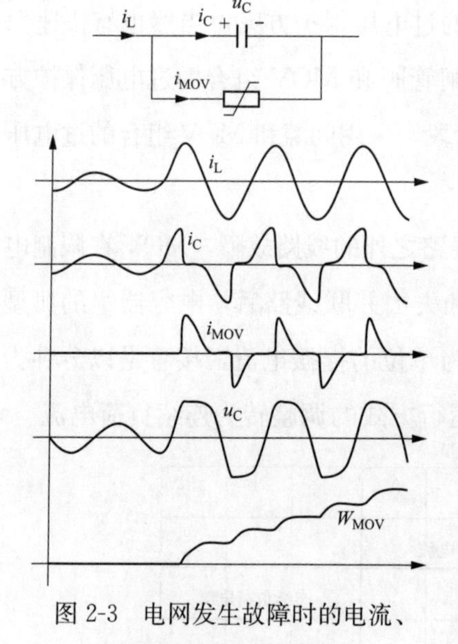

图 2-3　电网发生故障时的电流、电压和能量波形

图 2-3 给出了电网发生故障时的线路电流 i_L、电容器组电流 i_C、电容器组电压 u_C、MOV 电流 i_{MOV} 和 MOV 能量 W_{MOV} 的波形曲线示意。当电力系统发生短路故障时，线路电流 i_L 迅速增加。当 MOV 限制电容器组电压时，电容器组电压 u_C 基本保持不变，线路电流流经 MOV，MOV 能量 W_{MOV} 随之增加[34]。

MOV 是由非线性金属氧化物电阻片组成的过电压保护设备，并联在电容器组两端，用于限制电容器组两端的过电压[35]。电阻片柱是由一片或多片非线性金属氧化物电阻片串联组成的柱。MOV 元件是电阻片柱的组装体，由装配在瓷外套或复合外套中的一柱或多柱电阻片柱以及相应的零部件组成。MOV 单元指由一只或多只 MOV 元件串联组成的单元。一般情况下，多个 MOV 单元经过仔细匹配后，并联构成一相 MOV 组。

由于有 MOV，保护水平指在电力系统发生故障期间出现在 MOV 两端的工频电压的最大峰值。与保护水平相对应的流过 MOV 的电流最大值就是 MOV 的配合电流。MOV 额定电压指施加到 MOV 端子间的最大允许工频电压有效值。一般情况下，额定电压等于或大于电容器组流过系统摇摆电流或应急负荷电流时 MOV 两端的暂态过电压这两者的最大值。MOV 持续运行电压指允许持久地施加在 MOV 端子间的工频电压有效值。一般情况下，持续运行电压等于或大于电容器组应急情况下流过过负荷电流时 MOV 两端的工频电压。MOV 工频参考电流指用于确定 MOV 工频参考电压的工频电流阻性分量的峰值，对于单柱 MOV 元件，参考电流值的典型范围为电阻片面积乘以电流密度（0.05～1.0mA/cm^2）[35]。在 MOV 通过工频参考电流时测出的 MOV 工频电压峰值除以 $\sqrt{2}$ 的值为 MOV 的工频参考电压。MOV 直流参考电流指用于确定 MOV 直流参考电压的直流电流平均值。对于单柱 MOV 元件，直流参考电流值的典型值为 1～5mA。MOV 直流参考电压指在 MOV 通过直流参考电流时测出的 MOV 的直流电压平均值。MOV 典型伏安特性曲线如图 2-4 所示。图 2-4 只是示意性地表明了电容器组额定电压、MOV 最小参考电压和保护水平[36]，其中，I_R 指 MOV 电流中的电阻性分量，I_C 指 MOV 电流中的电容性分量。在 MOV 的例行试验中，应检验全部装配好的 MOV 单元的参考电压等于或大于最小参考电压，以确保正常运行时 MOV 单元没有太高的功率损耗。

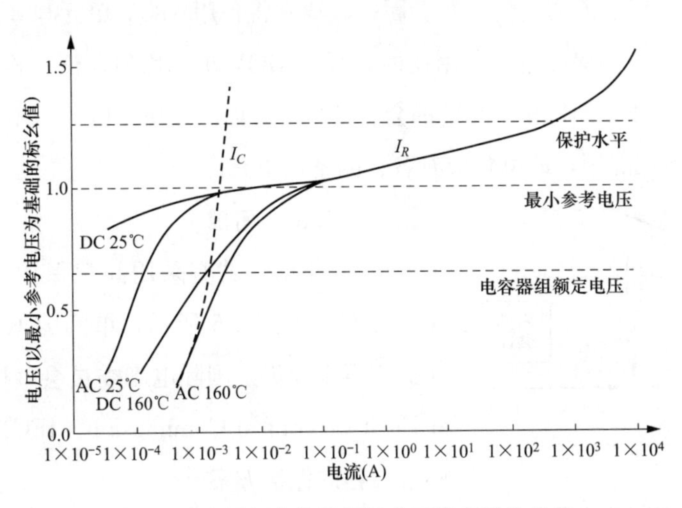

图 2-4　金属氧化物限压器典型伏安特性曲线

可用式（2-1）来近似描述 MOV 的伏安特性，其中，α 的取值通常在 3～50。在此需要着重指出的是：单纯的指数函数不能准确地表达 MOV 的完整伏安特性曲线。即使在规定的区间内，不变的参数值也可能是不适用的，应使用 MOV 的实际伏安特性曲线来确定这些参数值。

$$I = kU^{\alpha} \tag{2-1}$$

式中 I——MOV 的电流，p. u.；

k——比例系数；

U——MOV 的电压，p. u.；

α——指数系数。

为了满足高能量的要求，MOV 不得不使用多个 MOV 单元或多柱电阻片柱的并联。由于 MOV 存在制造偏差，MOV 电流分布就会有不均匀问题。考虑到 MOV 的强非线性伏安特性，因此，保证 MOV 电流和能量的均匀分布是至关重要的，以便获得经济、合理的设计。通常，电流为 100～1000A 时非线性金属氧化物电阻片的残压最大差别可达 5%，对于式（2-1），如非线性系数 α 等于 30，则相应的电流比为 1∶4。可见，通过非线性金属氧化物电阻片的筛选和匹配来实现 MOV 电流的均匀分布是非常有必要的。MOV 电流分布不均匀系数 η 或分流系数指并联在一起的电阻片柱（或单元）的最大电流与平均电流之比。最大电流分布不均匀系数 η 不应大于 1.10[35]。

由于 MOV 伏安特性的强非线性，即使残压在正常测量偏差内的微小改变都可能影响 MOV 电流的均匀分布。因此，通常将备用 MOV 单元与其他单元一起安装和运行。这将保证包括备用在内的所有 MOV 单元均匀老化，并且将维持电流分布偏差。考虑到每相 MOV 都会有各自电方面的经历，因此，不同相的备用 MOV 单元不宜混用，即每相应有各自的备用单元。

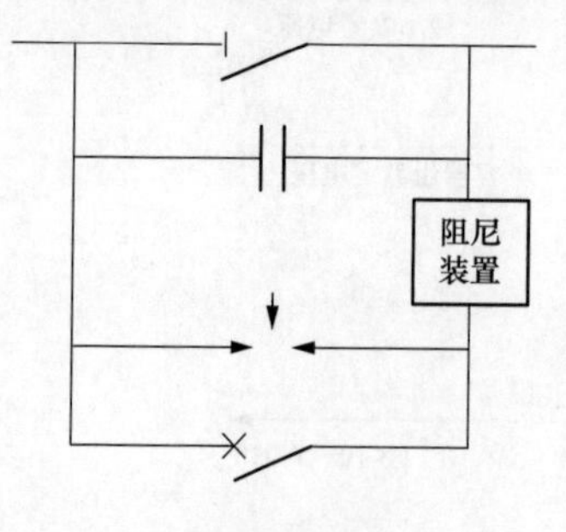

图 2-5 单间隙的 K1 型

2.1.1.3 间隙

近 70 年前，就有采用间隙保护电容器组的保护方案。如图 2-5 所示，单间隙 K1 型过电压保护方案至今仍是国际电工委员会（International Electrotechnical Commission，IEC）串补装置标准推荐的保护方案[37]。

起初，间隙是自触发的，具有某种由其闪络击穿水平决定的保护性能，也就是说，只要电容器组电压增加到相应数值后，间隙就能自放电，从而快速旁路电容器组。单间隙 K1 型保护的优点是节省投资、便于扩建，缺点是区外故障后电容器组重新投入的时间相对较长。当前，MOV 在电容器组工频过电压保护中得到较为普遍的应用。与间隙通过放电形成短路不同，MOV 利用自身良好的非线性伏安特性来限制住电容器组的过电压水平。限制过电压时，短路故障电流会被 MOV 分流，使 MOV 在极短的时间内吸收了大量能量，导致 MOV 温度骤然上升。发生区内故障时，故障电流相对较大，串补装置 MOV 温度上升会较快。此时，如果没有相应的快速旁路措施，MOV 可能会因为过应力而损坏。旁路开关通常用于电容器组的投入与旁路，旁路速度相对来说比较慢，不能满足电容器组的快速旁路要求。因此，现阶段串补装置用间隙主要作用是保护 MOV。

由于 MOV 的过电压限制作用，间隙两端的电压不能上升到自触发的过电压水平，需要强制触发型间隙，也就是说自触发型间隙已不再适用。强制触发型间隙的自触发电压或自放电电压通常略高于 MOV 的过电压保护水平，并留有适当的安全裕度，两者的配合系数一般取 1.05～1.1。当线路发生短路故障时，电容器组电压会被 MOV 限制在保护水平，低于间隙预先设置的自触发电压，因此，间隙不会自放电。在这种情况下，只能通过触发才能让间隙导通放电，因此，现阶段串补装置用的间隙必须是外部强制触发型的，并能在接近保护水平时受控触发旁路 MOV。

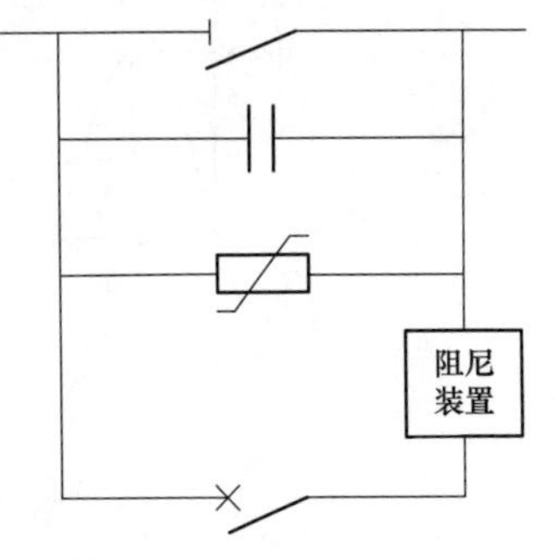

图 2-6　金属氧化物限压器（M1 型）

MOV 保护方案在 1977 年推出，即如图 2-6 所示的 IEC 串补装置标准推荐的金属氧化物限压器（M1 型）过电压保护方案。如果出现幅值较大的故障电流，MOV 必须在相应的动作时序要求的时间段内吸收大量能量，因此，可能需要能量相当大的 MOV，相应的造价会较为昂贵。MOV 保护方案可以同外部强制触发型间隙的保护方案配合使用，即如图 2-1 所示的 IEC 串补装置标准推荐的间隙和 MOV（M2 型）保护方案，以便减少 MOV 能量，从而降低成本。不过，MOV 和强制触发型间隙配合使用的保护方案，通常要在电容器平台上占用较大的空间。由于间隙的电弧放电时间较长，且电弧放电能量较大，所以不能是密闭的，以便灼热气体的扩散。这就意味着，间隙的电极等关键部件会暴露在包括潮湿、雨雪冰、污秽、鸟和昆虫在内的、各种不同的、不能控制的环境条件之中。这些环境风险限制了间隙的性能和可靠性，也在一定程度上影响了整个保护方案的性能及其可靠性。间隙可以以不同的方式安装在相对密闭的、较大的控制柜内，以阻止或者降低雨、雪、冰、灰尘、小鸟、昆虫等的进入而造成间隙误动，此时，整个间隙的尺寸会增大，要在电容器平台上占用更大的空间。

关于间隙较为详细的阐述，可参见第 4 章 4.2.1 中的相关阐述。

2.1.1.4　阻尼装置

在间隙和旁路开关动作时，阻尼装置应能限制电容器组放电电流在电容器组、旁路开关和间隙的耐受能力范围内。阻尼装置也应能快速泄放电容器组的残余电荷，以减少对线路断路器瞬态恢复电压和潜供电弧产生的不利影响。对于衰减性能，通常要求阻尼装置能使电容器组放电电流第二个周波幅值衰减到第一个周波同极性幅值的 50%以内，如图 2-7 所示。阻尼装置应能承受规定的线路电流与过负荷电流，还应能耐受线路故障电流和电容器组放电电流的联合作用，并具有足够的机械强度和电稳定性。

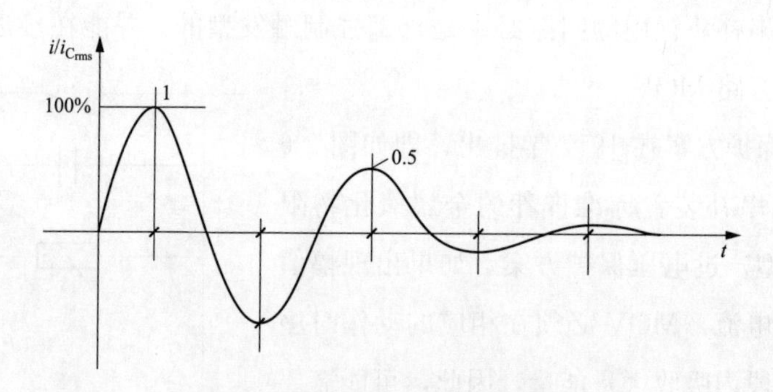

图 2-7　放电电流的振荡衰减示意

阻尼装置主要有两种类型。如图 2-8 所示为电抗与带间隙的电阻型，由空心电抗器和带间隙的电阻器并联构成。阻尼装置对电容器组放电电流的衰减特性较好，长时间运行时阻尼装置中的电阻器热容量较小。如果间隙的熄弧能力较弱，电容器组放电过程结束而线路仍存在短路故障时，间隙还不能自行熄弧，则需要靠线路断路器切除故障后才能熄弧，此时，要求电阻器的热容量会较大，而且会对线路带串补装置重投带来不利影响。

图 2-9 所示为电抗与带限压器的电阻型，由空心电抗器和带限压器的电阻器并联构成。与图 2-8 相比较，电阻器的热容量可以进一步减小，从而使其体积和重量也随之减少。从结构上讲，限压器和电阻器可以做成一个整体。

阻尼装置中电抗器主要起着限制电容器组放电电流的作用，电阻器主要起衰减放电电流的作用。将间隙或限压器和电阻器串联的目的是避免在电容器组稳定运行期间电阻器上的持续有功功率损耗，这样的设计意味着仅仅在电容器组瞬态放电振荡期间电阻器才起作用，并承受相应的高电压和大电流，从而能减小阻尼装置的重量和体积。

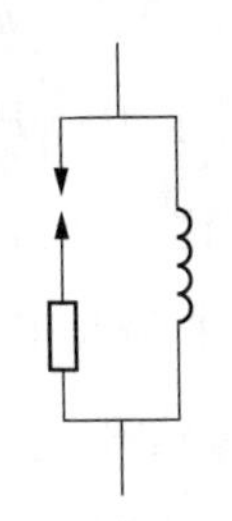

图 2-8　电抗与带间隙的电阻型

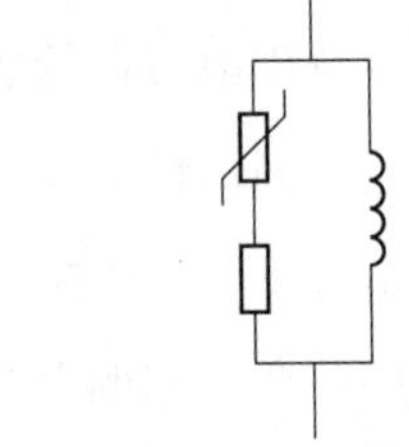

图 2-9　电抗与带限压器的电阻型

2.1.1.5　旁路开关

旁路开关用于投入和旁路电容器组，以及在系统或串补装置故障情况下紧急旁路电容器组，同时为间隙灭弧和去游离提供必要条件。

旁路开关安装在地面上，对地绝缘承受系统电压，所以，对地额定电压及绝缘水平应与系统相同或略高。旁路开关断口与电容器组并联，断口持续运行电压为电容器组额定电压，断口额定电压（线电压）应选为电容器组额定电压（相电压）的 $\sqrt{3}$倍，并保留适当裕度以考虑电容器组较长时间过负荷情况。旁路开关断口暂时过电压为电容器组的保护水平，断口工频耐受电压应选为电容器组的极限电压，并保留适当裕度。

旁路开关将线路电流从旁路支路转移至电容器组支路称为投入电容器组。旁路开关分闸后流过电容器组的电流有效值为投入电流。额定旁路投入电流是指在额定重投入电压下，旁路开关能够从旁路支路转移到电容器组支路的工频电流有效值。额定重投入电压是指在转移额定旁路投入电流过程中旁路开关应当能耐受且不出现重击穿的瞬态恢复电压峰值。通常，考虑应急过负荷和系统振荡所造成的瞬态投入电压上升到电容器组的保护水平 U_{PL} 的情况，瞬态重投入电压应等于保护水平。旁路开关不应开断短路电流，旁路开关分闸前应检查线路电流低于给定值后，才可投入电容器组。

旁路开关将线路电流从电容器组支路转移至旁路支路称为旁路电容器组。旁路操作时，电流出现后的瞬态过程中流过旁路开关的电流峰值称为旁路关合电流。额定旁路关合电流是指线路故障情况下电容器组被充电到电容器组的保护水平时，旁路开关所能关合的电流峰值。额定旁路关合电流由电容器组放电电流分量和系统工频故障电流分量两部分组成，通常取这两分量的代数和。电容器组放电电流分量是电容器组通过旁路开关的放电电流，放电电流频率与电容器组容抗和阻尼装置中电抗器的感抗有关，通常低于1000Hz，放电电流的阻尼系数定义为放电电流同极性第二幅值与第一幅值之比，通常低于0.5。系统工频故障电流分量通常等于MOV配合电流或特定地点的最大工频故障电流。

线路发生故障后，在线路断路器清除故障前，旁路开关将迅速旁路电容器组。线路断路器清除故障后，通常希望能快速重投电容器组以提高系统的暂态稳定性，所以通常要求旁路开关能够快速自动重分闸，由此，旁路开关的额定操作顺序如下：

$$C—t—OC—t'—OC$$

这里，C代表一次合闸操作；

OC代表一次分闸操作后立即（即无任何故意的时延）进行合闸操作。

$$t=0.2\text{s}$$

$$t'=3\text{min}$$

t 和 t' 是连续操作之间的时间间隔，根据系统要求，也可以采用其他值。

2.1.1.6　隔离开关

隔离开关包括旁路隔离开关和串联隔离开关。当电容器组需要维护时，旁路隔离开关和串联隔离开关两者一起使电容器组和输电线路隔离而无需中断输电线路的运行。

旁路隔离开关的用途是在旁路开关旁路电容器组后，将电容器组旁路。由于旁路隔离开关的合闸通常较为缓慢，会出现预击穿和触头严重烧蚀等情况。

旁路隔离开关的另一个用途是通过旁路隔离开关的分闸将电容器组连接到输电线路中。旁路隔离开关分闸时，串联隔离开关和旁路开关都应处于合闸位置。与通常使用的隔离开关相反（即线路分闸意味着断开容性电流），对于图 2-1 所示的电气主接线，旁路隔离开关需要切断感性电流。

旁路隔离开关安装在地面上，对地绝缘承受系统电压，所以对地额定电压及绝缘水平应与系统相同或略高。旁路隔离开关断口暂时过电压为电容器组的保护水平，断口工频耐受电压应选为电容器组极限电压，并保留适当裕度。

旁路隔离开关在旁路电容器组和将电容器组连接到输电线路的过程中，需要实现线路电流在输电线路和旁路开关支路之间的转换。对于图 2-1 的电气主接线，由于旁路开关支路存在阻尼装置，旁路隔离开关开合转换电流过程中有瞬态恢复电压，需具备一定转换电压下开合转换电流的能力。如果阻尼装置中电抗器的电感值较大，旁路隔离开关的分闸可能会变得较为困难。

串联隔离开关的用途在于将电容器组和输电线路隔离。

2.1.1.7　电容器平台及支撑系统

早期的串补装置容量不大，所在线路的电压等级相对较低，没有电容器平台，电容器组、间隙、阻尼装置等一次主设备都是各自安装的[38]。

电容器平台有支持式（如图 2-10 所示）和悬挂式（如刘家峡—天水—关中的秦安 330kV 串补装置）两种形式，支持式布置采用由支柱绝缘子和斜拉绝缘子等组成的柔性阻尼结构来支撑电容器平台，悬挂式布置采用绝缘子串来悬吊电容器平台。由于支持式布置具有便于电容器平台上下的联系、便于施工安装和维护检查、占地面积少等优点，得到较为广泛应用[4]。

电容器平台通常采用 H 形钢连接的主次梁结构，由主梁和次梁垂直叠接组装而成。梁与梁之间的连接采用刚性连接，电容器平台上铺平坦的钢格栅板。电容器平台四周应设置护栏、护栏门、绝缘扶手等。护栏门应向电容器平台外方向打开。支柱绝缘子通常采用高强瓷材料制成，通过仿生球节点和球支座分别与地面上的混凝土基础和电容器平台的主梁进行连接。支柱绝缘子主要用于承载电容器平台及平台上设备的荷载，斜拉绝缘子主要用于保证电容器平台整体的侧向稳定。斜拉绝缘子通常用玻璃钢、橡胶等复合材料制成。斜拉绝缘子上端与电容器平台的主梁相连接，下端通过阻尼弹簧和地面上的混凝土基础相连。

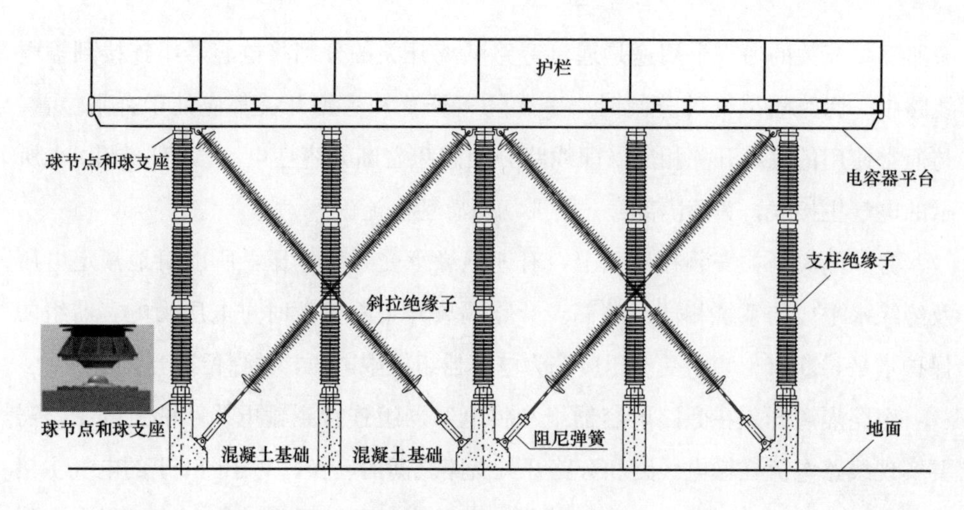

图 2-10　支持式电容器平台及其支撑系统

电容器平台上的一次主设备，如电容器组、间隙、MOV、阻尼装置等宜分类集中布置，如图 2-11 所示。设计电容器平台时，应充分考虑各种实际工况的荷载，包括自重荷载、风荷载、雪荷载、覆冰荷载、地震荷载和活荷载等，并应考虑上述荷载的合理组合。当任一只支柱绝缘子发生断裂等情况时，电容器平台应仍能保证强度和稳定，不能倒塌，以便快速更换失效的支柱绝缘子。设计电容器平台时，还应合理错开电容器平台的自振频率和电容器平台上设备的固有频率，避免发生谐振。

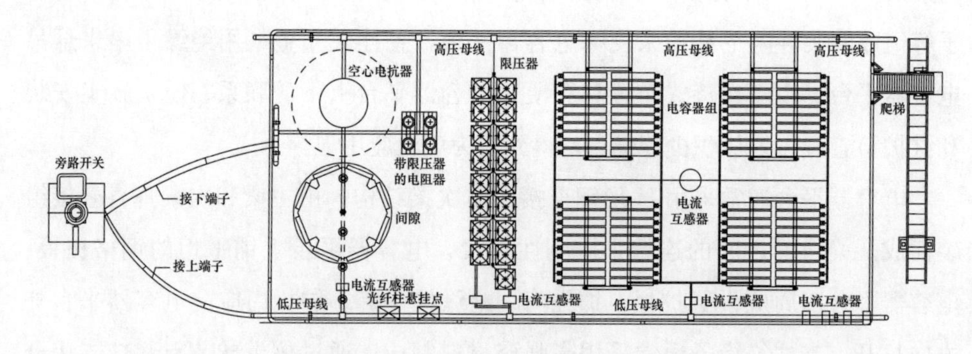

图 2-11　电容器平台上设备的布置示意

每个电容器平台应配置一把爬梯，便于电容器平台上设备的维护和更换，爬梯与电容器平台应有电气闭锁功能。

2.1.1.8　光纤柱

光纤柱悬挂安装在与线路相同电位的电容器平台下方，通常是电容器平台上有关设备与地面进行信息传递以及光能量传递的唯一通道。光纤柱对地绝缘承受系统电压，其绝缘水平与电容器平台的支柱绝缘子一致。光纤柱主要承受自身重量，基本上不承受机械拉伸负荷。

光损是衡量光纤柱性能的关键指标之一。光损值过大会影响地面控制保护与电容器平台上相关设备的信息发送和接收，还会造成激光送能因能量损失过大而无法正常传输能量。光纤柱的光损主要包括固有损耗、转接损耗和附加损耗这三种。固有损耗是光纤的固有特性，对于62.5μm芯径的多模光纤，其固有损耗一般为3.5dB/km。转接损耗存在于多段光纤转接或熔接的过程中，光纤柱在设计过程中所有的光纤都应是完整的，未经过熔接或转接，从而避免了转接损耗。附加损耗主要是光纤柱在加工或安装过程中内部光纤受到弯曲、扭转或挤压等应力产生的损耗。光纤与金具有接触的环节，在设计时都应注意，以便尽量减少光纤的附加损耗。

早先，光线柱通常采用在环氧引拔棒表面刻槽埋入光纤后覆以硅橡胶外绝缘的工艺，后来改用将光纤置于空心绝缘子内并在其内部填充绝缘膏脂的工艺，后者具有光纤根数多、绝缘性能好等优点。

单节结构的光纤柱外形示意如图2-12所示。光纤置于空心绝缘子内，从绝缘子两端经过连接金具，再经波纹管引出。光纤在空心绝缘子内部处于自由松弛状态，使光纤在运输和安装过程中，以及热胀冷缩的变化中，免受应力影响而增加光损，甚至断裂。当然，也有两节串联结构的光纤柱[39]，但还没有在串补装置工程中得到过应用。

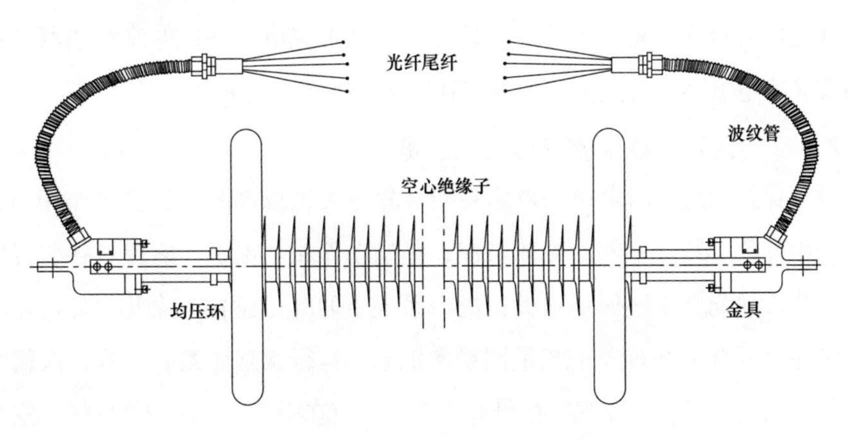

图2-12 单节结构的光纤柱外形示意

2.1.1.9 电流互感器

可用于电容器平台上电流测量的电流互感器有三种，即铁芯电流互感器、电子式电流互感器和光学电流互感器。图 2-1 给出了固定串联电容补偿装置电流互感器的典型配置示意。按相对于电容器平台的绝缘要求不同，电流互感器可分为两类，一类是电容器组不平衡电流 i_{CH} 测量用的电流互感器，安装在电容器组 H 桥的中间，正常运行时承受电容器组电压的 50%；另一类是除测量电容器组不平衡电流之外的所有电流互感器，用于测量线路电流 i_{line}、电容器组电流 i_C 等，串联安装在电容器平台的低压母线侧。正常运行时，电流互感器的二次线圈、外壳与低压母线等电位，对其主绝缘水平的要求不高，但在线路故障时，要求电流互感器耐受较高的暂态过电压。电流互感器周围的电磁环境比较复杂，需要较高的抗电磁干扰能力。

由于电容器平台与地面之间需要采用光信号进行通信，所以，电流互感器的二次信号需要转换为光信号进行传输。电流互感器有两种电光转换的方式，一是就地转换的方式，即电流互感器二次电流的电光转换集成在互感器本体内；二是采用集中转换的方式。对应这两种互感器，平台测量系统分为集中式电光转换和分散式电光转换两种形式。通常认为集中式电光转换可靠性要高些。

电流互感器通常采用穿心式结构，电流互感器一次绕组通常为平台低压母线。互感器本体主要由二次绕组、铁芯、外绝缘和外壳等构成。另外，由于串补装置通常采用双控制保护系统设计，每一个电流互感器相应地设有两个独立的二次线圈。

在此需要补充的是：除了为保护提供测量电流值以外，电流互感器也可用来对安装在电容器平台上的保护和控制设备提供供能电源[40]。

2.1.2 固定串联电容补偿二次设备

控制保护系统是固定串联电容补偿装置重要组成部分，其主要作用为：监测运行中各种对装置不利的故障情况，正确动作相关保护，确保串补装置安全稳定运行，并配合线路保护来保护电力系统中的其他设备。除此之外，控制保护系统还应具有串补装置电气量测量和汇总、运行状态监测、录波、人机交互等功能。控制、保护、监视、信号等主要设备应在图 2-1 中的控制保护小室内组屏。在变电站/串补站内应能实现对旁路开关、隔离开关等所有关键设备状态的监视与控制，在调度所内应能通过远动设备实现对关键设备状态的监视。

从功能上来讲，固定串联电容补偿装置控制保护系统可以分为测控、保护和故障录波（Transient Fault Recorder，TFR）这三个部分。以如图 2-1 所示的固定串联电容补偿装置为例，图 2-13 给出了相应的控制保护系统功能模块图。现有串补装置标准[12]规定测控设备和保护设备在装置级应完全独立。保护属于非常关键的部件，采用双冗余配置、AB 对等方式运行，保护动作输出对象为旁路开关和间隙。测控动作输出对象相对较多，通常为旁路隔离开关、串联隔离开关、接地开关和旁路开关。

图 2-14 给出了固定串联电容补偿装置二次设备的示意框图。电容器平台上的平台测量和间隙触发都采用两套配置来提高可靠性。保护装置、激光送能、旁路开关操作都采用物理上完全独立运行的两套冗余配置。测控装置和隔离开关操作的重要性略微下降，只配置了一套，这与图 2-13 中的描述一致，同时，包括开关位置信号在内的输入输出量大幅减少，降低了信号的转接量，提高了可靠性。尽管在图 2-13 和图 2-14 中都没有明确表示出来，数据汇总模块汇集来自平台测量的数据后，分别转发给保护装置和测控装置。站控系统中的操作员工作站、远动主站都采用 AB 两套配置，来提高可用率；为了提高经济性和降低复杂性，工程师站和保护及故障录波子站只配置了一套。保护装置 A 和 B 除了保护之外，还各自集成了故障录波，这也就意味着实现了故障录波功能的双套冗余，尽管没有相关标准规定故障录波需要冗余配置。

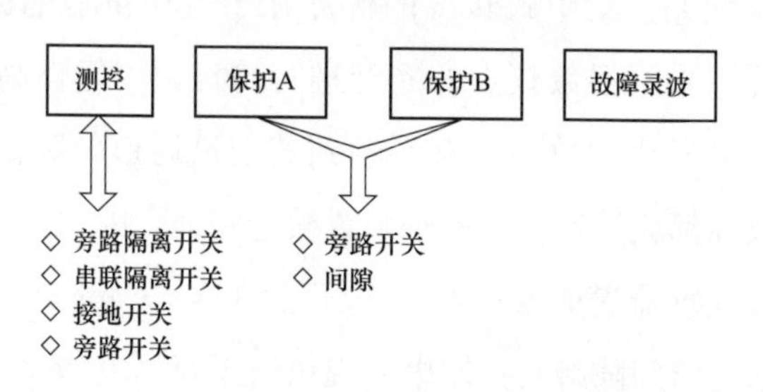

图 2-13　固定串联电容补偿装置控制保护系统的功能模块图

图 2-1 所示的平台测控在电容器平台上将采集到的电信号转换为光信号，发给地面上的控制保护系统，也将来自地面的光控制信号转化为电信号，进而实现对间隙等的控制。平台测控主要包括图 2-14 的平台测量和间隙触发这两部分。

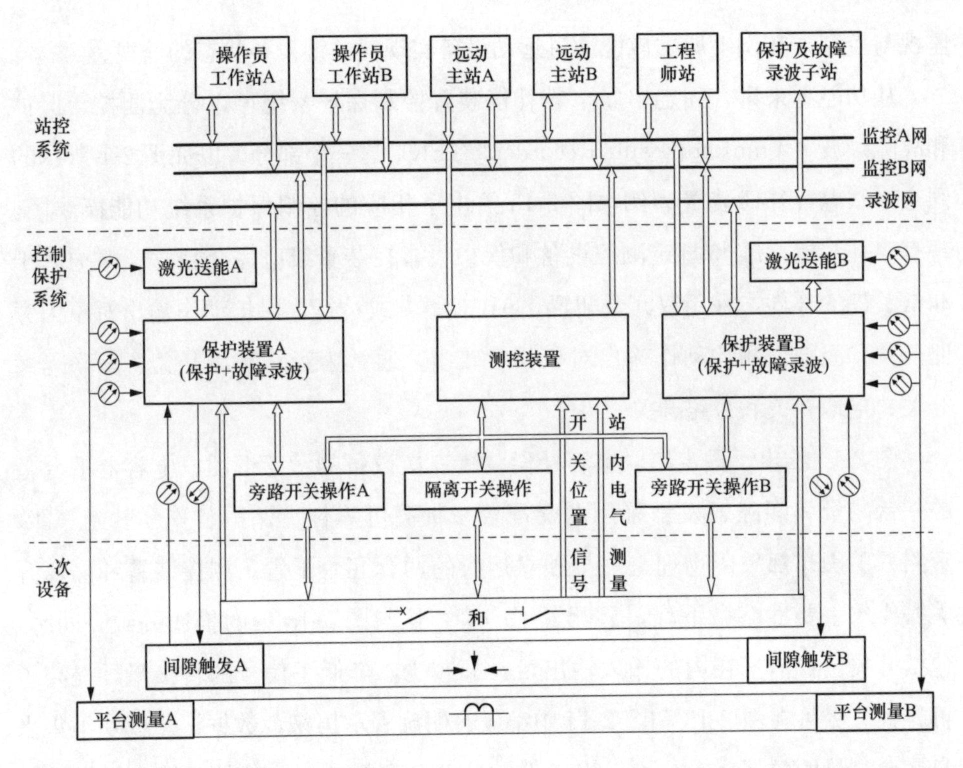

图 2-14　固定串联电容补偿装置二次设备的示意框图

可以采用集中式转换或分散式转换将电容器平台上的电流测量量转换成数字光信号。集中式转换即在电容器平台上的一个专用的测量箱内完成多路测量量的模数和电光转换，共享供能和数据通信系统。分散式转换则各自使用独立的供能和数据通信线路。集中式转换的优点在于方便供能电源的获取和管理，采集后的数据可统一采用根数较少的光纤进行传送，可靠性高。分散式转换的优点在于单个测量量通道的故障不会影响到其他量通道的数据传送，但是，任一光电转换模块故障都会导致整个串补装置被迫停运，因此，可靠性略低。

通常采用电流互感器送能或电容式电压互感器（Capacitive Voltage Transformer，CVT）送能给间隙触发控制电路提供所需要的电能[41]。对于平台测量，工程实际采用较多的是电流互感器送能、CVT 送能、激光送能和电池供能这四种方式[41]。电流互感器送能[40]是指通过电流互感器从电容器平台的低压母线取能，并经过整流、滤波后变成直流，最后通过电源稳压芯片输出稳定的直流电压供平台测控使用。然而，当线路电流小于串补装置额定电流的 10%时通常会存在供能不足的问题。和电流互感器送能类似，CVT 送能通过对倒置式 CVT

的输出进行整流、滤波、稳压等，也可以得到稳定的直流电压，但当电容器平台不带电或被故障短路时，就无法提供相应的电能。激光送能[42]是指通过高功率激光器将地面上的电能转换成激光光能，并经送能光缆或光纤、光纤柱等传递到电容器平台上，再由光电转换器/光伏器件将激光的光能转换为电能，最后经过电源稳压芯片输出稳定的直流电压供平台测控使用。激光送能的优点在于可在任意条件下为电容器平台提供能量，且不受电磁干扰或环境的影响，与输电线路的运行工况无关。为避免高功率激光器的使用寿命相对较短的缺点，国内串补装置采用比较多的是电流互感器送能和激光送能相结合的组合方式，为平台测量单元提供连续、稳定的电压。图 2-15 给出了电容器平台电源功能模块的示意框图。串补装置所在线路正常运行时，电流互感器送能处于工作状态，并提供相应的电能，而激光送能处于热备用状态；当输电线路停运或线路电流比较小时，自动切换至激光送能工作状态，从而保证输出电压的稳定和持续。

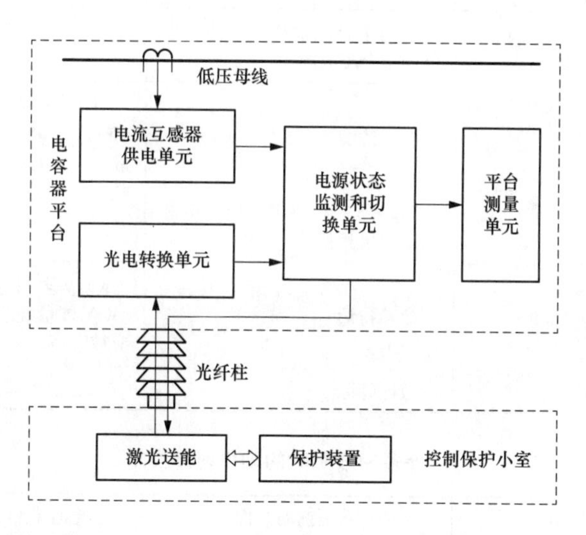

图 2-15　电容器平台电源功能模块的示意框图

2.2　固定串联电容补偿装置的动作时序要求

串补装置应能耐受实际工程要求的电力系统故障、暂态过载、短时过载、持续运行和各类操作等时序事件。这些时序事件构成了串补装置全部设备设计中所应满足的动作时序要求。串补装置动作时序要求应与发生区内故障和区外故障时电力系统的行为一致。对于图 2-1 所示的固定串联电容补偿装置，表 2-2～

表 2-5 给出了较为典型的动作时序要求，其中，线路主保护动作切除故障时间都为 100ms，相应断路器失灵切除故障时间都增加 350ms，电容器组不应被旁路仅指间隙（如有）和旁路开关不应旁路电容器组。电力系统不同，故障的持续时间与断路器失灵切除故障时间也会不同，动作时序要求应参照表 2-2～表 2-5 对故障后的时刻进行必要调整。从这些表中不难得到：区外故障时通常不允许旁路电容器组，区内故障时允许旁路电容器组。

表 2-2　　区外单相永久接地故障时的动作时序要求

故障后时刻（ms）	系统扰动事件	电容器组保护/系统操作
000	故障发生	
000～100	故障持续	MOV 限制电容器组电压上升。电容器组不应被旁路
100	故障相断路器动作，切除故障	
100～1100	功率通过串补装置所在线路	非故障相有电流通过
1100	单相重合闸动作，故障相断路器重合于故障	
1100～1200	故障持续	MOV 限制电容器组电压上升。MOV 在本次与上次故障中吸收能量不应使电容器组被旁路
1200	断路器三相跳闸，但故障相断路器单相拒动	
1200～1200＋350	故障持续	MOV 限制电容器组电压上升。MOV 能量继续累加，电容器组不应被旁路
1550	故障切除	

表 2-3　　区外多相故障时的动作时序要求

故障后时刻（ms）	系统扰动事件	电容器组保护/系统操作
000	故障发生	
000～100	故障持续	MOV 限制电容器组电压上升。电容器组不应被旁路
100	断路器三相跳闸，但故障相断路器单相拒动	
100～100＋350	故障持续	MOV 限制电容器组电压上升。MOV 能量继续累加，电容器组不应被旁路
450	故障切除	

表 2-4　　区内单相永久接地故障时的动作时序要求

故障后时刻（ms）	系统扰动事件	电容器组保护/系统操作
000	故障发生	
000～100	故障持续	MOV限制电容器组电压。间隙及旁路开关可动作，旁路电容器组（以MOV能量或电流为判据）
100	故障相断路器动作，切除故障	
100～1100	功率通过串补装置所在线路	非故障相有电流通过
1100	单相重合闸动作，故障相断路器重合于故障	
1100～1200	故障持续	MOV限制电容器组电压。MOV能量继续累加，间隙及旁路开关可动作，旁路电容器组（以MOV能量或电流为判据）
1200	断路器三相跳闸，但故障相断路器单相拒动	
1200～1200+350	故障持续	MOV限制电容器组电压。MOV能量继续累加，间隙及旁路开关可动作，旁路电容器组（以MOV能量或电流为判据）
1550	故障切除	电容器组被旁路，直到旁路开关分闸

表 2-5　　区内多相故障时的动作时序要求

故障后时刻（ms）	系统扰动事件	电容器组保护/系统操作
000	故障发生	
000～100	故障持续	MOV限制电容器组电压。间隙及旁路开关可动作，旁路电容器组（以MOV能量或电流为判据）
100	断路器三相跳闸，但故障相断路器单相拒动	
100～100+350	故障持续	MOV限制电容器组电压。MOV能量继续累加，间隙及旁路开关可动作，旁路电容器组（以MOV能量或电流为判据）
450	故障切除	电容器组被旁路，直到旁路开关分闸

2.3　固定串联电容补偿装置的保护

保护获取一次电气量信息，监测相关的开关量信息，完成一次主设备的保护算法，当系统故障或串补装置本身故障时，给出相应的保护动作指令，如触发间隙、合旁路开关等。电气主接线不同，保护配置随之不同。串补装置供应商不同，保护的配置和名称也会有所不同[41]。对于图 2-1 所示的典型固定串联电容补偿装置，通常配置下列保护[43]：

（1）电容器不平衡保护。

电容器组是由多个电容器单元通过串并联组成。当电容器单元损坏或电容器单元内的元件损坏时，可能会造成部分电容器单元或元件的承受电压超出其承受能力。电容器不平衡保护用来监测电容器组由于熔丝熔断或电容器元件损坏引起的电容器组不平衡状态，该保护动作后合旁路开关，不再重投电容器组。

（2）电容器过负荷保护。

较大的负荷电流会使电容器电压超过其额定值，长时间的过负荷运行会引起电容器热量累积并威胁电容器的绝缘。通常，电容器组应具有表 2-1 规定的耐受过负荷和摇摆电流的能力。电容器过负荷保护根据这些能力来确定电容器组运行的边界条件，当运行中的电容器组达到或超过相应的边界条件时，电容器过负荷保护动作后合旁路开关，使电容器组退出运行，经过预先设定的延时后，可根据要求重投电容器组。

（3）MOV 过电流保护。

MOV 过电流保护根据 MOV 限压动作后流过 MOV 的电流峰值，保护的动作时间应尽可能短，保护的出口为触发间隙和合旁路开关，保护的范围为区内故障中靠近串补装置的线路故障。

（4）MOV 能量保护。

电力系统发生短路故障时，线路电流迅速增加。MOV 限制电容器组电压时，所吸收的能量可计算为

$$E_{\mathrm{MOV}}=\int_{t_1}^{t_2}u(t)i(t)k\mathrm{d}t \tag{2-2}$$

式中 E_{MOV}——MOV 吸收的能量，J；

$u(t)$——MOV 电压，V；

$i(t)$——MOV 限压期间流过 MOV 的电流，A；

t_1、t_2——MOV 限压的起始和结束时刻，s；

k——与变比相关的系数。

MOV 能量保护根据计算所得的能量和 MOV 的承受能力判断是否需要暂时或永久合旁路开关。

（5）MOV 温度保护。

MOV 限压时要承受故障电流、吸收能量，会导致 MOV 温度的上升。过高的温度可能会造成 MOV 的损坏。MOV 温度主要取决于限压时的温升和环境温度，前者与 MOV 限压过程中吸收的能量成正比关系。通过建立相应的数学模型，可以描述 MOV 限压时的温升特性（近似绝热过程）与限压后的降温特性[43]。MOV 温度保护根据环境温度、MOV 上一次限压后计算的等值残余温度和本次吸收的能量来计算出本次的等值温升，并根据 MOV 等值温升判断是否触发间隙和合旁路开关。只有当计算的 MOV 温度低于重投定值时，才允许重投电容器组。

（6）MOV 不平衡保护（如需要）。

正常运行情况下，MOV 仅有很小的泄漏电流，该电流不易被精确测量，如果部分 MOV 电阻片特性变化或者部分 MOV 电阻片损坏，依靠监测该电流进行判断较为困难。为判断运行中的 MOV 电阻片特性是否发生了变化或损坏，比较有效的方法是将 MOV 分为两组，如图 2-1 所示，通过监测流过两组 MOV 的电流分布来判断 MOV 的工作状况。如果两组 MOV 的电流存在较大差异，说明 MOV 有损坏，则 MOV 不平衡保护动作，触发间隙并永久合旁路开关。MOV 不平衡保护的整定原则是避免由两组 MOV 特性正常差异引起的 MOV 不平衡电流和电流互感器测量误差的影响。

（7）间隙自触发保护。

串补装置正常运行时，间隙自触发保护对间隙电流进行监测，如果未发出间隙触发指令，而间隙却有电流流过，则判断出间隙自触发，合旁路开关。间隙自触发保护通常允许重投一次，重投一次后，在规定的时间内如果间隙再次自触发，则转变为永久闭锁。

（8）间隙拒触发保护。

间隙触发指令发出后，间隙电流小于预定值，且持续时间达到拒触发保护的整定值，则判断为间隙拒触发，永久合旁路开关。

（9）间隙延迟触发保护（如需要）。

间隙触发指令发出后，从触发指令发出到间隙中的电流有效值达到预定值的时间，在延时触发保护的时间整定值范围内，也就是说，间隙在延迟触发时间段内才有电流通过，则判断为间隙延迟触发，永久合旁路开关。

(10) 平台闪络保护。

安装于电容器平台的一次设备在正常运行时相对于电容器平台有一定的工作电压，电压的高低取决于电容器组的电容值和线路电流的大小。平台闪络保护监测低压母线与平台之间的电容器平台电流，正常运行时该电流接近于零，当一次设备对电容器平台的绝缘被破坏时，将有电流通过电容器平台构成回路。当电容器平台电流达到整定值后且经过规定的延时，平台闪络保护动作。保护动作的出口为永久合三相旁路开关。

(11) 线路保护联动串补装置保护。

区内故障时，如果流经串补装置的短路电流足够大，间隙触发导通将电容器组旁路，在此条件下线路断路器清除故障时的瞬态恢复电压（Transient Recovery Voltage，TRV）水平与无串补装置时基本相当。但当线路较长或系统小方式运行时，流经串补装置的短路电流比较小，间隙可能无法触发导通。由于电容器组残压的作用，两侧线路断路器清除故障时的断口 TRV 水平升高，可能超过线路断路器的开断能力，导致清除故障失败，甚至可能造成线路断路器损坏[44]。线路保护联动串补装置保护实时监测线路保护装置发来的联动串补装置信号，如联动串补装置信号有效，则发合旁路开关和触发间隙指令，快速旁路电容器组以降低电容器组的残压，并提高线路断路器重合的成功率。

(12) 旁路开关三相不一致保护。

旁路开关三相不一致保护实时监测旁路开关的位置，当检测到三相位置不一致时，经延时判断后合旁路开关。通常要求保护延时的设定可以躲过单相保护的动作特性。

(13) 旁路开关合闸/分闸失灵保护。

旁路开关合闸失灵保护是在其他保护启动合旁路开关的情况下，经过设定的延时后，对旁路开关的实际位置进行监测，判断旁路开关是否出现拒合闸的情况。考虑到动作结果的严重性，对合闸失灵的判据是较为严格的。如果出现返回的旁路开关接点位置为分位或者不正确，并且间隙电流超过整定值，则认为旁路开关未合上，本保护应动作；如果出现返回的旁路开关接点位置为分位或者不正确，但间隙电流没有超过整定值的情况，则认为旁路开关已经合上，但返回接点位置不正确或者旁路开关虽未合上，但输电线路已经被切除，此时，本保护不应动作。在判断出旁路开关未合上时，永久合三相旁路开关，跳开本套串补装置所在的输电线路。

旁路开关分闸失灵保护是在重新投入电容器组的情况下，经过设定的延时后，对旁路开关的实际位置进行监测，判断旁路开关是否出现拒分闸的情况。在判断出旁路开关分闸失灵时，永久合三相旁路开关。

第3章　可控串联电容补偿装置

3.1　可控串联电容补偿装置作用

TCSC在提高系统稳定性和线路输送能力、改善系统电压质量和无功功率平衡、合理分配并联线路或环网中潮流等方面的作用，与固定串联电容补偿装置是一致的（可参见第1章1.2节中的相关阐述）。由于TCSC可快速调节其基波电抗，通过适当控制环节能使TCSC应用效果优于固定串联电容补偿装置[10]。

（1）限制短路电流、降低对MOV能量的要求。TCSC可以快速切换到感性低电抗的晶闸管旁路模式，增加整个故障回路的感性电抗值，降低短路电流和电容器组过电压，也就降低了对MOV能量的要求（可参见第4章4.3.2.2节中的相关阐述）。

（2）阻尼系统功率摇摆和低频振荡。TCSC可在相当宽的容性电抗至感性电抗范围内快速灵活改变其基波电抗，因而可以动态调节潮流、阻尼系统的功率摇摆和低频振荡（可参见第5章5.2.1中的相关阐述）。

（3）抑制次同步谐振（Sub Synchronous Resonance，SSR）。TCSC抑制次同步谐振的机理已有不少研究，由于分析问题的角度不同，看法也就有所不同，这实际上反映出从不同角度观察到的TCSC特性[6,45-47]。一种较为流行的观点是：当电容器组电压上出现直流分量或次同步分量时，电容器组电压在上、下半波的时间，一个大于正常的10ms（系统的额定频率为50Hz），另一个小于10ms。TCSC通过晶闸管的触发控制试图消除两半波之间电容器组上的不平衡电荷，对工频进行调制，对工频以外的其他频率进行解调，达到阻尼SSR的目的[6,45]。也有观点认为TCSC可采取更为积极的控制方法来提高抑制次同步谐振能力[46,47]。工程应用可参见第5章5.2.2中的相关阐述。

（4）减少线路三相不平衡度。由于TCSC可分相调节各相的基波电抗，补偿三相之间因其他原因造成的电压、电流不平衡，从而可以将不平衡度限制在允许范围内。

3.2 可控串联电容补偿装置组成

如图 3-1 所示[6]，典型的 TCSC 主要有旁路隔离开关、串联隔离开关、电容器组、电流互感器、电阻分压器、电容式电压互感器（CVT）、金属氧化物限压器、阻尼装置、晶闸管阀、阀控电抗器、旁路开关、电容器平台、支柱绝缘子、斜拉绝缘子、光纤柱、水管、平台测控和地面上的控制保护系统、冷却系统等组成。与固定串联电容补偿装置相比，增加了电阻分压器、电容式电压互感器、晶闸管阀、阀控电抗器、水管和用于晶闸管阀散热的冷却系统等设备。晶闸管阀安装在电容器平台上的阀室中，阀室能确保晶闸管阀在各种条件下的可靠运行。

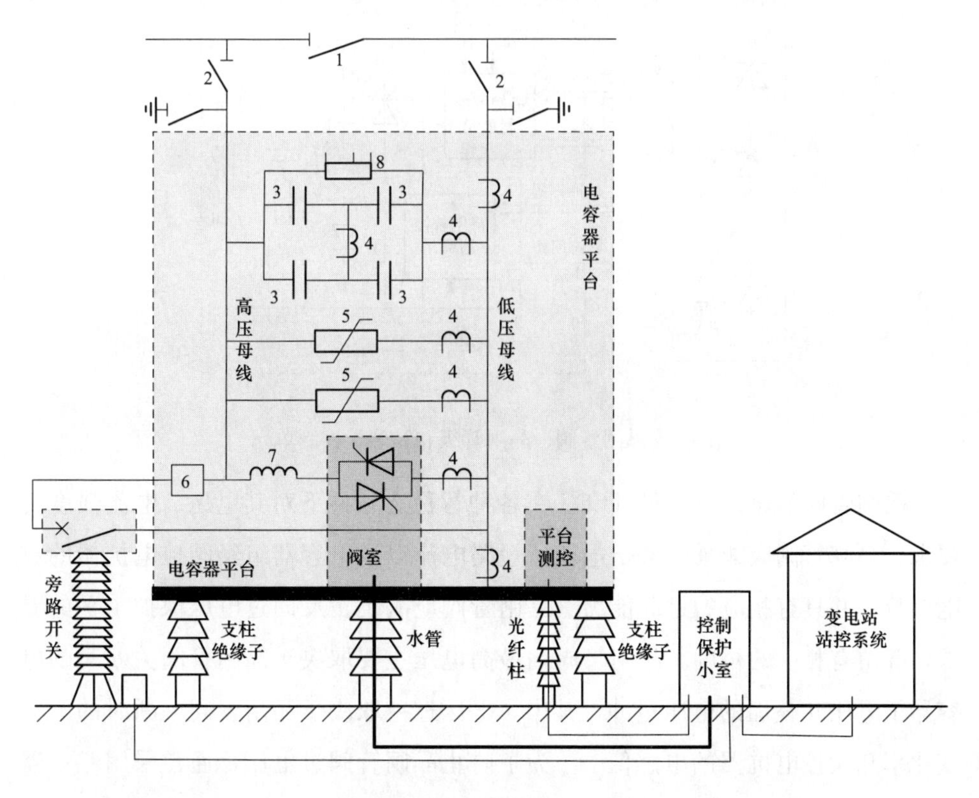

图 3-1 典型的 TCSC 示意

1—旁路隔离开关；2—串联隔离开关；3—电容器组；4—电流互感器；5—金属氧化物限压器；6—阻尼装置；7—阀控电抗器；8—电阻分压器

3.2.1 可控串联电容补偿装置一次主设备

这里仅简单介绍 TCSC 中相对特殊一些的一次主设备。

3.2.1.1 晶闸管阀

晶闸管阀是晶闸管级的电气和机械联合体，配有相应的连接件、辅助部件和机械结构，它与阀控电抗器串联。晶闸管级由反向并联的晶闸管对、晶闸管控制单元（Thyristor Control Unit，TCU）或晶闸管电子设备（Thyristor Electronics，TE）、阻尼回路、直流均压电阻等构成，如图 3-2 所示。其中，晶闸管控制单元主要用于触发和监测晶闸管。阻尼回路主要是限制晶闸管在关断时的电压应力以及在工频和浪涌电压条件下的均压。在晶闸管阀关断的情况下，直流均压电阻使整个晶闸管阀所要承担的直流电压在晶闸管级间进行均匀分布。

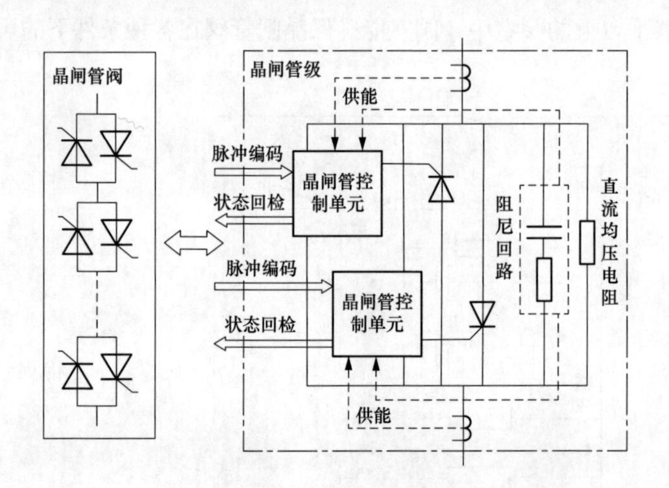

图 3-2 晶闸管阀、晶闸管级和晶闸管控制单元

晶闸管阀的设计应满足 TCSC 在各种暂稳态条件下对其电压、电流强度的要求。晶闸管阀应能承受额定电流、短路电流以及电容器组经阀控电抗器的放电电流，并具有相应的过载能力。晶闸管阀应满足正反向过电压保护水平的要求，并留有相应的裕度。晶闸管阀的最高电压主要取决于晶闸管阀关断时的电容器组电压和叠加的电压过冲，其中，电压过冲取决于晶闸管阀关断时的电流变化率和阀控电抗器的电感值[8]。为了防止晶闸管阀过电压，通常采用避雷器来吸收能量并限制晶闸管阀两端电压在规定的保护水平。设计时，须保证避雷器能承受晶闸管阀两端的持续运行电压和暂时过电压。

按触发方式来分，有电触发晶闸管和光触发晶闸管。光触发晶闸管的电气性能和电触发晶闸管基本一致，只是将光触发功能单元和正向过电压保护的击穿二极管（Break-Over Diode，BOD）集成在一起。电触发晶闸管和光触发晶闸管在 TCSC 实际工程中都有应用。

晶闸管阀结构主要有两种形式，即卧式结构和立式结构。由于 TCSC 晶闸管阀的容量通常相对较大，现有的实际工程应用中大多采用卧式结构（如冯屯 TCSC）。当然，当晶闸管阀容量不大时，也可以用立式结构（如瑞典的斯多德 TCSC）。

3.2.1.2　阀控电抗器

阀控电抗器通常采用干式空心电抗器，品质因数 Q 值不宜小于 80。阀控电抗器的额定电流应计及工频分量与谐波分量。系统故障时，阀控电抗器应能承受故障电流和电容器组放电电流联合作用下的电动力及热作用，并有足够的热稳定及动稳定耐受能力。

3.2.1.3　电阻分压器

电容器组电压通常采用电阻分压器来测量。电阻分压器和电容器组并联，持续运行电流通常为 1.0mA。电阻分压器的电阻通常被封装在复合绝缘套壳体内，垂直安装在电容器平台上。电阻分压器的输出电压通过双屏蔽电缆与电容器平台测量箱直接连接。

3.2.1.4　水管

水管是 TCSC 中地面与电容器平台之间循环水管路的连接部件。与光纤柱基本相似，水管通常采用悬挂式垂直安装，外部是有机复合绝缘结构，内部是一条绝缘水管，供高绝缘性能的循环冷却水流通。

3.2.2　可控串联电容补偿装置二次设备

从功能上来分，TCSC 控制保护系统可以分为测控、保护、控制、故障录波和冷却系统这五个部分。以图 3-1 所示的 TCSC 装置为例，图 3-3 给出了相应的控制保护系统功能模块图。控制和保护都属于关键部件，采用双冗余配置，其中，保护采用 AB 对等方式运行，控制采用主从方式运行。与第 2 章图 2-13 所示的固定串联电容补偿装置相比，TCSC 保护的动作对象通常少了间隙，增加了晶闸管阀。如果 TCSC 也配置了间隙，如冯屯 TCSC，则保护动作输出对象为旁路开关、晶闸管阀和间隙。现有串补装置标准[12]规定控制功能和保护功能应相互独立，测控设备和保护设备在装置级应完全独立。测控动作输出对象相对较多，通常为旁路隔离开关、串联隔离开关、接地开关和旁路开关。冷却系统采用单套配置。

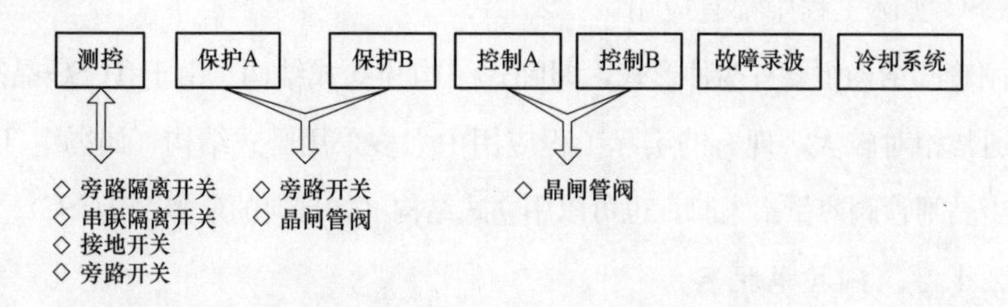

图 3-3　TCSC 控制保护系统功能模块图

TCSC 二次设备的示意框图如图 3-4 所示，没有给出冷却系统和独立的故障录波。与固定串联电容补偿装置相比较，区别在于增加了阀基电子（Valve Based Electronics，VBE）、CVT 和电阻分压器。VBE 是处于地电位的用于 TCSC 控制系统和晶闸管阀之间接口的电子单元[8]，是两套晶闸管阀控制信号的汇聚处，只能是一套。按照图 3-4 的设计，VBE 是通过控制保护装置把相应的信息上传到站控系统的，当然，VBE 也可以如控制保护装置一样，直接接入站控系统的监控 A 网、B 网和录波网。

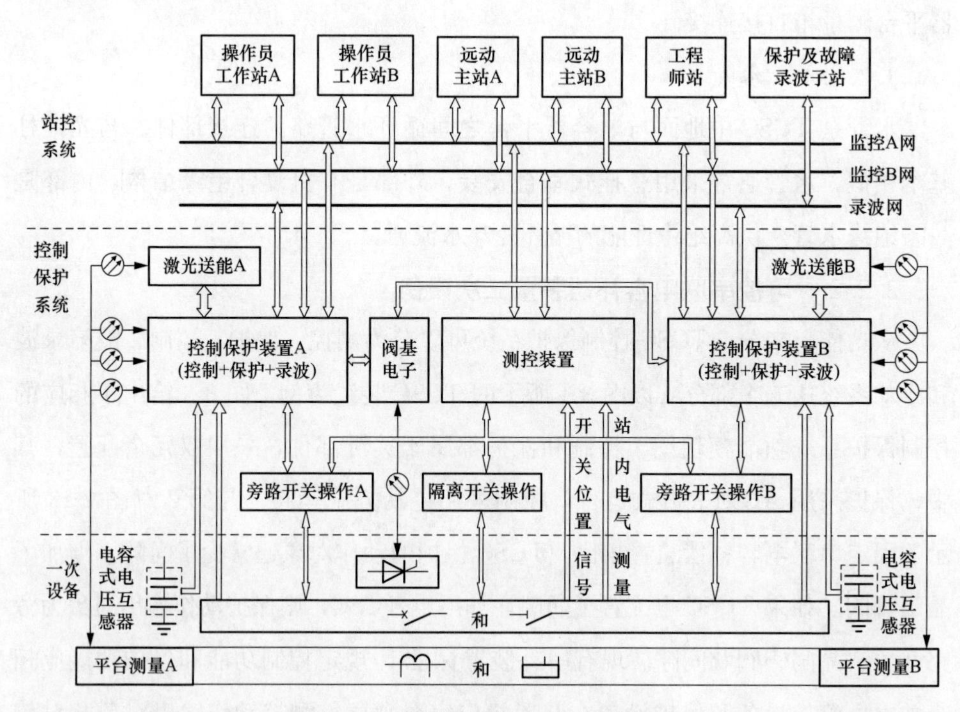

图 3-4　TCSC 二次设备的示意框图

为了提高可用率，平台测量、控制保护装置、激光送能、旁路开关操作、操作员工作站、远动主站等都采用 AB 两套配置。当然，控制保护装置 A 和 B 除了控制和保护之外，也各自集成了故障录波。测控装置、隔离开关操作、工程师站和保护及故障录波子站的重要性略微下降，只配置了一套，来提高经济性和降低复杂性。

TCSC 至少需要增加阀过载保护、阀拒触发保护和冷却系统保护。晶闸管阀过载保护是为防止阀电流过大从而造成阀损坏而设置的保护。阀拒触发保护动作，需要合三相旁路开关，并不再重投电容器组。冷却系统保护综合了水流量、水电导率、水位、温度等保护，这些保护动作，也需要合三相旁路开关。

3.2.2.1　阀基电子和晶闸管控制单元

图 3-5 给出了阀基电子与控制保护、晶闸管控制单元接口信息示意。阀基电子是指在晶闸管光电触发与在线监测系统中位于地电位上的所有电路的总称，是 TCSC 控制保护和电容器平台上的晶闸管控制单元的接口，是两套控制保护对平台上晶闸管阀进行触发与监测的功能交汇点，主要由主从识别与切换、晶闸管触发和保护、晶闸管监测三部分构成，其主要功能为：

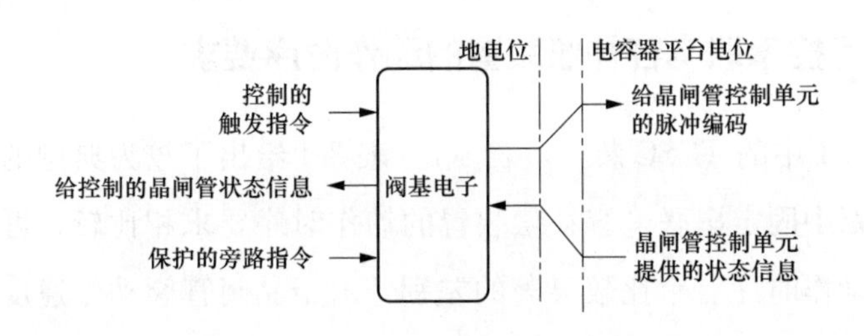

图 3-5　阀基电子单元

（1）识别和选择控制的主系统，主系统故障而从系统正常时，进行主从切换。

（2）晶闸管触发和保护功能。从控制保护中接收晶闸管阀的触发指令、同步信号和其他控制指令，经综合处理后，合成 TCU 工作所需要的脉冲编码信号，由光电接口驱动电路驱动转换为光信号，经光纤通道送往 TCU。当 VBE 判断出晶闸管阀裕度不足，立即永久闭锁晶闸管阀，并发主动旁路指令。当 VBE 判断出紧急触发回路（BOD）动作次数累计超标时，则立即闭锁晶闸管阀，并发相应的告警信号。

（3）晶闸管监测功能。即根据来自控制的监测同步信号和来自 TCU 的状态回报信号，经过分析、处理后，向图 3-4 中的控制保护装置或站控系统发送晶闸管阀的状态信息、BOD 动作信息和光回路的状态信息等。

如图 3-2 所示，晶闸管控制单元接收来自 VBE 的脉冲编码，产生触发脉冲，并可靠地触发晶闸管；当晶闸管承受正向过电压或晶闸管控制单元中电路故障而不能产生触发脉冲时，由 BOD 实现紧急触发，这样一来，晶闸管阀就具有正常触发和强制触发两个独立的触发系统。根据晶闸管和自身电路的状态，晶闸管控制单元产生相应的状态回检信号。

3.2.2.2 冷却系统

密闭循环式冷却系统用于冷却 TCSC 的大功率晶闸管及其阻尼回路中的电阻。由于具有较低的凝固点、较高的热容量和电阻率，循环冷却介质通常采用高纯水和乙二醇的混合液体。冷却介质的冷却方式通常是室外风冷，即液-气换热方式。冷却介质的温度控制是一个关键，温度过高会使晶闸管过热而损坏，温度过低会带来凝露问题，致使晶闸管器件表面漏电流增加，带来危险。

3.3 可控串联电容补偿装置的动作时序要求

对于图 3-1 中的 TCSC 装置，表 3-1～表 3-4 给出了较为典型的动作时序要求。与第 2 章中固定串联电容补偿装置的动作时序要求相比较，可控串联电容补偿装置的动作时序有个比较显著的差别：由于晶闸管阀动作速度较快，允许在区外故障时通过晶闸管阀暂时旁路电容器组。

表 3-1　　区外单相永久接地故障时的动作时序要求

故障后时刻（ms）	系统扰动事件	电容器组保护/系统操作
000	故障发生	
000～100	故障持续	MOV 限制电容器组电压，间隙（如有）和旁路开关不应动作。当检测到较高的瞬时电流（超过正常运行范围），晶闸管阀可闭锁或旁路电容器组。当线路电流下降到正常运行范围，晶闸管阀应尽快重投电容器组
100	故障相断路器动作，切除故障	

续表

故障后时刻（ms）	系统扰动事件	电容器组保护/系统操作
100～1000	功率通过串补装置所在线路	非故障相有电流通过，间隙（如有）和旁路开关不应动作。当检测到较高的瞬时电流（超过正常运行范围），晶闸管阀可闭锁或旁路电容器组。当线路电流下降到正常运行范围，晶闸管阀应尽快重投电容器组
1000	单相重合闸动作，故障相断路器重合于故障	
1000～1100	故障持续	MOV限制电容器组电压，间隙（如有）和旁路开关不应动作。当检测到较高的瞬时电流（超过正常运行范围），晶闸管阀可闭锁或旁路电容器组。当线路电流下降到正常运行范围，晶闸管阀应尽快重投电容器组
1100	断路器三相跳闸，但故障相断路器单相拒动	
1100～1100＋350	故障持续	MOV限制电容器组电压，间隙（如有）和旁路开关不应动作。当检测到较高的瞬时电流（超过正常运行范围），晶闸管阀可闭锁或旁路电容器组。当线路电流下降到正常运行范围，晶闸管阀应尽快重投电容器组
1100＋350	故障切除	

表3-2　区外多相故障时的动作时序要求

故障后时刻（ms）	系统扰动事件	电容器组保护/系统操作
000	故障发生	
000～100	故障持续	MOV限制电容器组电压，间隙（如有）和旁路开关不应动作。当检测到较高的瞬时电流（超过正常运行范围），晶闸管阀可闭锁或旁路电容器组。当线路电流下降到正常运行范围，晶闸管阀应尽快重投电容器组
100	断路器三相跳闸，但故障相断路器单相拒动	
100～100＋350	故障持续	MOV限制电容器组电压，间隙（如有）、旁路开关不允许动作。当检测到很高的瞬时电流（超过正常运行范围），晶闸管阀可闭锁或旁路电容器组。当线路电流下降到装置正常运行范围后，电容器组应尽快重投
450	故障切除	

表 3-3　区内单相永久接地故障时的动作时序要求

故障后时刻（ms）	系统扰动事件	电容器组保护/系统操作
000	故障发生	
000～100	故障持续	MOV 限制电容器组电压，间隙（如有）、旁路开关和晶闸管阀可动作，旁路电容器组
100	故障相断路器动作切除故障	
100～1000	功率通过串补装置所在线路	如旁路开关在合位，闭锁晶闸管阀。故障切除后 500ms 旁路开关可分闸
1000	单相重合闸动作，故障相断路器重合于故障	
1000～1100	故障持续	MOV 限制电容器组电压，晶闸管阀和旁路开关可动作，旁路电容器组
1100	断路器三相跳闸，但故障相断路器单相拒动	
1100～1100＋350	故障持续	MOV 限制电容器组电压，允许晶闸管阀旁路电容器组，允许旁路开关动作
1450	故障切除	电容器组被旁路，直到旁路开关分闸

表 3-4　区内多相故障时的动作时序要求

故障后时刻（ms）	系统扰动事件	电容器组保护/系统操作
000	故障发生	
000～100	故障持续	MOV 限制电容器组电压，间隙（如有）、旁路开关和晶闸管阀可动作，旁路电容器组
100	断路器三相跳闸，但故障相断路器单相拒动	
100～100＋350	故障继续	MOV 限制电容器组电压，间隙（如有）、旁路开关和晶闸管阀可动作，旁路电容器组
450	故障切除	电容器组被旁路，直到旁路开关分闸

3.4　可控串联电容补偿装置的控制

3.4.1　可控串联电容补偿稳态特性

分析 TCSC 稳态特性时，可以只关注电容器组、晶闸管阀和阀控电抗器，其中，线路电流 i_L、电容器组电流 i_C、电容器组电压 u_C 和 TCR（Thyristor Controlled Reactor）支路电流 i_V 的参考方向如图 3-6 简化电路中所示。

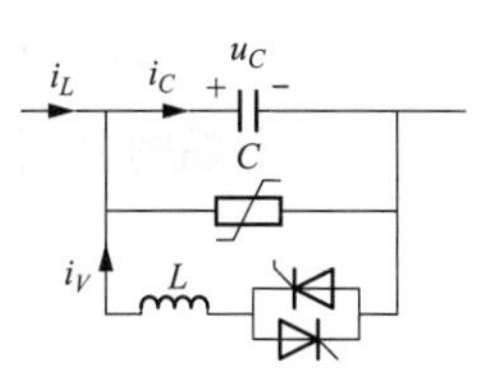

图 3-6　TCSC 简化电路示意

电容器组的工频容抗值 X_C 为

$$X_C = \frac{1}{\omega C} \tag{3-1}$$

式中　X_C——电容器组的工频容抗值，Ω；

ω——TCSC 所在电网的角频率，rad/s；

C——电容器组的电容值，F。

晶闸管阀导通后，电容器组和电抗器之间形成 LC 回路，相应的谐振角频率 ω_0 为

$$\omega_0 = \frac{1}{\sqrt{LC}} \tag{3-2}$$

式中　ω_0——电容器组和电抗器之间的谐振角频率，rad/s；

L——阀控电抗器的电感值，H。

为使 TCSC 有较为合适的工作特性，一般需使 $\omega_0 > \omega$。定义 λ 为

$$\lambda = \frac{\omega_0}{\omega} = \frac{1}{\omega\sqrt{LC}} \tag{3-3}$$

式中　λ——谐振角频率与电网的角频率之比。

约定线路电流不含谐波分量，为幅值恒定的工频正弦电流源，即

$$i_L(t) = I_m \sin(\omega t) \tag{3-4}$$

式中　$i_L(t)$——线路电流，A；

I_m——线路电流工频分量的幅值，A；

t——时间，s。

正常情况下，TCSC 运行于容性微调模式，线路电流 i_L、电容器组电流 i_C、电容器组电压 u_C 和 TCR 支路电流 i_V 标幺化后的波形曲线如图 3-7（b）所示。晶闸管阀的触发角 α 定义为从晶闸管开始承受正向阳极电压起到施加触发脉冲止的电角度，导通角 σ 定义为晶闸管阀在一个工频周期中处于通态的电角度，将 α、σ 示于图 3-7 中。触发越前角 β 定义为

$$\beta = \pi - \alpha \tag{3-5}$$

式中 β——触发越前角，rad；

α——晶闸管阀的触发角，rad。

则有

$$\beta = \sigma/2 \tag{3-6}$$

式中 σ——晶闸管阀的导通角，rad。

图 3-7（a）给出了晶闸管阀闭锁时的线路电流 i_L 和电容器组电压 u_C 标幺化后的波形曲线，此时，晶闸管阀的触发角 α 为 180°。在此需要注意的是：尽管晶闸管阀触发角 α 是以电压过零点为基准进行定义的，工程实际中有不少是按照线路电流 i_L 过零为基准进行触发角 α 控制的。

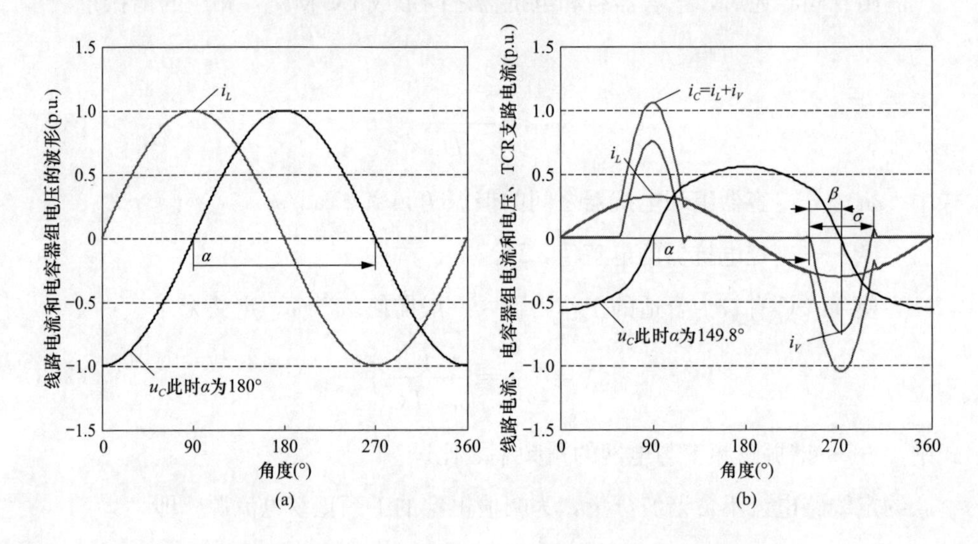

图 3-7　容性微调模式下 TCSC 稳态运行主要变量波形

（a）提升系数等于 1.0；（b）提升系数等于 2.0

忽略阀控电抗器、电容器组和晶闸管阀等损耗，通过较为烦琐的公式推导，可得 TCSC 基波电抗 $X(\alpha)$ 与晶闸管触发角 α 的关系如式（3-7）所示[7]。图 3-8 中给出了 λ 为 2.4176 时，TCSC 基波电抗与触发角 α 的关系曲线，其中，基波电抗的基准值为电容器组工频容抗 X_C。

$$X(\alpha) = \frac{1}{\omega C}\left[\begin{array}{l} -1 + \dfrac{\lambda^2}{\lambda^2 - 1} \times \dfrac{2\beta + \sin(2\beta)}{\pi} - \dfrac{4\lambda^2}{(\lambda^2 - 1)^2} \times \cos^2(\beta) \\ \times \dfrac{\lambda \times \tan(\lambda\beta) - \tan(\beta)}{\pi} \end{array}\right] \tag{3-7}$$

式中 $X(\alpha)$——TCSC 基波电抗，Ω。

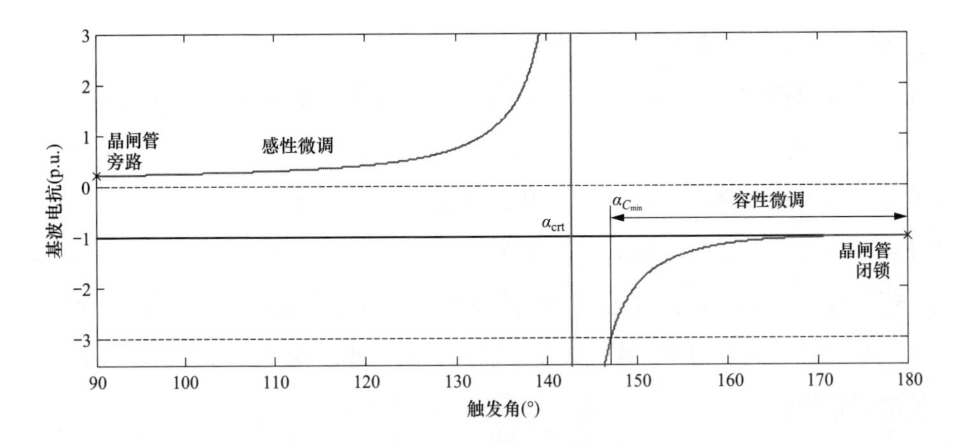

图 3-8　TCSC 基波电抗与触发角的关系曲线（$\lambda=2.4176$）

3.4.2　可控串联电容补偿运行模式

由图 3-8 可以看出，当 $\alpha_{crt}<\alpha\leqslant180°$时，TCSC 呈容性；当 $90\leqslant\alpha<\alpha_{crt}$时，TCSC 呈感性。当触发角 $\alpha=\alpha_{crt}$时，TCSC 处于谐振状态。由此，从理论上讲，如图 3-9 所示，TCSC 有晶闸管闭锁、容性微调、晶闸管旁路和感性微调四种运行模式：

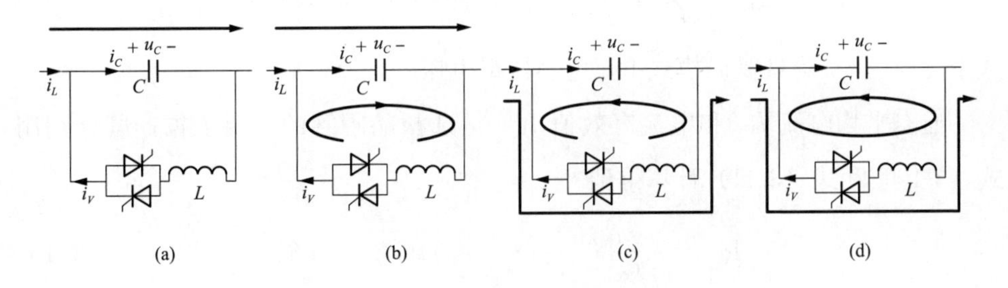

图 3-9　TCSC 运行模式的示意图

（a）晶闸管闭锁；（b）容性微调；（c）感性微调；（d）晶闸管旁路

（1）晶闸管闭锁（Thyristor Blocked Operation），对应图 3-8 中的晶闸管闭锁点和图 3-9（a）。

此时，触发角 $\alpha=180°$，触发越前角 $\beta=0°$，即晶闸管不导通，TCSC 相当于固定串联电容补偿装置，基波电抗 $X(\alpha)$ 等于电容器组的工频容抗 X_C。

（2）容性微调（Capacitive Vernier Operation），对应于图 3-8 中的容性微调区和图 3-9（b）。

实际工程的 TCSC 最大提升系数 k_B 通常为 3.0，对应于最小触发角 α_{Cmin}，因此，容性微调运行范围为图 3-8 中的容性微调区。触发角 $\alpha \in (\alpha_{Cmin}, 180°)$，触发越前角 $\beta \in (0°, 180°-\alpha_{Cmin})$，此时，晶闸管部分导通，LC 回路电流对应的基波分量与线路电流同相，提升了电容器组电压的基波分量，从而使得 TCSC 基波电抗 $X(\alpha)$ 大于电容器组的容抗 X_C，且触发角 α 越小，基波电抗 $X(\alpha)$ 越大。容性微调是 TCSC 正常运行时所处的模式，额定提升系数通常为 1.1 或 1.2 运行，线路故障时，TCSC 通过改变触发角 α 来迅速改变提升系数 k_B，以满足稳定控制等各种需求。

容性微调模式下的流过 TCR 支路的电流 i_V 在电容器组电压过零时刻达到峰值 $i_{V_{pk}}$，取绝对值为[48]：

$$i_{V_{pk}} = I_m \frac{\lambda^2}{\lambda^2 - 1}\left[\frac{\cos\beta}{\cos(\lambda\beta)} - 1\right] \tag{3-8}$$

式中 $i_{V_{pk}}$——容性微调模式下，TCR 支路电流的峰值，A。

容性微调模式下的电容器组电压 u_C 在 $\omega t = \pi/2$ 时达到峰值 $u_{C_{pk}}$，取绝对值为[48]：

$$u_{C_{pk}} = \frac{I_m}{\omega C}\left\{1 + \frac{\lambda}{\lambda^2 - 1}[\cos\beta\tan(\lambda\beta) - \lambda\sin\beta]\right\} \tag{3-9}$$

式中 $u_{C_{pk}}$——容性微调模式下，电容器组电压的峰值，V。

通态平均电流 $I_{V_{av}}$ 和电流有效值 $I_{V_{rms}}$ 是选择晶闸管的重要依据，可分别用式（3-10）和式（3-11）计算得到[48]。

$$I_{V_{av}} = \frac{I_m\lambda^2}{\pi(\lambda^2 - 1)}\left(\frac{1}{\lambda}\cos\beta\tan\lambda\beta - \sin\beta\right) \tag{3-10}$$

式中 $I_{V_{av}}$——容性微调模式下，TCR 支路通态电流的平均值，A。

$$I_{V_{rms}} = \frac{I_m\lambda^2}{\lambda^2 - 1} \times \sqrt{\frac{\beta}{2\pi}} \times \left\{\begin{array}{l} 1 + \dfrac{\sin(2\beta)}{2\beta} + \dfrac{1 + \cos(2\beta)}{1 + \cos(2\lambda\beta)}\left(1 + \dfrac{\sin(2\lambda\beta)}{2\lambda\beta}\right) \\ - \dfrac{2\cos\beta}{\cos(\lambda\beta)}\left\{\dfrac{\sin[(\lambda+1)\beta]}{(\lambda+1)\beta} + \dfrac{\sin[(\lambda-1)\beta]}{(\lambda-1)\beta}\right\} \end{array}\right\}^{1/2} \tag{3-11}$$

式中 $I_{V_{rms}}$——容性微调模式下，TCR 支路通态电流的有效值，A。

（3）晶闸管旁路（Thyristor Bypass Operation），对应于图 3-8 中的晶闸管旁路点和图 3-9（d）。

此时，触发角 $\alpha=90°$，触发越前角 $\beta=90°$，即晶闸管全导通，TCSC 等值为电容器组和电抗器的并联，基波电抗 $X(\alpha)$ 等于 $X_C/(\lambda^2-1)$。由于实际工程中 λ 取值一般大于 1，即 TCSC 基波电抗呈一小感抗。晶闸管全导通时，流过 TCR 支路的电流 i_V 为

$$i_V=\frac{\lambda^2}{\lambda^2-1}I_{\mathrm{m}}\sin(\omega t) \tag{3-12}$$

式中　i_V——晶闸管旁路模式下，TCR 支路电流，A。

从式（3-12）可以看出，TCSC 在晶闸管旁路运行模式时，流过 TCR 支路的电流不含谐波分量，且其幅值大于线路电流幅值。晶闸管旁路方式被用来降低 TCSC 过电压、减少短路电流；同时也可减轻 MOV 的负担，降低对 MOV 能量的要求。

晶闸管的通态平均电流 $I_{V\mathrm{av}}$ 和电流有效值 $I_{V\mathrm{rms}}$ 可分别用式（3-13）和式（3-14）计算得到。

$$I_{V\mathrm{av}}=\frac{\lambda^2}{\lambda^2-1}\times\frac{I_{\mathrm{m}}}{\pi} \tag{3-13}$$

式中　$I_{V\mathrm{av}}$——晶闸管旁路模式下，TCR 支路通态电流的平均值，A。

$$I_{V_{\mathrm{rms}}}=\frac{\lambda^2}{\lambda^2-1}\times\frac{I_m}{2} \tag{3-14}$$

式中　$I_{V\mathrm{rms}}$——晶闸管旁路模式下，TCR 支路通态电流的有效值，A。

（4）感性微调（Inductive Vernier Operation），对应于图 3-8 中的感性微调区和图 3-9（c）。

触发角 $\alpha\in(90°,\ \alpha_{\mathrm{crt}})$，触发越前角 $\beta\in(180°-\alpha_{\mathrm{crt}},\ 90°)$，即晶闸管部分导通，LC 回路电流对应的基波分量与线路电流反相，且幅值大于线路电流，从而使 TCSC 呈感性，基波电抗 $X(\alpha)$ 大于电容器组与电抗器的电抗并联值，且触发角 α 越大，TCSC 基波电抗 $X(\alpha)$ 所呈现的感抗越大。感性微调运行模式下，TCSC 谐波含量较大，对晶闸管要求较高，对系统安全和经济运行也不利，因此，在实际工程应用中通常不让 TCSC 工作在此状态。

TCSC 运行范围除受触发角的限制外，还受到 MOV 电压保护水平、电容器组过负荷能力、晶闸管的电流承受能力和谐波电流等各种因素的限制。另外，TCSC 运行范围随持续运行时间长短不同而变化。通常 TCSC 容性微调控制区分

为四个典型运行范围：连续运行区、8h 过载区、30min 过载区及 10s 过载区，可参见第 5 章 5.2.1 节中的相关阐述。

3.4.3 可控串联电容补偿控制策略

为便于设计和实现，TCSC 通常采用分层控制[49]，如分为上层控制、中层控制和底层控制或外层系统、中层阻抗和内层驱动控制[6]。上层控制即系统控制，根据潮流和暂态稳定的控制策略、电容器组过负荷能力等，计算出所需要的 TCSC 基波电抗。上层控制的响应时间较长，通常为 30～600ms。中层控制根据上层控制的基波电抗指令，通过相应的控制策略，使 TCSC 输出基波电抗快速、准确地跟踪基波电抗指令。中层控制的响应时间略短，通常为 30～100ms。中层控制也称为电抗控制，通常有电抗开环控制和电抗闭环控制，如图 3-10 所示。基波电抗指令 X_{ref} 和测量电抗 X_m 之间的偏差 ε_X 经过 PID（Proportional Integral Differential）或 PI（Proportional Integral）后得到基波电抗指令的修正值 ΔX。修正后的指令值 X_{cmd}，通过查电抗特性表得到晶闸管的触发角 α，如图 3-10（b）所示。由于电抗闭环控制的上升时间略短、电抗稳态偏差略小，在 TCSC 的实际应用要略多于电抗开环控制。底层控制主要包括触发控制和模式转换。底层控制的响应时间最短，通常在 10ms 以内。TCSC 同步技术中的锁相环为电抗控制提供触发基准，响应时间在 100ms 左右，属于中层控制。不过，TCSC 同步技术中的过零检测和插值计算等，则属于底层控制。

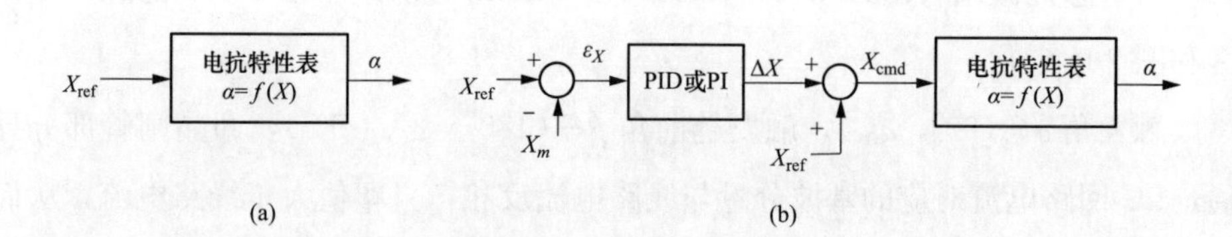

图 3-10 电抗控制框图

（a）电抗开环控制；（b）电抗闭环控制

以伊敏-冯屯 TCSC 简化等值系统为例，采用电抗开环控制，TCSC 基波电抗阶跃时的线路电流、电容器组电压、TCR 支路电流和提升系数变化情况如图 3-11 所示，其中，同步技术采用了归一化后的 SOGI-FLL（Second Order Generalized Integrator-Frequency Locked Loop），可参见第 4 章 4.4.4.5 节中的相关阐述。在基波电抗下降过程中，提升系数略微有些超调，但没有振荡，体现出 SOGI-FLL 相位跟踪的优越性。

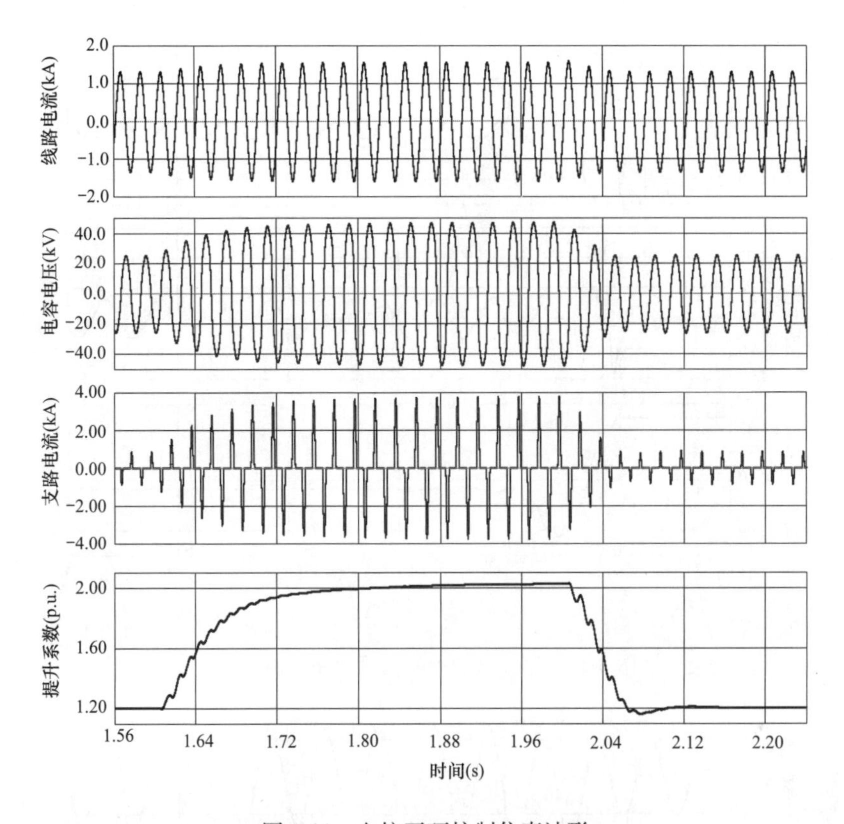

图 3-11 电抗开环控制仿真波形

图 3-12～图 3-14 给出了 TCSC 模式转换过程中的线路电流、电容器组电压、TCR 支路电流和提升系数的数字仿真波形。转换速度快、扰动小、衰减快、稳定性高是对 TCSC 模式转换的要求。晶闸管旁路时，TCR 支路电流和线路电流同相位，利用这一特性可使 TCSC 从容性微调或晶闸管闭锁模式快速平稳地转换到晶闸管旁路模式[50]，如图 3-12 所示。从晶闸管旁路模式转换到容性微调模式的实际工程和仿真结果都表明[6]：少量的晶闸管电流确实有阻尼振荡作用。利用这一特性，在转换到晶闸管闭锁模式中，可以先转换到提升系数为 1.0 的容性微调模式，再闭锁晶闸管，使整个转换过程更加平稳、快速，如图 3-14 所示。

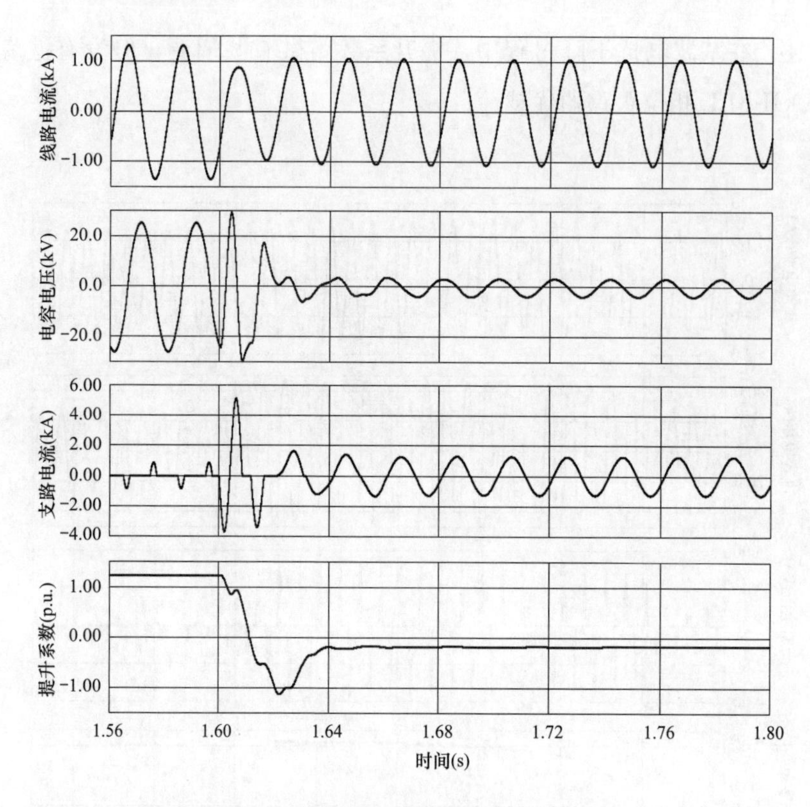

图 3-12　容性微调到晶闸管旁路转换过程

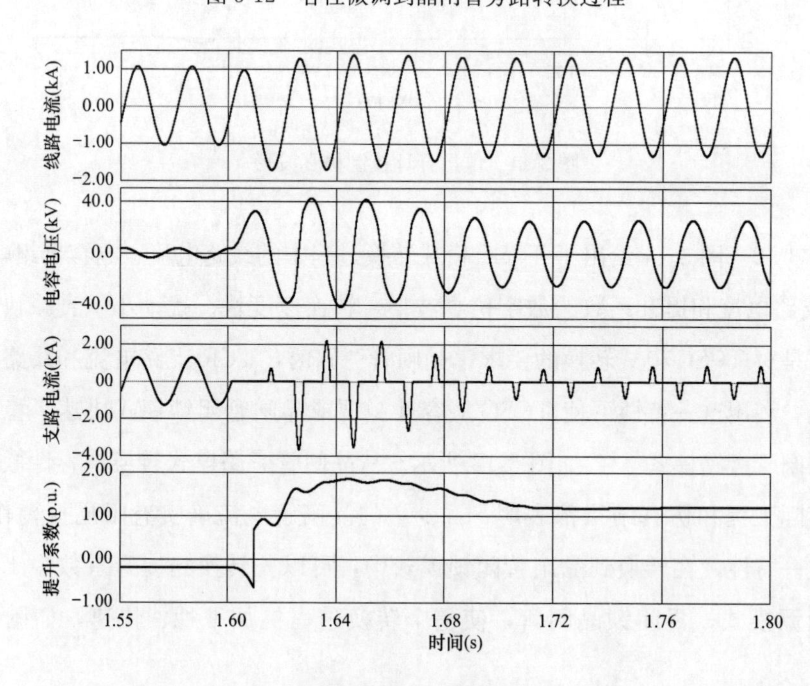

图 3-13　晶闸管旁路到容性微调转换过程

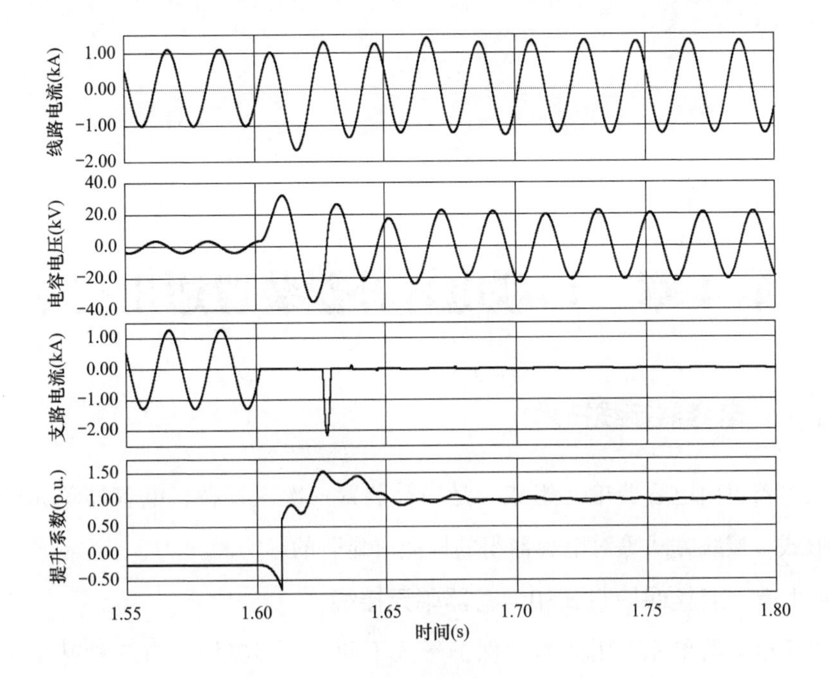

图 3-14　晶闸管旁路到闭锁转换过程

第4章　串联电容补偿装置通用技术

4.1　电容器接线技术

电容器组由电容器单元组成，是串补装置一次主设备。电容器单元的熔断保护形式、接线方式等对电容器组的性能有显著的影响。

4.1.1　熔丝保护方式和电容器单元接线

由于电容器单元采用的熔丝保护形式不同，电容器组可有三种基本接线方式。电容器单元是由一个或多个电容器元件串并联组装在同一外壳中并有端子引出的组装体。电容器元件本质上是由绝缘电介质隔开的两个电极构成的部件，一般由电介质和电极卷绕而成。图4-1给出了电容器单元之间的典型连接，图4-2给出了电容器单元内元件之间的典型连接[51]。对于220～500kV电压等级串补装置，标准推荐采用内部熔丝或无熔丝电容器，电容器单元推荐采用双套管设计[2]。对于1000kV电压等级串补装置，标准推荐采用容量为500kvar以上的内部熔丝电容器，同样推荐采用双套管设计[12]。

4.1.1.1　装设外部熔断器的电容器组

1.0kV及以上电容器单元保护用外部熔断器由于结构简单、能够提供直观的故障位置，在北美至少已有80多年的应用历史[52]。采用装设外部熔断器电容器单元的典型接线为：如图4-1（a）所示，根据需要，将装有熔断器电容器单元进行必要的并联连接，形成电容器段，以满足电容器组额定电流的要求；将这些电容器段进行串联连接，以达到电容器组电压和容量的额定值。电容器组的一相可以分列为两个或多个并联部分，以便电容器组不平衡电流的监测。

由于外部熔断器能断开相对较高电压的故障，因此，电容器单元可采用相对较高的额定电压，然而单元容量可能较小，用以满足实际应用时单元最小并联数的要求[53]。电容器单元的故障，会引起外部熔断器电流的增大，并熔断该熔断器，这种情况会造成所并联的电容器单元电压的升高，电压升高的值与电容器组设计时采用的单元并联数有关。

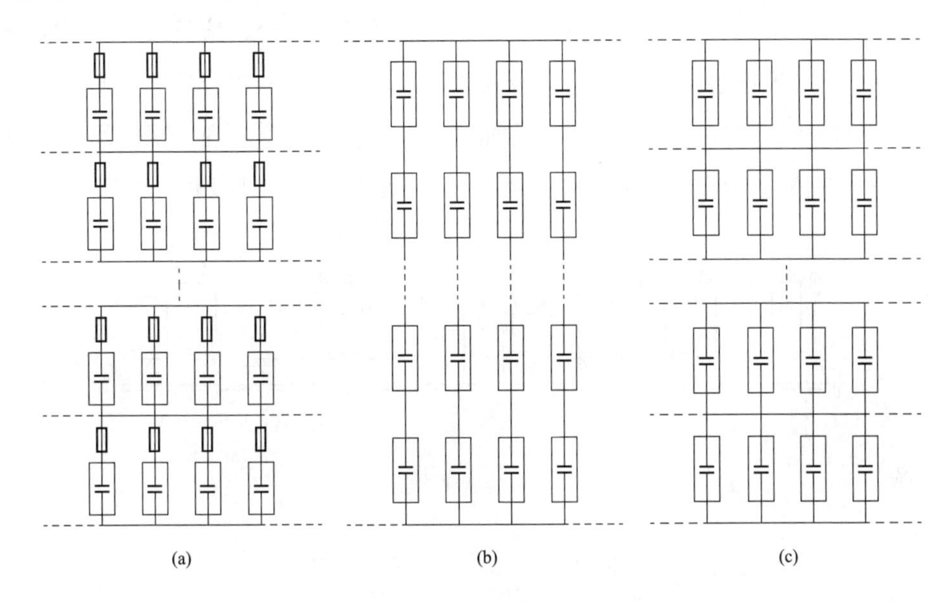

图 4-1　电容器单元之间的典型连接

(a) 装设外部熔断器；(b) 无熔丝；(c) 装有内部熔丝

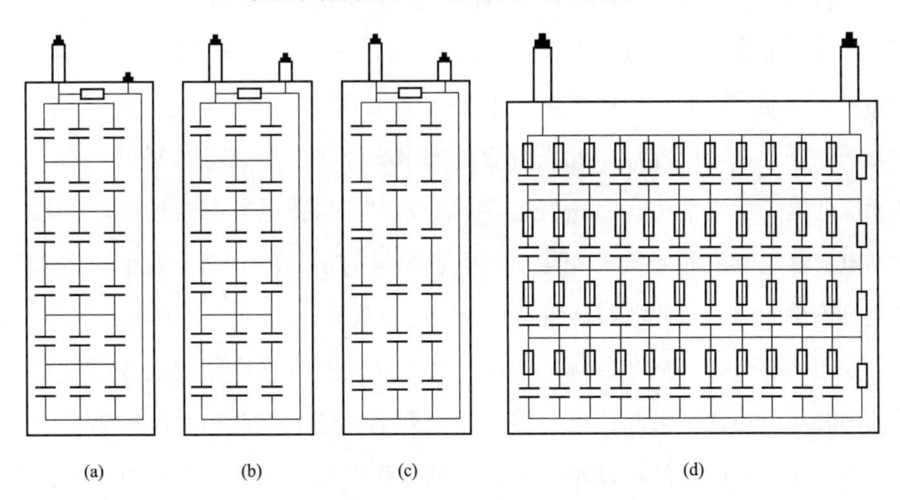

图 4-2　电容器单元内元件之间的典型连接

(a) 外部熔断器；(b) 无熔丝；(c) 无熔丝；(d) 装有内部熔丝

并联电容器组用外部熔断器的使用要求和准则可参考相应规范[54,55]。如图 4-2 (a) 所示，典型的电容器单元采用单套管设计。外部熔断器确实是并联电容器组单元内部故障保护常用的措施之一，也曾在早期的串补装置中得到过应用。如图 4-3 所示[4]，在辅助电容器平台（电容器框架）上装设外部熔断器，监视平台上电容器单元的极对壳绝缘。当某一电容器单元极对壳绝缘损坏时，则在故障电容器单元的极板、故障点、电容器外壳、平台、熔丝、电容器组横向连接线和故障电容器单元的另一极板之间，形成故障的闭合环路，使熔丝熔断，熔管跌落。这样，运行人员能及时发现，并进行故障处理。现代配电网串补装置还在使用外部熔断器，但超/特高压串补装置已基本不使用外部熔断器。

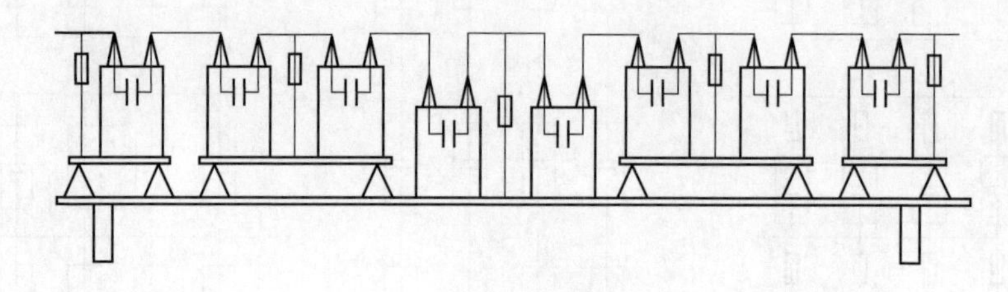

图 4-3　串补装置平台结构布置

4.1.1.2　无熔丝电容器组

由于没有内部熔丝，无熔丝电容器单元的功率损耗要小于内部熔丝电容器单元，西门子公司内部熔丝电容器的损耗参数为不大于 0.20W/kvar，外部熔断器或无熔丝电容器的损耗参数为不大于 0.10W/kvar，可见幅值小得尽管有限，但还是有明显差别的。采用无熔丝电容器单元的典型接线为：如图 4-1（b）所示，根据需要，将电容器单元进行必要的串联连接，形成电容器单元串，以达到相应的电压承受能力。将这些电容器单元串按需要进行必要的并联连接，以达到电容器组电流和容量的额定值。电容器组的一相可分列为两个或多个并联的电容器单元串，以便电容器组不平衡电流的监测。

如图 4-2（b）和图 4-2（c）所示，电容器元件的故障导致电容器单元中相关的串联部分短路，引起该电容器单元中剩余元件上以及相关电容器串中的其他电容器单元上通过的电流增大和承受的电压升高。电流增大和电压升高的程度与电容器单元串中串联的元件总数有关。由于电容器单元通常采用非直接并联连接，故放电能量和电流的增量都不大。存在短路元件的电容器单元仍可继续运行。无熔丝电容器单元应采用全膜绝缘电介质，这样一来，电容器元件内发生故障会形成电阻值很小的、牢固的熔焊短路。如采用全纸绝缘电介质或膜纸复合绝缘电介质，则电容器元件内故障不会出现这种熔焊短路现象。

由于故障元件没有断开，且受其影响的电容器单元也没有立即断开，所以，无熔丝电容器单元的耐受放电电流能力、内部与电容器外壳之间绝缘性能都显得至关重要。如图 4-2（b）和图 4-2（c）所示，电容器单元通常采用双套管设计[53]。

为了降低无熔丝电容器单元的完好元件因过压而损坏的概率，通常要求内部元件串联数较多，电容器单元额定电压往往较高。在整组和电容器单元容量都不变的条件下，电容器单元的额定电压越高，电容器组中单元串联数就越少，每串段中单元并联数越多。无熔丝电容器适用于电压为 34.5kV 以上等相对较高的应用场合[53]。在美国、欧洲和世界其他地区，无熔丝电容器有大量应用。所不同的是[56]，美国的无熔丝电容器组中单元之间的连接为先串联后并联，即所谓“先串后并”，电容器单元内部元件之间的连接是“先并后串”，如图 4-2（b）所示；而 ABB 的无熔丝电容器不仅单元之间“先串后并”，而且电容器单元内部元件也是“先串后并”，如图 4-2（c）所示。在国内的超/特高压串补装置中无熔丝电容器有应用，如南方电网贺州 500kV 串补装置，但相对较少。

4.1.1.3　装设内部熔丝的电容器组

内部熔丝电容器已经有 60 多年的历史，与外部熔断器相比较，尽管内部熔丝有故障位置不明显、保护不反应极对壳绝缘故障等不足，但仍具有下列性能优势[52]，而使内部熔丝电容器得到了长足的发展：

（1）内部熔丝以尽量少的容量为代价实现故障隔离。现代电容器一个元件相当于早期的电容器单元，内部熔丝电容器把外部熔断器电容器保护理念运用到电容器单元内，给每个电容器元件加上一根内部熔丝。

（2）内部熔丝动作快，开断时间约为几十微秒[57]或几十毫秒，开断能量约为 50～200J。在故障电容器单元内不产生开放式电弧和气体，与外部熔断器电容器相比较，箱壳爆破的可能性要小。

（3）内部熔丝具有较强的放电电流耐受能力。按标准要求，外部熔断器的额定电流通常为电容器额定电流的 1.5 倍。内部熔丝通常按电容器元件额定电流的 4 倍设计，放电电流耐受能力强，且对周围影响小。

（4）内部熔丝“重燃”可能性小，外部熔断器属于喷射式，容易发生“重燃”。

(5) 内部熔丝无安装要求、不受现场运行环境影响，动作一致性好，动作可靠性更高。外部熔断器动作分散性较大、安装要求高、易受气候影响而误动或拒动。

外部熔断器、无熔丝电容器组单元内部故障呈大面积短路状态，而内部熔丝电容器组单元内部故障呈小范围开路状态，由此使内部熔丝电容器对内部故障保护灵敏度要求较为苛刻[52]：

(1) 内部熔丝电容器单元允许隔离元件引起的电容量变化比外部熔断器隔离整台电容器单元要小得多，既要求内部故障保护比传统保护更灵敏，还要求满足初始不平衡值校验要求。

(2) 内部熔丝电容器元件比单元整体过电压更早、更高，要求内部故障保护比传统保护提前启动。

(3) 能否形成具有高可靠性的保护信号与接线方式密切相关，要求选择相应的电容器组一次接线方式。

内部熔丝电容器单元容量相对较大，如图 4-2 (d) 所示，单元内的典型接线为：根据需要，将装有内部熔丝的电容器元件进行必要的并联连接，形成电容器元件组，然后将这些元件组进行串联连接，以达到电容器单元电压和容量的额定值。电容器元件组内并联元件数相对较多，至少应在 10 个以上，最好不少于 15～20 个[57]。如图 4-1 (c) 所示，将电容器单元进行必要的串、并联，以符合电容器组整体电压和容量的额定值。可以有多种不同的连接方式，电容器组的一相可以分列为两个或多个并联部分，以便电容器组不平衡电流的监测。典型的内部熔丝电容器单元可采用单套管或双套管设计[51]。

一个电容器元件的故障会产生来自与其并联元件的放电电流，该放电电流流经与故障元件相串联的内部熔丝，并使之熔断。内部熔丝的熔断会造成电容器单元内这些健全并联元件上电压的升高，并使相关单元上的电压也有轻微的上升，这些电压升高的值与设计时采用的电容器元件并联数密切相关。与外部熔断器电容器组相比较，内部熔丝电容器组的单元并联数通常要少些，单元串联数要多些[53]。

电容器组电压较高时，电容器元件发生故障的可能性较大。对于并联电容器组，内部熔丝被设计成在电容器元件额定电压 0.9～2.5 倍的电压范围内发生电击穿时，能够正确地动作，并将故障元件隔离开来[58]。对于串联电容器组，内部熔丝被设计成在电容器元件额定电压 0.5 倍峰值到极限电压对应的峰值之间的电压范围内发生电击穿时，能够正确地动作，并将故障元件隔离开来[59]。显然，电容器设计和应用时都应该充分考虑由一些内部熔丝的熔断而引起的电流增大和/或电压升高。

由于内部熔丝开断的需要，内部熔丝电容器单元内部元件并联数相对较多，元件串联段数较少，电容器单元额定电压自然较低。在整组和电容器单元容量都不变的条件下，电容器单元的额定电压越低，则电容器组中单元串联数就越多，每串联段内单元并联数可大为减少。

在国内超/特高压串补装置中，内部熔丝电容器得到较为广泛的应用。国外的西门子和 ABB 公司也多选用内部熔丝电容器。

4.1.2　电容器单元套管结构和接线

电容器单元的套管结构主要有两种：单套管和双套管。单套管电容器单元只采用一个套管，制造流程相对简化、成本相对较低。

对于额定电流较大的电容器组，往往需要多台电容器单元进行并联。双套管电容器组可将同一框架上的电容器单元分成若干个单独并联的串，如图 4-4 所示。这样一来，当电容器单元极间或极对壳发生贯穿性短路故障时，对短路点的放电能量主要来自故障电容器单元自身的储能和与故障电容器单元直接并联的所有电容器的储能，爆破能量不会太大，不易导致电容器单元外壳爆裂起火，对电容器组的安全运行较为有利。

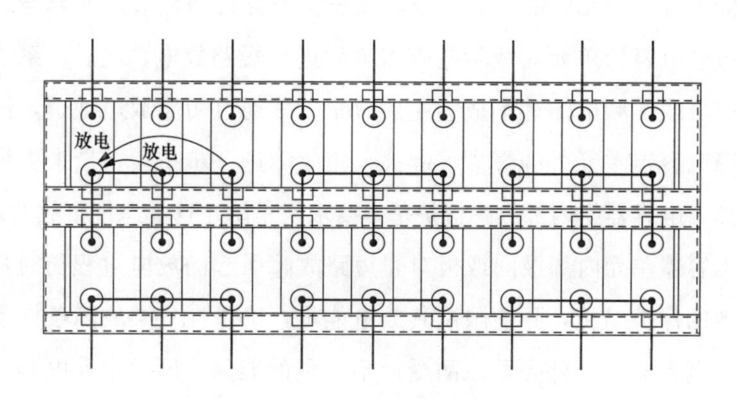

图 4-4　双套管电容器的接线示意图

单套管电容器只有一个套管，另一个引出线直接和外壳相连，如图 4-5 所示。单套管电容器组同一框架上的电容器单元天然地并联在一起，无法分成若干单独并联的串。这样一来，当电容器单元极间或极对壳发生贯穿性短路故障时，同一层框架上所有的并联电容器单元都会对故障短路点进行放电。若在系统短路等恶劣条件下电容器单元发生该类故障，其放电能量将比较大，再叠加上系统的短路电流，电容器组的爆破能量会比较大，容易导致电容器单元外壳爆裂起火，且可能会烧毁临近设备。

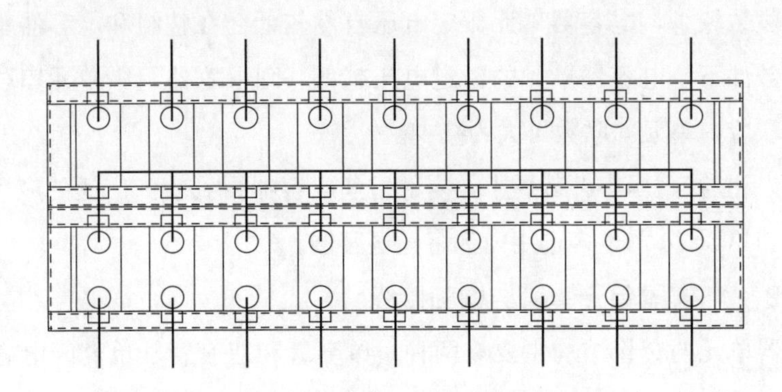

图 4-5　单套管电容器的接线示意图

尽管单套管电容器具有较好的经济性，在电容器框架不做比较大改变的前提下，电容器组的爆破能量会比较大，对电容器组的安全稳定运行构成隐患，因此，串补装置相关标准推荐采用双套管电容器单元[2,12]。

4.1.3　电容器的耐爆

4.1.3.1　故障简要分析

运行的电容器单元内部极间或极对壳发生贯穿性短路故障时，与之直接并联的所有健全电容器单元对故障电容器单元进行短路放电，之后，系统提供的工频故障电流或工频电流逐渐成为主要分量，并通过短路放电通道，这极有可能导致故障电容器单元外壳爆裂、起火，使故障进一步扩大，带来更为严重的后果。显然，电容器组内部故障保护基本要求就是防止这类恶性事故的发生。

由于电容器单元内部极间或极对壳短路故障引起的放电过程历时极短，目前暂无有效的保护措施，只能限制其放电能量，确保在各类故障条件下的放电能量均小于电容器单元外壳可以耐受而不爆裂的能量，即要求在电容器组的内部接线及平台结构布置上做出妥善安排，限制电容器组在电容器单元内部发生短路故障时可能对故障点注入的最大放电能量小于电容器单元外壳能耐受的爆破能量，以降低故障电容器单元发生爆裂的风险。对于工频故障电流引起的外壳爆裂事故，则可采用有效的包括继电保护在内的电容器组内部故障保护手段，在内部故障发展过程中或最终极间全短路时，提前可靠地开断故障电流通道或者旁路故障电流，以阻止恶性事故的发生，这是电容器组内部故障保护的基本要求。

4.1.3.2　额定耐受爆破能量和爆破能量

电容器单元的额定耐受爆破能量是指电容器单元内部发生极间或极对壳击穿时，电容器能耐受的不引起金属壳体和引出套管破裂的最大能量，通常用 W_{ep} 表示。额定耐受爆破能量是对电容器单元外壳强度的一个安全要求，是电容器单元一项重要的安全性能指标。现有标准对全膜电容器单元额定耐受爆破能量的要求都为 15kJ[12,53,60]。

在电容器组内，故障电容器单元内部发生极间或极对壳击穿时，注入故障点的能量主要有以下三部分[61]：

（1）故障电容器单元自身的储能。

（2）与故障电容器单元直接并联的所有电容器的储能，通常是注入故障点能量的主要组成部分。

（3）与故障电容器所在的支路相并联的各支路电容器所提供的放电能量。当故障电容器短路时，各电容器支路之间的电荷重新分配过程中，有一部分能量也将注入故障点，这部分能量的大小与电容器组接线方式及平台结构布置有关，在多数条件下是不应被忽略的。

注入故障点的能量称为该电容器组的爆破能量，通常用 W_p 表示。现有研究结果表明[61]：电容器组的爆破能量除了与电容器组的容量大小以及故障电容器直接并联的电容器单元数有关之外，电容器组内的接线方式以及平台结构布置不同，故障点所处位置不同时，其爆破能量也将有很大的差异。在各种情况下均应保证电容器组对故障电容器单元的最大放电能量，即电容器组的最大爆破能量应低于电容器单元的额定耐受爆破能量，即有 $W_p < W_{ep} = 15\text{kJ}$。

4.1.3.3　爆破能量计算的简化约定

为方便串联电容器组爆破能量的计算，通常做出以下简化约定：

(1) 对故障点注入能量仅考虑电容器组自身的储能，而忽略系统工频电源带来的影响。通常，电容器组布置较为紧凑，并联连线很短，加上全膜电容器自身的等值电感很小，因此，整个故障放电回路的等值电感极小，电容器极间或极对壳击穿故障呈现为冲击式的高频放电，过程持续时间极短；串联电容器组电压达到保护水平时，电容器组电压近似不变，此时线路电流流经电容器组旁路通道，如流过 MOV 或间隙，流过电容器组的电流近似为零。总之，忽略系统工频电源带来的影响是合理的。

(2) 注入能量即按电容器组的储存能量考虑，忽略冲击式高频放电过程中的损耗，当然，这样计算出的能量将比实际故障中的能量要大些。

(3) 对于三相电容器组，各相电容器的组合无论是参数或者是接线方式、平台结构布置都是一致的。电容器单元发生极间或极对壳的内部击穿时，其放电过程仅在故障相内完成，健全相（其他两相）不影响这一放电过程。

4.1.3.4 爆破能量的计算

随着电容器组额定电压的升高和单组容量的增大，为了满足电容器组内部故障保护灵敏度的要求，以及确保电容器组的爆破能量不应超过 15kJ 的要求，电容器组的平台结构布置可能会相对较为复杂。对于串联电容器组，通常采用桥式差电流保护和内部熔丝作为内部故障的保护。桥式差电流保护的原理接线如图 4-6 所示，由 4 个电容器桥臂组成，电流互感器 TA_1 接在中间连线 HG 上。C_1、C_2、C_3 和 C_4 分别为 4 个电容器桥臂，各自由多个电容器单元组成，这里暂不涉及 4 个电容器桥臂各自内部的单元接线方式。对于该桥式接线，正常情况下，当电路满足 $C_1/C_3=C_2/C_4$ 时，H 与 G 点的电位相同，即有 $U_H=U_G$，$I_{TA1}=0$，即电流互感器 TA_1 中没有电流，此时，该桥电路是平衡的。当某一桥臂内一台电容器单元发生短路故障（包括极间短路和极对壳短路），该臂（故障臂假定为 C_1）的电容量将发生变化，使桥平衡被破坏，HG 线中出现电流 I_{TA1}，I_{TA1} 达一定值时，保护开始动作。然而，保护的动作速度远不及故障电容器引起的短路放电速度。由图 4-6 可见，与故障臂 C_1 相并联的邻臂 C_2 将同时参与 C_1 内电容器对故障点的放电过程，另外，两桥臂 C_3 和 C_4 则处于放电回路之外，此时，整个桥回路被 HG 线隔成两个独立的放电回路。同样，对于额定电压更高或额定电流更大的电容器组，有时需要将整组电容器分成 2 个或多个各自独立的桥式差电流接线相串联或相并联。用各自的电流互感器对电容器组的故障分段进行检测，以满足电容器组故障保护的灵敏度要求。此时，单个电容器短路故障，参与故障放电的同样仅限于故障电容器所在的桥接线内部，或者说是该桥电路内故障单元所在故障臂与相邻臂组成的放电回路。引起故障放电能量最大的故障点即为所关注的故障设置方案，它决定了该电容器组的最大爆破能量。

图 4-7 给出了电容器组中一个桥式电路中的 C_1 和 C_2 两个并联臂内部接线。为了使分析结果更加具有普遍性，图中臂接线比实际应用更为复杂。图 4-7 中同时考虑到了 $C_1 \neq C_2$，并略去了图 4-6 中的电流互感器 TA_1。下面对图 4-7 中所示的接线做进一步的分析和说明：

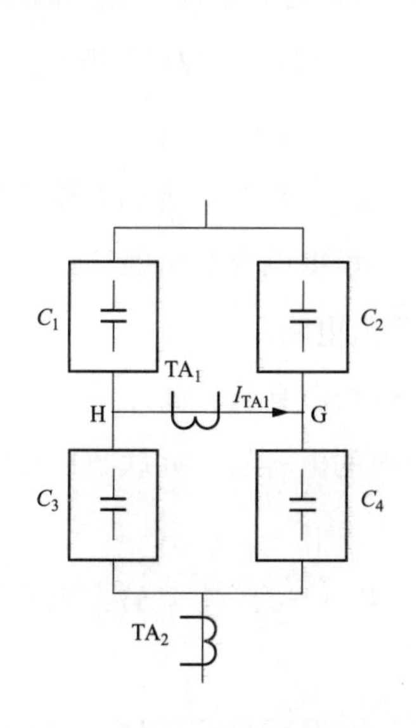

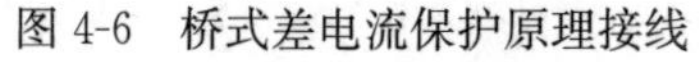
图 4-6　桥式差电流保护原理接线

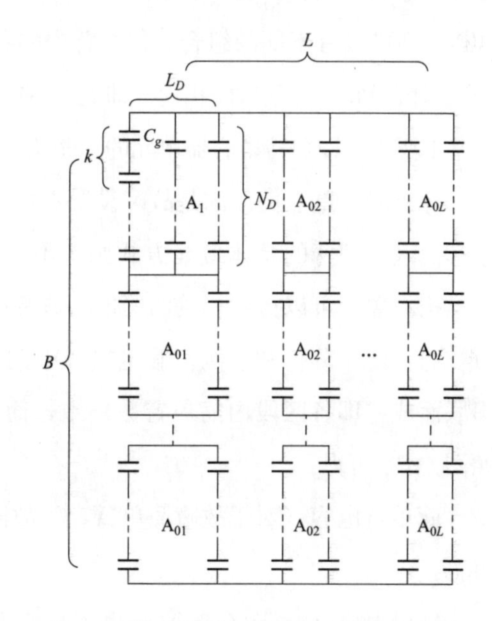

图 4-7　桥式接线电容器组中故障电容器相关的两个并联臂内部接线

（1）在爆破能量讨论范围内，所涉及的电容器单元短路故障，至少将故障单元所在的故障串联段内所有直接并联的电容器短接。图 4-7 所示的单个电容器，可以代表实际应用中的一个串联段的总电容，即若某个串联段由 M_D 个电容器单元 C 并联组成，则有 $C_g = M_D C$。同样，图中所示若干电容器串联组成的支路 N_D 实际上即表示一个“简单臂”（M_D 个并联，N_D 个串联组成，其他的相同）。

（2）k 表示一个电容器单元故障时可能被短接的故障串联段数，这是指由于平台结构布置所导致的 k 个串联段短路的情况。对于两台电容器单元同时发生故障的情况（指两个独立的故障事件同时发生的情况），由于发生概率很小，在讨论中不予考虑。

（3）由 L_D 个“简单臂”并联组成“区段”A，显然，在区段 A_1 内，各个“简单臂”中的串联段数 N_D 均相等，但其内部并联数则可以不同。

（4）由 B 个单元并联数相同的区段串联组成一个臂，如图 4-7 的 A_1 与多个 A_{01} 组成的 $A_1 \sim A_{01}$ 臂，臂内的总串联段数 $N=BN_D$，即图 4-6 所示电容器组桥式接线中的两臂 C_1 或 C_2 的单元总串联数。

（5）共有 L 个臂并联形成图 4-7 所示的电容器组桥式接线的（C_1+C_2）两臂并联组合。同样，各个臂都由 B 个区段串联组成，总串联段数均为 N，但 B 和 N_D 则可以有不同的组合。每个臂中的各区段内也可有不同的 L_D 和 M_D 的组合，但区段间总并联数应相同，即 $L_D=M_D$。其实，这些要求仅仅是电容器组接线的基本要求，即保持电容器单元的并联总数上下一致，串联数总数左右一致。

分析时，重点关注的是故障设置点所在的区段（如 A_1）内的具体接线，至于其他区段即臂的具体接线方式则并不很重要。根据电容器组的接线方式和平台结构布置，可以得到相关的等值参数及简化等值电路。

为了便于分析和示例，假定接线中的各个臂均由具有相同接线组合的区段串联而成，即各区段内简单臂数一致，简单臂内的电容器串并联数也相等。参照图 4-7，可得：

简单臂电容（对于故障简单臂，为故障前）$C_{ND}=C_g/N_D$，臂上电压 $U_{ND}=N_DU_g$。

区段电容（对于区段 A_1，也为故障前）$C_{A1}=L_DC_g/N_D$，区段电压 $U_{A1}=U_{ND}=N_DU_g$。

臂电容 $C_B=L_DC_g/(N_DB)$，臂电压 $U_B=BN_DU_g$。

总电容 $C_\Sigma=L_DC_gL/(N_DB)$，总电压 $U_N=U_B=BN_DU_g$。

约定电容器 C_g 发生故障，则有 $C_g=M_DC$，其中，C 为电容器单元的电容，M_D 为故障串联段内电容器单元的并联数。故障时，C_g上电压为 U_g。

设定故障区段 A_1 内某一台电容器故障（C_g处），被短路的串联段数为 k。经过相应的简化，图 4-7 所示的电容器组接线可以转换为较为简洁的如图 4-8 所示的等值电路。图 4-8 各部分电容的等值表达式如下：

短路电容 $C_k = C_g/k$，短路前 C_k 上的电压 $U_k = kU_g$。

故障简单臂电容（故障后）$C_{ND-k} = C_g/(N_D - k)$。

故障区段 A1 内健全简单臂等值电容 $C_{LD-1} = (L_D - 1)C_g/N_D$。

故障臂内健全区段等值电容 $C_{B-1} = L_D C_g/[N_D(B-1)]$

健全臂等值电容 $C_{L-1} = (L-1)L_D C_g/(N_D B)$。

事实上，对于任意由 $M = LL_D M_D$ 台并联、$N = N_D B$ 台串联的具有图 4-7 所示形式的接线，但内部接线组合不一致的电容器组，最终均可以简化为图 4-8 形式的等值电路，各等值电容表达式也类似。

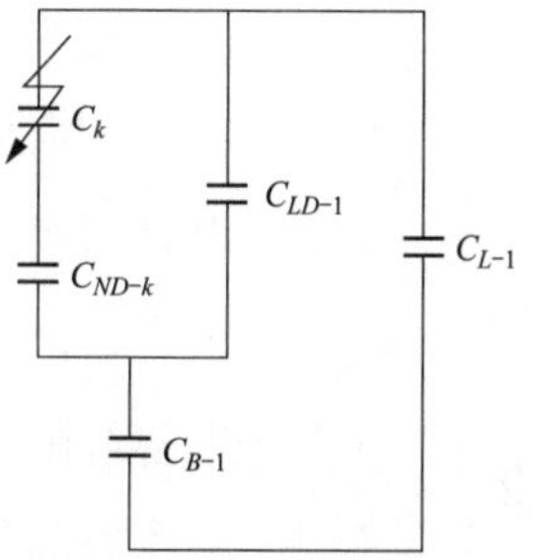

图 4-8　桥式接线电容器组两个并联臂故障电容器放电回路等值电路

下面按照图 4-8 对电容器组爆破能量进行分析。根据电工原理，可将图 4-8 所示的等值图看作一个二端网络，电容器短路点 $P_1 \sim P_2$ 作为二端网络的二端口，设定 R 为 P_1、P_2 短路时的故障通道阻抗，即由 R 短接 C_k。根据戴维宁定律（Thévenin's theorem），为求得流入 R 的短路电流，可以用一内阻抗为 C_{gD}、电压为 U_k 的等值电源代替原来的二端网络。据此，可将图 4-8 改画成图 4-9 的形式，表示在故障发生前电容器组的简化形式。图 4-9 可进一步简化为图 4-10 的等值示意图。根据图 4-9，计算等值电源的内阻，即 $P_1 \sim P_2$ 间的入口电容 C_{gD}，计算时不考虑各部电容上的电压，可得到：

$$C_{gD} = C_k + \frac{C_{ND-k}\left(C_{LD-1} + \dfrac{C_{L-1}C_{B-1}}{C_{L-1}+C_{B-1}}\right)}{C_{ND-k} + C_{LD-1} + \dfrac{C_{L-1}C_{B-1}}{C_{L-1}+C_{B-1}}}$$

$$= \frac{BN_D LL_D}{BLL_D(N_D - k) + k(BL - L + 1)} \times \frac{C_g}{k} = D\frac{C_g}{k} \tag{4-1}$$

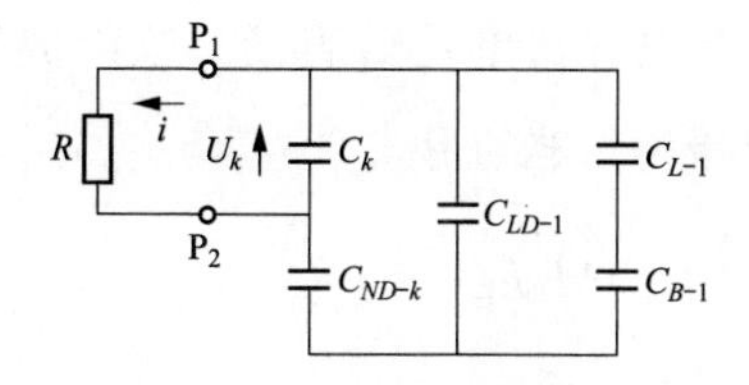

图 4-9　图 4-8 的等值二端口网络示意图

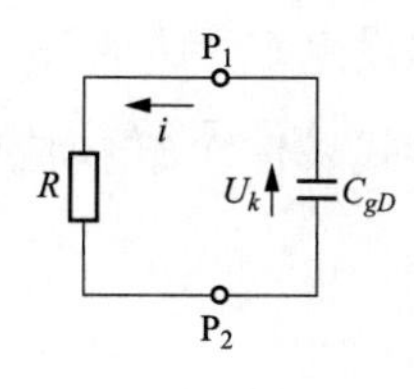

图 4-10　图 4-9 的等值电路

式中 C_{gD}——$P_1 \sim P_2$ 间的入口电容值，F；

C_k——短路电容值，F；

C_{ND-k}——故障后的故障简单臂电容值，F；

C_{LD-1}——故障区段 A1 内健全简单臂等值电容，F；

C_{B-1}——故障臂内健全区段等值电容，F；

C_{L-1}——健全臂等值电容，F；

B——各个臂的区段串联数；

N_D——各个“简单臂”中的串联段数；

L——电容器组中的并联臂数；

L_D——电容器区段中的“简单臂”并联数；

k——电容故障时可能被短接的故障串联段数；

C_g——串联段的电容值，F；

D——系数。

$$D = \frac{BLL_D N_D}{BLL_D(N_D - k) + BkL - kL + k} \tag{4-2}$$

求等值电源电压 U_k 时，须注意图 4-9 中各个等值电容上的电压极性及大小。事实上，U_k 即故障点在故障发生时的电压，也就是在被故障短路的 k 个串段上的电压。故障前，图 4-8 中各个电容电压是处于平衡状态的，$U_k = kU_g$。

约定图 4-9 中 R 消耗的能量或者注入 R 的能量为电容器组的储能。可直接计算等值电容 C_{gD} 的储能，以此来表征电容器的爆破能量，从而略去对 R 放电过程的分析计算，即

$$W_p = \frac{1}{2}C_{gD}U_k^2 = \frac{1}{2}C_g U_g^2 Dk \tag{4-3}$$

式中 W_p——电容器的爆破能量，J；

U_k——等值电源电压，V；

U_g——故障时，C_g 上的电压，V。

根据设定 $C_g = M_D C$，表示由 M_D 台电容器单元 C 直接并联组成的一个串联段，可将式（4-3）转换成以单台电容器为基准的形式

$$W_p = \frac{1}{2}CU_g^2 M_D kD \tag{4-4}$$

式中 W_p——电容器的爆破能量，J；

C——电容器单元的电容值，F；

M_D——串联段内的电容器单元的并联数。

从式（4-4）的构成不难看出，$CU_g^2/2$ 为电容器单元的储能，M_Dk 为被故障短路的电容器单元数，即有 k 个串联段，每个串联段由 M_D 台电容器单元并联组成。该组合的全部储能直接注入短路故障点，是故障放电能量的主要组成部分。系数 D 则表示电容器组中参与对故障点注入能量的与故障串联段非直接并联的各支路对 M_Dk 组合自身能量的叠加因素，即有 $D \geqslant 1$。这一部分注入能量是故障放电能量的附加部分，相当于将整个电容器组视为等值电容量为 kM_DDC 或容量为 kM_DDQ_n 的单串联段电容器组合。

4.1.3.5 爆破能量的计算要点

电容器组爆破能量应反映电容器组接线布置方案中最严重的故障状况，以此作为电容器组的最大爆破能量是较为严格的。但是，对于 2 台或多台电容器单元同时发生故障的情况则不需要考虑。首先要确定故障设置点和故障形式，如极间短路、极对外壳短路，或是极对极和外壳同时短路，并根据接线确定相应的放电回路。在确定故障设置点时，应特别注意平台结构布置的影响。通常平台结构布置可限制故障短路的范围，而且平台必须要固定电位，同时电位固定点的选择应合理。实际布置中，2 臂共用平台时，故障情况将复杂化，应尽量避免平台共用。

应合理确定电容器组爆破能量的电压条件。对于并联电容器组，通常约定在电压为 1.1 倍额定电压峰值下[53,62]，电容器组的最大爆破能量 W_p 应小于 15kJ，每个串联段的电容器并联总容量应控制在 3900kvar 以内[60,63]。对于串联电容器组，标准没有推荐具体的电压条件。当然，最为不利的情况则是在串联电容器组电压达到保护水平时，电容器单元内部发生极间或极对壳短路故障。如果串联电容器组过电压保护水平为 2.3p.u.，不难推算出，每个串联段的电容器并联总容量应控制在 891kvar 以内，这样一来，大容量的串联电容器组采用直接并联的情况相对要少些。

电容器组接线和平台结构布置的合理选取对电容器组爆破能量的控制是一个关系到安全运行的重要环节，可通过改变接线和平台结构布置方式来减少可能发生事故时故障点注入的能量[64]。不平衡保护的灵敏度与电容器组内接线和平台结构布置是直接相关的，它对组内接线的要求往往与爆破能量限制的要求相悖，应特别注意对这两者要求的协调。如对于某一电容器组主接线要求配置的不平衡保护方案，应从确保灵敏度的前提出发，组内接线从简到繁对爆破能量进行分析计算，变更接线方式时则必须要校核保护灵敏度。在满足爆破能量及不平衡保护灵敏度等安全要求的前提下，通常会有多个接线和平台结构布置方案可选用，应当尽量选用简单的、常用的方案。简单的方案通常具有更高的可靠性。

4.1.4 双桥差接线

4.1.4.1 不平衡保护

电容器单元极对壳击穿、套管闪络、内部连线短路、电容器单元间短路等都会形成弧光短路，弧光短路会在瞬间造成大面积损坏。通常流过串联电容器组的电流由电网的运行情况决定，可以忽略串联电容器容值变化带来的影响，短路保护或过负荷保护无法提供相应的保护，因此，只能要求电容器不平衡保护对于弧光短路具有很高的灵敏性。内部熔丝电容器组不平衡保护的任务至少应包含如下内容[52]：

（1）可能出现弧光短路或箱壳爆破时立即动作于跳闸，这应该是不平衡保护最重要的任务。

（2）有可能超过电容器制造厂推荐的内部熔丝最大开断根数时动作于跳闸。

（3）有可能超过元件的暂态过电压能力时动作于跳闸。

（4）健全单元在高于1.1额定电压的稳态过电压或电容器制造厂推荐的电容器单元最大连续运行电压[53]时动作于跳闸。

要保证不平衡保护跳闸的灵敏性，要在各种需要跳闸的边界条件中选择最小值作为整定值。如果电容器制造厂推荐最大内部熔丝动作根数为 m，为保证不平衡保护动作的可靠性，跳闸动作值通常选定在第 $m-1$ 根内部熔丝动作不平衡信号值与第 m 根内部熔丝动作不平衡信号值的中间值[53]。

随着电力电容器组在超/特高压交流输电线路中的推广应用，对电容器组的额定电压、额定电流及单组容量要求不断提高的同时，也对大型电容器组的安全和可靠性提出了更高的要求。

电容器单组容量大了，电容器单元数就多，电容器元件数就更多。对于内部熔丝电容器组，电容器保护要在几万个电容器元件中分辨出1～2个元件故障，分辨率是否能够满足保护可靠性的要求将决定电容器组是否能建立起防止事故蔓延的安全防线。如何建立大型内部熔丝电容器组高灵敏度、高可靠性的不平衡保护，是大型电容器组必须要解决的安全问题之一。

内部熔丝电容器组要求不平衡保护在每一个电容器元件发生故障时灵敏地反应，显然不适合选用高倍数变比的开口三角不平衡电压保护和电压差动保护[61]；双星形接线中性线不平衡电流保护[61]容易误动，目前在500kV变电站等大型电容器组中已停止使用。对于串联电容器，因其直接按相串联在输电线路中，无法进行单星形、双星形和三角形的接线，且超/特高压串联电容器由于条件限制通常没有电容器电压测量信号，因此，串联电容器的不平衡保护一般为差电流保护。

4.1.4.2　*差电流保护*

大型电容器组的差电流保护常见的有分支差流保护和桥式差电流保护两大类。图4-11给出了分支接线的示意。采用分支接线方式时，电容器组每相有两条并联的支路，两个电流互感器TA_1和TA_2分别测量这两条支路的电流，不平衡电流为这两电流互感器的测量值之差，如图4-11（a）所示。这样一来，对电流互感器TA_1和TA_2的一致性要求相对较高。正常情况下，流过这两条支路的电流之差趋于零。显然，分支接线方式更适合于一个电容器元件损坏导致不平衡电流有较大变化的场合。当然，也可以采用测量总电流和分支电流差的方式，如图4-11（b）所示，TA_1测量总电流，TA_2测量值这两条电容器支路的电流之差，即电容器组不平衡电流，通过直接测量电流差可避免对电流互感器一致性要求较高而产生的问题。

桥式差电流接线也称桥差接线（如图4-12所示），外部熔断器、内部熔丝、无熔丝的电容器组都可采用桥差接线。

内部熔丝动作后，故障被隔离在一个元件范围内，单元各项参数变化约为1%～2%，不影响继续使用。正是由于一根内部熔丝动作后单元参数的变化很小，使得下一根内部熔丝动作位置的随机性较为明显，完全有可能出现在对称位置上。因此，对于大型内部熔丝电容器组，电容器元件数较多，发生对称性故障的概率不宜忽略。通过加大电容检查频次的措施费时费力、消极被动，而且也与高压特大容量内部熔丝电容器组的安全要求不相适应。目前，内部熔丝电容器组不平衡保护采用分段式整定，在跳闸之前增设一级告警。不平衡告警的任务就是弥补不平衡保护出现对称故障时无法正确判断的缺陷，一旦确定有内部熔丝动作，则动作于告警，并迅速安排计划检修，该告警应该在故障电容器被更换后才能手动复归[52]。

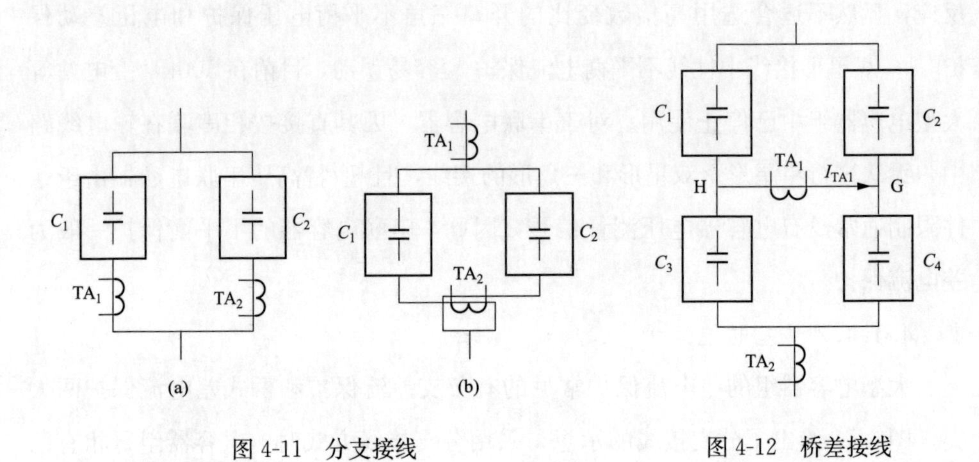

图 4-11　分支接线

（a）测量分支电流；（b）测量总电流和分支电流差

图 4-12　桥差接线

4.1.4.3　*初始不平衡*

电容器组的初始不平衡电流对不平衡保护的灵敏度有比较大的影响，它主要取决于电容器的制造偏差、温度系数偏差和互感器的测量偏差等[52]。电容器的制造偏差虽然可通过电容器组内部的配平得以改善，但最终会受到测量精度的限制。由电容器温度特性产生的电容偏差主要取决于电容器组温度场的分布与变化，一般设计时以温差 3℃进行计算[64]。初始不平衡可能会使保护拒动，也可能会使保护误动。当不平衡电流的整定值无法躲过初始不平衡电流值时，不平衡保护的频繁误动会降低电容器组的有效运行时间、增加维护成本，甚至会严重影响到电容器组的正常运行。当对大型内部熔丝电容器组按单桥差接线进行分段式保护整定计算时不难发现：即使把电容偏差降至最低，也可能会出现保护整定值无法通过初始不平衡校验的情况。

4.1.4.4　*双桥差*

在保护定值整定过程中，提高电容器元件允许过电压倍数可增大整定值，表面上看起来能减少不平衡保护误动的频率，似乎提高了不平衡保护的可靠性，但这是以牺牲电容器更多的安全裕度为代价做交换的，让内部熔丝电容器在更严酷的状态下继续运行。

电容器组接线方式的优选、优化，如用单桥差接线替换分支接线、用串联双桥差接线替换单桥差接线，可提高电容器组不平衡电流保护的整定值，不会显著削弱电容器组的爆破能量和牺牲电容器元件允许过电压倍数，同时缩小不平衡保护的监控范围，可降低对称性故障的发生率、提高识别电容器组电容器单元故障的能力、有利于缩短整个故障处理时间，提高电容器组不平衡保护的可靠性和灵敏度[65]。另一方面，串联双桥差接线还可以有效降低电容器组的高度，进而提高电容器组的抗震能力[66]。

两个单桥差接线串联后可构成串联双桥差接线，如图 4-13 所示；两个单桥差接线并联后可构成并联双桥差接线，如图 4-14 所示[65]。双桥差接线方式将每相的电容器组按两个电桥的要求进行连接，每个电桥有四个电容器桥臂，在每个电桥的中间电位处连接有电流互感器，电容器组在正常情况下流过各电流互感器的不平衡电流趋于零。在整组和电容器单元容量都不变的条件下，并联双桥差较单桥差接线的电容器组单臂的电容器并联数减少，能降低因某台电容器单元发生故障、其余电容器向故障电容器放电时所释放储能的最大值，从而降低了电容器爆破的安全隐患；同时，并联双桥差和串联双桥差，都可以通过有效减少一个桥形接线中的电容器元件总数使整定值成倍提高或者说使初始不平衡电流值成倍减少，即通过缩小监控范围有效地提高了不平衡保护的灵敏度。

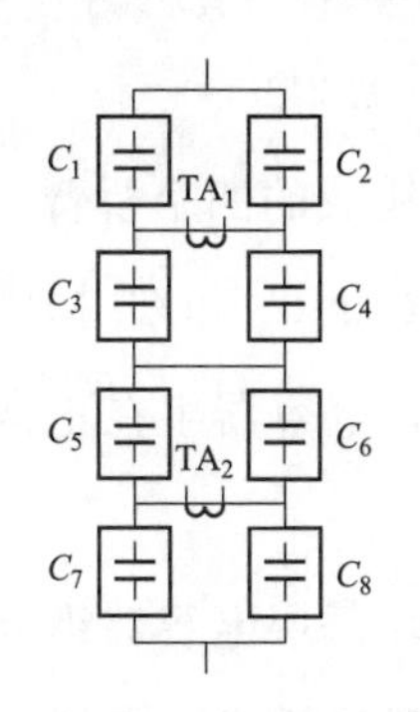

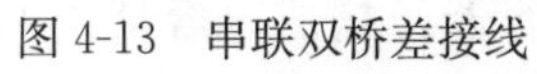
图 4-13　串联双桥差接线

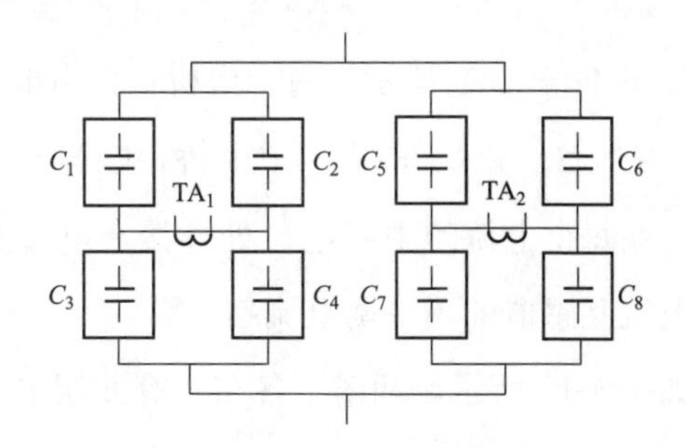

图 4-14　并联双桥差接线

双桥差接线较单桥差接线，增加了一台电流互感器，缩小了电流互感器的监控范围，减小了发生对称故障的范围，从理论上讲也在一定程度上降低了对称性故障的发生率。因此，在考虑提高电容器组不平衡电流保护灵敏度的同时，也可考虑将优化电容器组的接线方式作为一种对称故障发生的防范措施，以提高不平衡电流保护的可靠性。

以 110kV 并联电容器组为例，串联双桥差接线电容器组单相结构如图 4-15 所示[65]。该相电容器组分为两个电桥，形成两个电容器塔，即塔 1 和塔 2，每塔连接成一个电桥，并用支柱绝缘子进行支撑。并联双桥差接线比较相似，在此不详细展开。

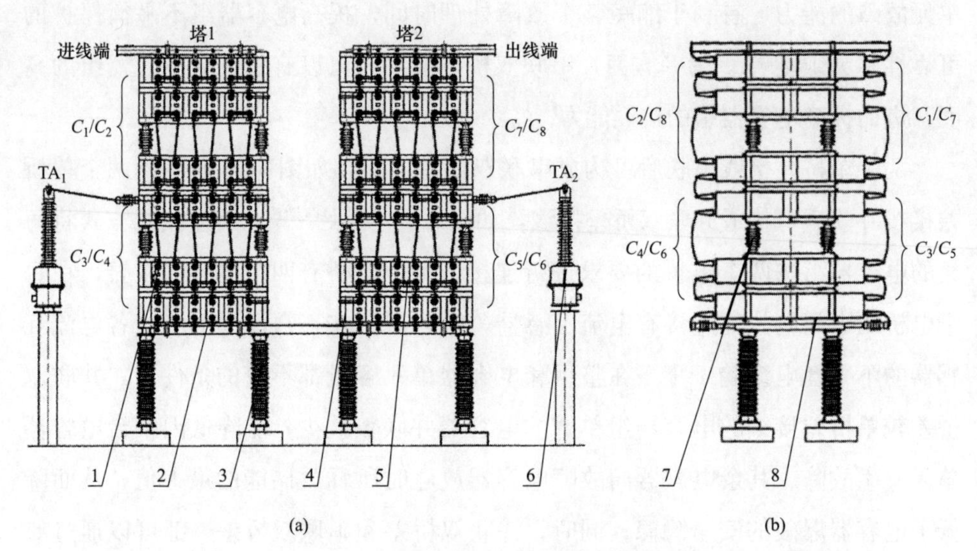

图 4-15　双桥差接线电容器组单相结构图

(a) 主视图；(b) 左视图

1—电容器；2—母线；3—底座支柱绝缘子；4—连接导线；5—接地端子；

6—电流互感器；7—层间支柱绝缘子；8—钢支架

如图 4-15（a）所示，每个电桥包括由电容器组构成的四个桥臂，即电容器组 C_1、C_2、C_3 和 C_4 构成一个电桥，电容器组 C_5、C_6、C_7 和 C_8 构成另外一个电桥。在每个电桥的中间电位处连接有电流互感器，电容器组在正常情况下流过各电流互感器的不平衡电流趋于零。

如图 4-15 所示，两塔上各布置有 6 层电容器组，每层电容器组分两排侧卧布置在热镀锌型钢台架上，塔 1 前侧的上 3 层电容器组构成电容器组 C_1，塔 1 前侧的下 3 层电容器组构成电容器组 C_3；塔 1 后侧的上 3 层电容器组构成电容器组 C_2，塔 1 后侧的下 3 层电容器组构成电容器组 C_4。塔 2 情形类似，分别构成电容器组 C_5、C_6、C_7 和 C_8。每 2 层电容器组的台架间设有层间支柱绝缘子。

如图 4-15（a）所示，进线端和出线端都设置在塔的顶部，从塔 1 左侧进，通过前后两侧的电容器组串并联形成两个支路向下到达塔底，在两支路的中间电位处连接不平衡电流测量用电流互感器 TA_1 形成一个电桥。塔 2 同样通过前后两侧的电容器组串并联形成两个支路向上到达塔顶的出线端，在两支路的中间电位处连接不平衡电流监测用的电流互感器 TA_2 形成另外一个电桥。电流互感器 TA_1 和 TA_2 布置在每个电容塔的外侧。

4.1.5　双桥差接线的衍生

4.1.5.1　三桥差接线

对于电容器单元数量更多的应用场合，电容器组接线方式可用三桥差接线[66]替换双桥差接线，以此来提高不平衡电流保护的整定值，降低初始不平衡电流值，进而提高电容器组不平衡保护的可靠性和灵敏度。串联三桥差接线和并联三桥差接线分别如图 4-16 和图 4-17 所示。在此需要指出的是：串联三桥差接线还能降低电容器组的高度，进而提高电容器组的抗震能力[66]。

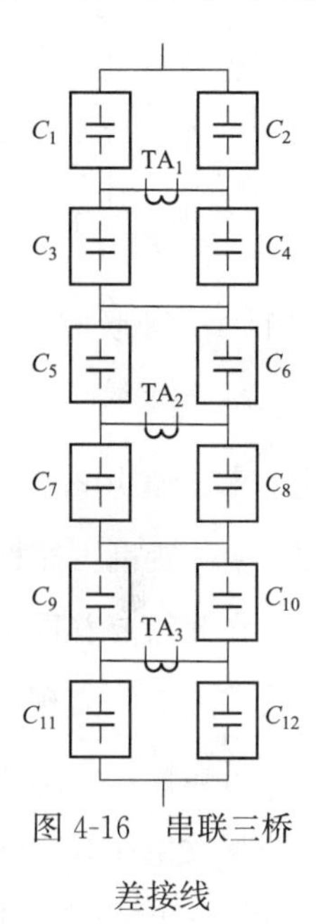

图 4-16　串联三桥差接线

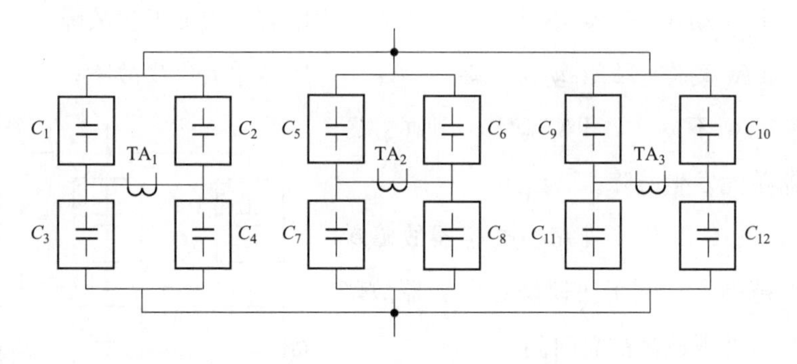

图 4-17　并联三桥差接线

当然，为提高电容器组不平衡电流保护的灵敏度、可靠性及安全性，不宜单纯依靠增加电流互感器的数量，否则会导致电容器装置的接线太复杂、维护难度太大。显然，应根据工程的实际需求，经过综合比较和分析，选取经济实用的接线方式。

4.1.5.2　3/2 桥差接线

对于电容器单元数量较多的应用场合，如图 4-18 所示，电容器组接线方式

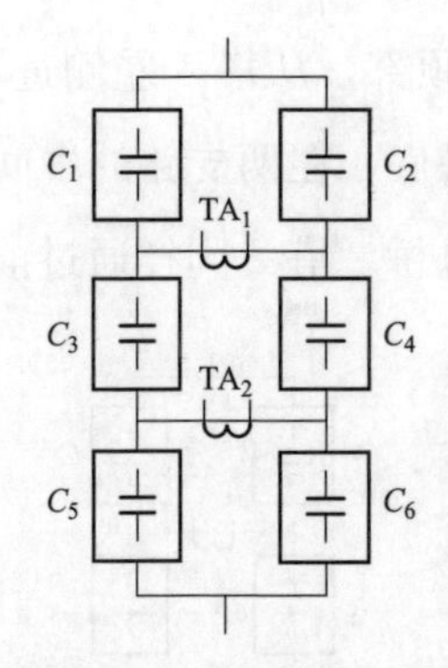

图 4-18　串联 3/2 桥差接线

也可用串联 3/2 桥差接线替换单桥差接线，即每相的电容器组布置成六个电容器桥臂，在每个电桥的中间电位处连接有电流互感器。电容器组在正常状态下，流过两台电流互感器的不平衡电流趋于零。与单桥差接线相比，四个桥臂增加到六个桥臂，且多一台电流互感器，在整组和电容器单元容量都不变的条件下，串联 3/2 桥差接线通过减少一个桥差接线中的电容器元件总数，期望提高电容器组的初始不平衡电流，提高电容器组不平衡电流保护的整定值和灵敏度，通过串联 3/2 桥差接线也期望降低对称故障的发生率、缩小电容器故障单元所在的范围，实现电容器组部分桥臂检测和保护的冗余，提高可靠性[67]。

在此需要着重指出的是：串联 3/2 桥差接线只对六个电容器桥臂中的两个桥臂 C_3 和 C_4 实现了检测和保护的冗余，较其他接线方式的不平衡保护具有较高的可靠性。如图 4-18 所示，C_3 和 C_4 两个桥臂介于两台电流互感器之间，故障一旦发生在 C_3 或 C_4 的桥臂上，两台电流互感器都能检测到，也即对于 C_3 和 C_4 两个桥臂的检测和保护是冗余的。

(1) TA_1 动作，TA_2 不动作，则 C_1/C_2 中电容器单元发生故障；

(2) TA_1 动作，TA_2 动作，则 C_3/C_4 中电容器单元发生故障；

(3) TA_1 不动作，TA_2 动作，则 C_5/C_6 中电容器单元发生故障。

显然，3/2 桥差接线缩小电容器故障单元所在的范围，有利于快速确定电容器故障单元，缩短处理故障的总时间。

图 4-19 给出了并联 3/2 桥差接线。并联 3/2 桥差接线与串联 3/2 桥差接线有不少类似之处，但也有一些不同之处：

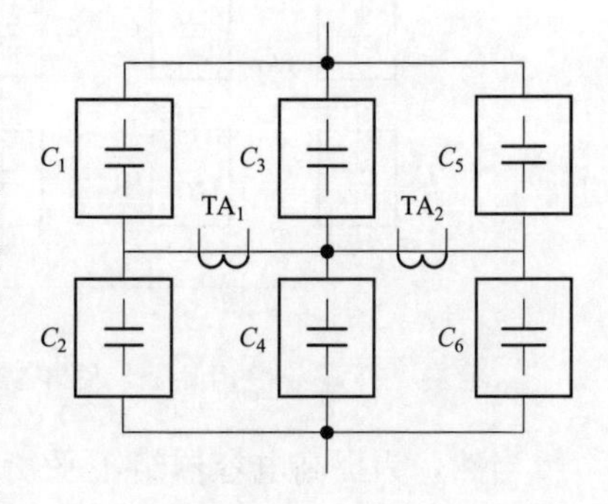

图 4-19　并联 3/2 桥差接线

(1) C_1/C_2 中电容器单元发生故障，则 TA_1 和 TA_2 都有电流流过，理想情况下 TA_1 的电流测量值应为 TA_2 电流测量值的 2 倍。

(2) C_3/C_4 中电容器单元发生故障，则 TA_1 和 TA_2 都有电流流过，理想情

况下 TA_1 的电流测量值和 TA_2 电流测量值相等。

（3）C_5/C_6 中电容器单元发生故障，则 TA_1 和 TA_2 都有电流流过，理想情况下 TA_2 的电流测量值应为 TA_1 电流测量值的 2 倍。

并联 3/2 桥差接线的电容器单元发生故障，TA_1 和 TA_2 都有电流流过，从这个角度来看，实现了所有六个桥臂电容器单元的检测和保护全冗余。当然，这只是较为理想的分析结果，实际工程实施时需要计及电容器的初始不平衡值等带来的不利影响。

4.1.6　花式接线

传统的内部熔丝电容器单元接线采用的是并联连接，如图 4-20（b）所示。对于同一参数的电容器组，直接并联的电容器单元越多，在相同的不平衡电流下，电容器单元和元件过电压越小。电容器组不平衡保护的整定值主要根据电容器单元和元件对应允许的过电压选取的，一旦电容器单元和元件的过电压确定后，保护整定值（不平衡电流）也就确定了。考虑到高压测量设备的精度和误差，不平衡电流值选取不宜过小，同时单元的直接并联数又受到电容器单元外壳耐爆能量的限制。

当电容器组的容量与电压确定之后，其电容容值也随之确定，后者可由不同的单元并联数和串联段数的电容器组成。然而在同一串联段中单元并联数要受到电容器单元耐爆能量的限制，即所谓单元最大并联数的问题。对于现有的 500kV 及以下电压等级的、容量不是特别大的串联电容器组，电容器的单元接线方式一般为单串接线［如图 4-20（a）中的串联连接］或者多并接线，能较好地平衡过电压与耐爆能量之间的关系。然而当电容器单组容量增大，如继续沿用单串或多并接线，或存在电容器过电压保护配置选取难度加大的问题，或存在电容器组的最大爆破能量超过电容器单元额定耐受爆破能量的问题，致使过电压配置与耐爆无法同时取得较好的平衡，给电容器组设计带来困难。

为克服现有电容器组的单串或多并接线的上述缺陷，结合串联电容器的特点，可采用花式接线[68]，可使电容器过电压保护配置与电容器耐爆之间得到较好的平衡，给电容器设计带来便利。电容器单元花式接线模块有四个，分别为两串两并、两串三并、三串两并和三串三并，如图 4-21 所示。可依据串联段数和并联数是奇数还是偶数，决定选用相应的接线模块或接线模块的组合，优先推荐采用两串两并模块。

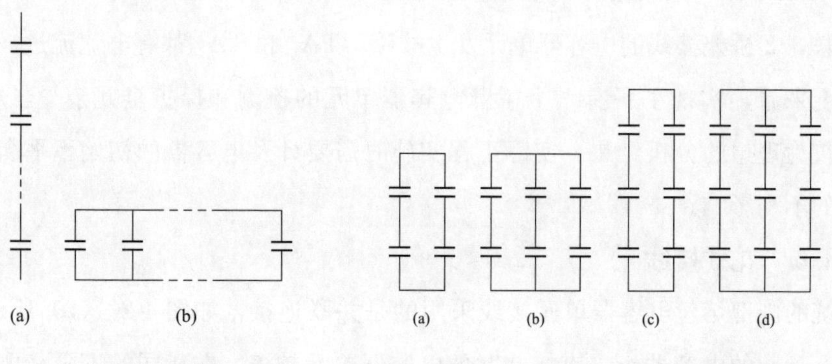

图 4-20　电容器单元连接

(a) 串联连接；(b) 并联连接

图 4-21　电容器单元花式接线模块

(a) 两串两并；(b) 两串三并；(c) 三串两并；(d) 三串三并

4.1.7　算例分析

4.1.7.1　算例说明

为说明电容器接线对爆破能量、不平衡电流、电容器元件过电压、电容器单元过电压等的影响，本节通过以下算例进行举例分析和对比。图 4-22 给出了算例 1 单桥差接线的示意，电容器臂内的电容器单元并联数较多，达 28，以应对额定电流比较大的应用场合。图 4-23 给出了算例 2 并联双桥差接线的示意，减少了电容器臂内的电容器单元并联数，降低到 14。图 4-24 给出了算例 3 单桥差接线的示意，电容器臂内的电容器单元串联数较多，达 16，以应对额定电压比较高的应用场合。图 4-25 给出了算例 4 串联双桥差接线的示意，减少了电容器臂的电容器单元串联数，降低到 8。图 4-22～图 4-25 中电容器臂内的接线可以分别采用单串、双并、花式等 3 种方式。以电容器臂内的电容器单元串联数为 8、并联数为 14 为例，图 4-26 给出了相应的臂内接线。特高压串补装置电气主接线如图 4-27 中所示。特高压串补装置测量的电流量有线路电流 i_{line}、间隙电流 i_{GAP}、MOV 电流 i_{MOV1} 和 i_{MOV2}、电容器组电流 i_{C}、电容器组桥差电流 i_{CH1} 和 i_{CH2}、电容器平台电流 i_{PLT}。特高压串补装置电容器接线采用并联双桥差和花式接线，其中，花式接线单元采用了两串两并和两串三并的组合[69]，具体如图 4-28 所示。

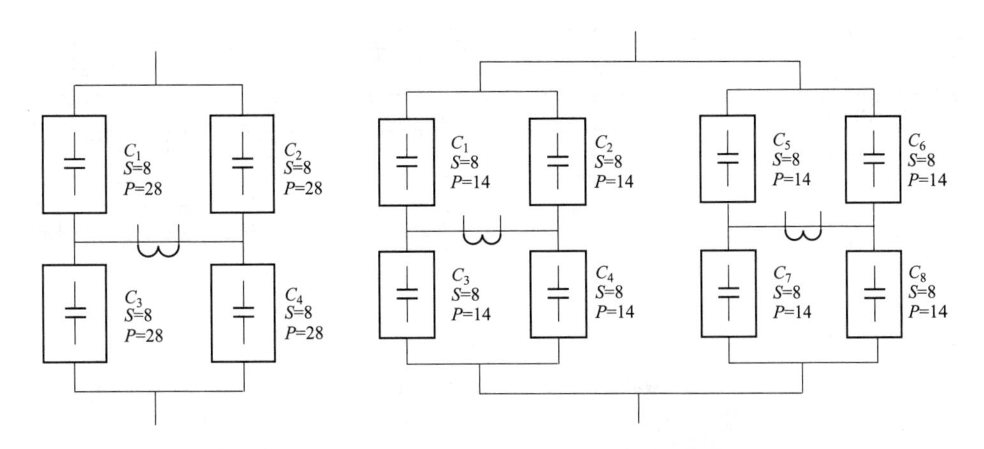

图 4-22　算例 1 单桥差接线

图 4-23　算例 2 并联双桥差接线

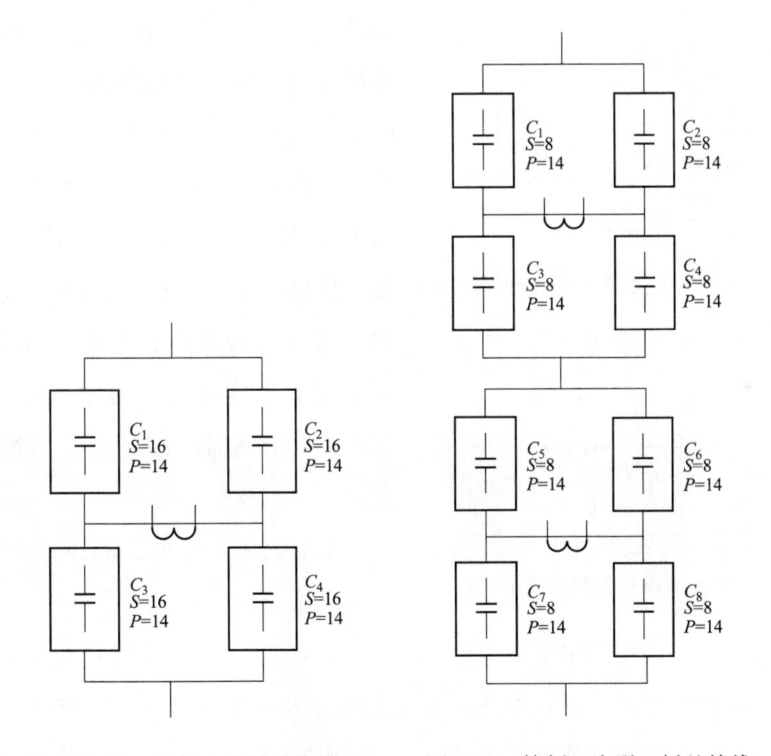

图 4-24　算例 3 单桥差接线

图 4-25　算例 4 串联双桥差接线

约定图 4-22～图 4-26 的电容器单元都相同，电容器单元的额定容量为 559kvar，额定电压为 6.16kV，相应的电容约为 46.89μF。电容器单元内并联连接的元件数为 19，串联连接的元件组数为 3。

图 4-22 和图 4-23 的算例分析中，约定电容器组的额定电流为 5080A，图 4-24 和图 4-25 的算例分析中，约定电容器组的额定电流为 2540A，即 5080A 的一半。

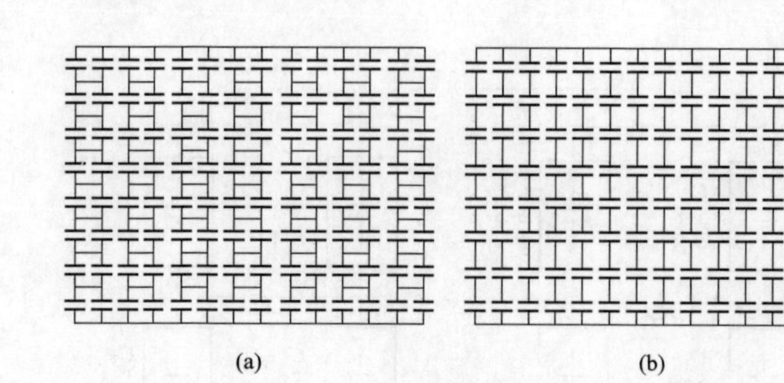
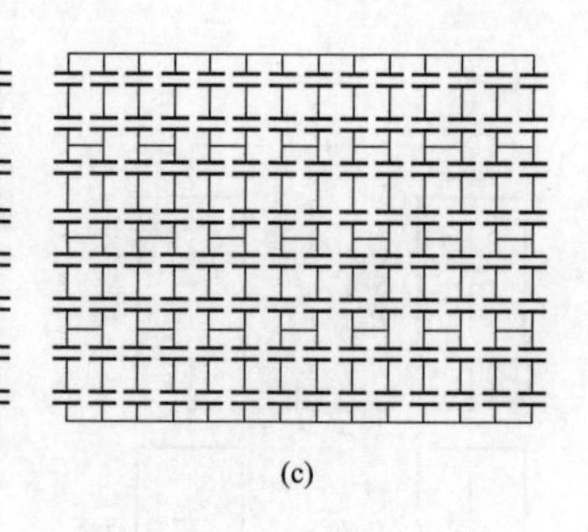

图 4-26　电容器组的臂内接线

(a) 双并接线；(b) 单串接线；(c) 花式接线

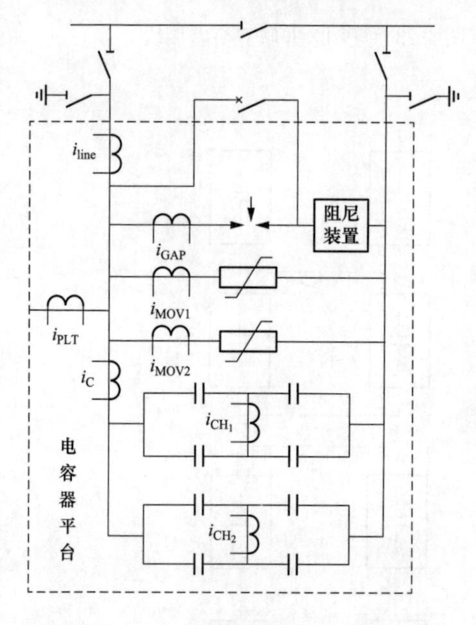

图 4-27　特高压串补装置电气主接线

图 4-27 中的电容器桥差不平衡保护按照三级整定，分别为延时告警、低值延时跳闸、高值跳闸。为防止延时告警误动作，初始不平衡值宜小于告警值的 50%[53]。告警值可选在电容器单元过电压 1.05p.u. 左右或者电容器元件过电压 1.35p.u. 左右；高值跳闸可选在电容器单元过电压 1.1p.u. 左右或者电容器元件过电压 1.5p.u. 左右；低值延时跳闸可选在前述两者之间。

4.1.7.2　过电压和不平衡电流的比较和分析

对于图 4-22～图 4-25 中的算例，分别按单串接线、双并接线和花式接线这三种接线，计算电容器元件过电压、单元过电压及不平衡电流，相应的计算结果如图 4-29～图 4-32 所示。表 4-1～表 4-3 分别给出了图 4-23 算例中三种接线的计算结果。电容器单元过电压和电容器元件过电压都采用标幺值，电容器元件电压的基准值由电容器单元额定电压根据电容器单元内元件的串联数进行相应的折算得到。损坏电容器元件按断线考虑，且所有损坏的电容器元件均分布在同一个电容器单元内的同一段并联元件中。损坏电容器元件数约定不大于同一段并联元件数的 50%，即最大的损坏元件数为 9。

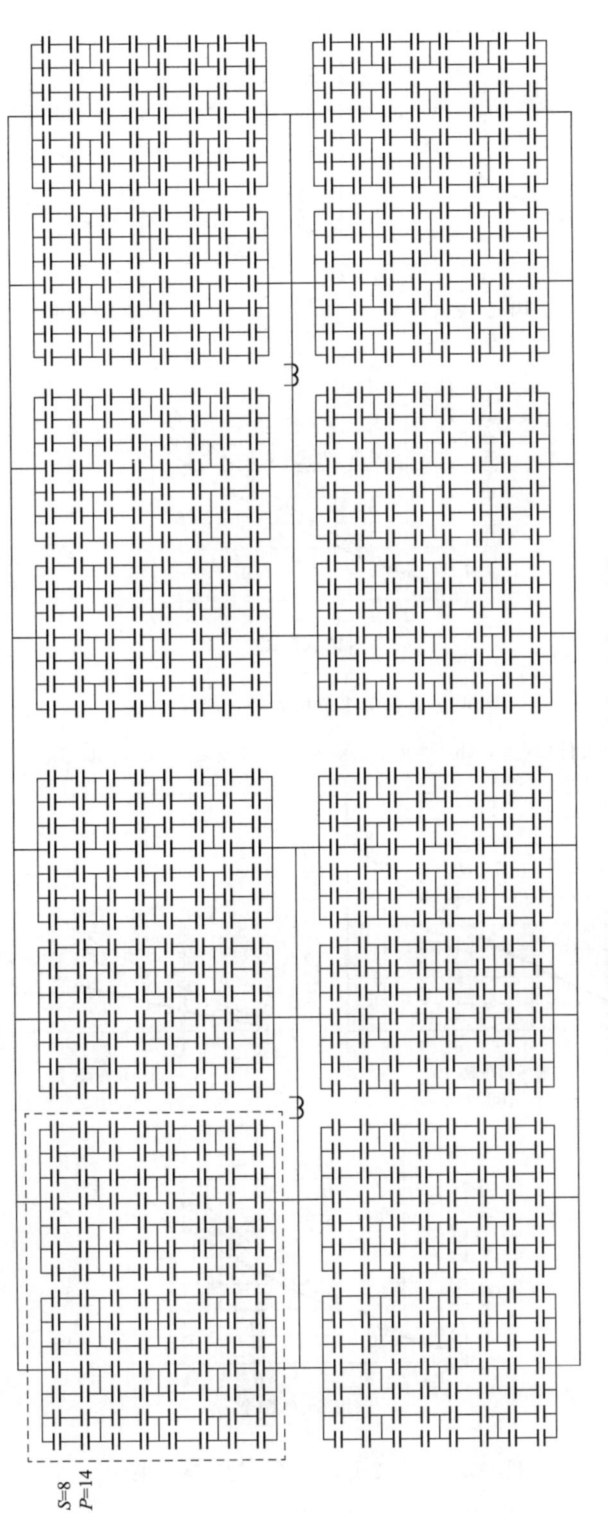

图4-28　特高压串补装置电容器单元接线

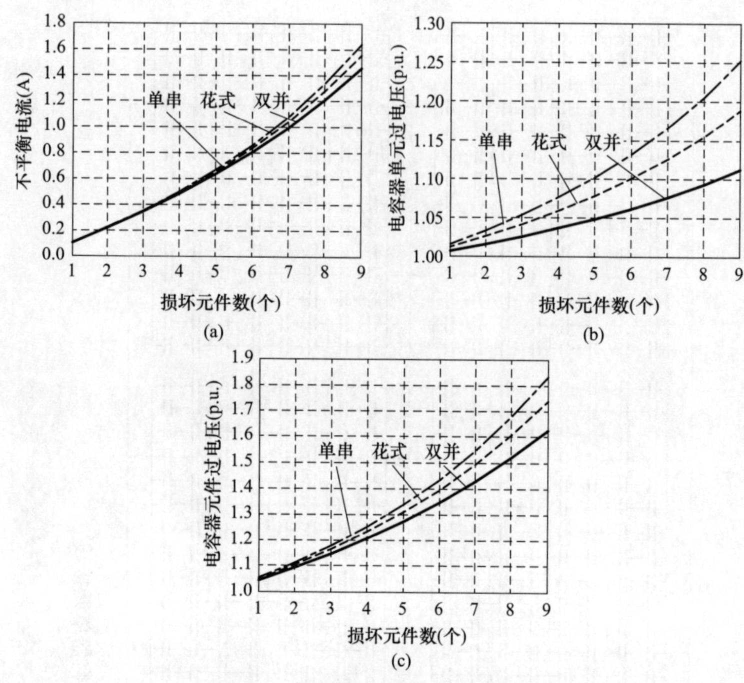

图4-29　算例1单桥差的计算结果

(a) 不平衡电流与损坏元件数关系；(b) 单元过电压与损坏元件数关系；(c) 元件过电压与损坏元件数关系

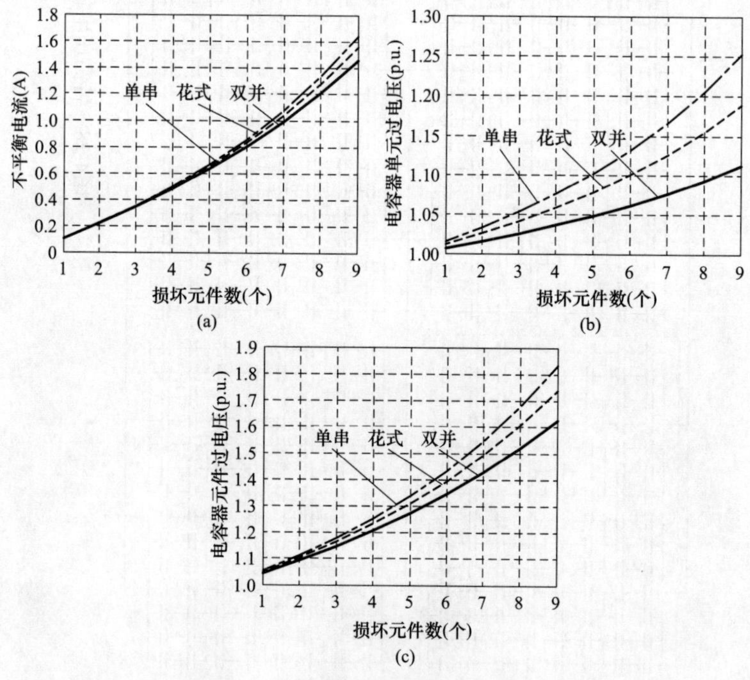

图4-30　算例2并联双桥差的计算结果

(a) 不平衡电流与损坏元件数关系；(b) 单元过电压与损坏元件数关系；(c) 元件过电压与损坏元件数关系

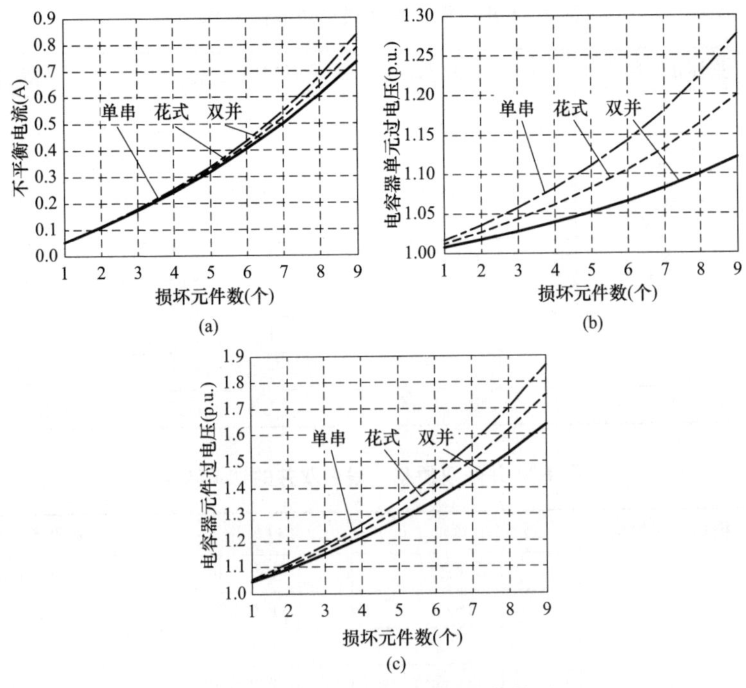

图 4-31　算例 3 单桥差的计算结果

(a) 不平衡电流与损坏元件数关系；(b) 单元过电压与损坏元件数关系；(c) 元件过电压与损坏元件数关系

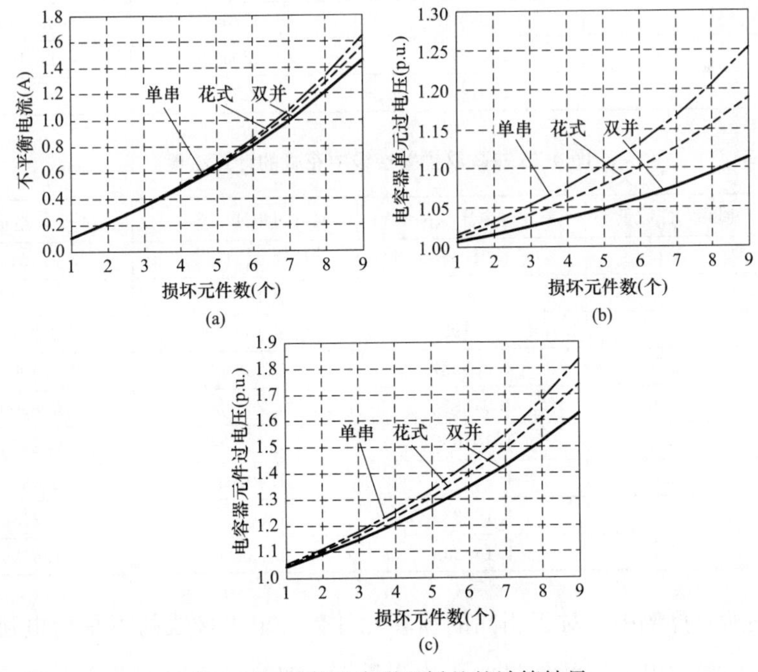

图 4-32　算例 4 串联双桥差的计算结果

(a) 不平衡电流与损坏元件数关系；(b) 单元过电压与损坏元件数关系；(c) 元件过电压与损坏元件数关系

表 4-1　　图 4-23 并联双桥差接线中单串的计算结果

序号	损坏元件数量	单元过电压（p. u.）	元件过电压（p. u.）	不平衡电流（A）
1	1	1.015866	1.052806	0.104757
2	2	1.033911	1.111942	0.221283
3	3	1.054105	1.178118	0.351679
4	4	1.076855	1.252668	0.498577
5	5	1.102678	1.337290	0.665322
6	6	1.132243	1.434174	0.856228
7	7	1.166426	1.546192	1.076956
8	8	1.206401	1.677192	1.335085
9	9	1.253778	1.832444	1.641004

表 4-2　　图 4-23 并联双桥差接线中双并的计算结果

序号	损坏元件数量	单元过电压（p. u.）	元件过电压（p. u.）	不平衡电流（A）
1	1	1.007720	1.044364	0.103917
2	2	1.016553	1.093274	0.217568
3	3	1.026255	1.146991	0.342387
4	4	1.036960	1.206260	0.480106
5	5	1.048831	1.271987	0.632833
6	6	1.062070	1.345289	0.803162
7	7	1.076929	1.427557	0.994324
8	8	1.093723	1.520542	1.210388
9	9	1.112858	1.626485	1.456561

表 4-3　　图 4-23 并联双桥差接线中花式的计算结果

序号	损坏元件数量	单元过电压（p. u.）	元件过电压（p. u.）	不平衡电流（A）
1	1	1.012358	1.049171	0.104396
2	2	1.026400	1.103864	0.219676
3	3	1.041987	1.164573	0.347636
4	4	1.059387	1.232348	0.490490
5	5	1.078938	1.308500	0.650998
6	6	1.101065	1.394682	0.832650
7	7	1.126311	1.493017	1.039918
8	8	1.155388	1.606271	1.278631
9	9	1.189238	1.738118	1.556532

上述所有算例中，对于相同的损坏元件数，单串接线的不平衡电流、电容器单元过电压、电容器元件过电压均为最大，双并接线的不平衡电流、电容器单元过电压、电容器元件过电压均为最小，花式接线的不平衡电流、电容器单

元过电压、电容器元件过电压均为居中。

电容器单元的过电压应小于 1.1p.u.，否则电容器组不平衡保护应该动作，电容器组退出运行。以图 4-23 的算例为例，对于单串接线，损坏元件数达到 5 个时，电容器组不平衡保护应动作，此时，电容器组不平衡电流为 0.665322A；对于双并接线，损坏元件数达到 9 个时，电容器组不平衡保护应动作，此时电容器组不平衡电流为 1.456561A；对于花式接线，损坏元件数达到 6 个时，电容器组不平衡保护应动作，此时电容器组不平衡电流为 0.832650A。

电容器元件过电压整定值没有统一的约定，电容器生产厂家设计理念不同，相应的动作整定值也就不同。有观点认为[64]：对于高压并联电容器组，故障电容器单元内完好元件的连续运行电压不应超过元件额定电压的 1.3p.u.。特高压串补装置采用 1.5p.u.，相对保守。按照这一要求，以图 4-23 算例为例，对于单串接线，损坏元件数达到 7 个时，电容器组不平衡保护应动作，此时电容器组不平衡电流为 1.076956A；对于双并接线，损坏元件数达到 8 个时，电容器组不平衡保护应动作，此时电容器组不平衡电流为 1.210388A；对于花式接线，损坏元件数达到 8 个时，电容器组不平衡保护应动作，此时电容器组不平衡电流为 1.278631A。

当电容器单元过电压或电容器元件过电压达到整定值时，电容器组不平衡保护应动作，电容器组退出运行。以图 4-23 算例为例，对于单串接线，损坏元件数达到 5 个时，电容器组不平衡保护应动作，此时电容器组不平衡电流为 0.665322A；对于双并接线，损坏元件数达到 8 个时，电容器组不平衡保护应动作，此时电容器组不平衡电流为 1.210388A；对于花式接线，损坏元件数达到 6 个时，电容器组不平衡保护应动作，此时电容器组不平衡电流为 0.832650A。

考虑到电容器组存在初始不平衡，电容器组不平衡保护动作时的电容器组不平衡电流越大，串联电容器组不平衡保护中的延时告警、低值延时跳闸、高值跳闸的保护整定值越容易设置。因此，从保护整定值设置的角度，接线选择顺序应该为双并、花式、单串。

电容器臂内的电容器单元并联数较大时，用并联双桥差接线代替单桥差接线，电容器组的不平衡电流、电容器元件过电压和电容器单元过电压几乎不变。仔细比较并联双桥差接线（如图 4-30 所示）和单桥差接线（如图 4-29 所示）的算例结果，单串的增加幅值大于花式的，花式的大于双并的。在损坏元件数最大（9个）时，增加幅值也最大，都约为0.0323%（以并联双桥差接线的相应值为基准）。显然，并联双桥差接线不能显著提高电容器组不平衡电流保护的整定值，但可缩小不平衡保护的监控范围，降低对称性故障的发生率。

电容器臂内的电容器单元串联数较大时，用串联双桥差接线代替单桥差接线，电容器组的不平衡电流几乎翻倍，而电容器元件过电压和电容器单元过电压几乎不变。仔细比较串联双桥差接线（如图4-32所示）和单桥差接线（如图4-31所示）的算例结果，双并的电容器组不平衡电流的增加幅值大于花式的，花式的大于单串的，双并的增加幅值范围在98.51%～99.89%（以串联双桥差接线的相应值为基准），几乎是翻倍。单串的电容器元件过电压和电容器单元过电压的增加幅值大于花式的，花式的大于双并的，在损坏元件数最大（9个）时下降最多，都约为1.74%（以串联双桥差接线的相应值为基准）。显然，串联双桥差不仅能提高电容器组不平衡电流保护的整定值，还可缩小不平衡保护的监控范围，降低对称性故障的发生率。

4.1.7.3 爆破能量的分析和比较

在不同过电压倍数下，算例中各种接线方式的爆破能量计算结果如表4-4所示。

表4-4 爆破能量的计算结果

项目			电容器承受的过电压倍数（p.u.）			
			1.1	1.5	1.8	2.3
爆破能量（kJ）	串联或并联双桥差（如图4-23或图4-25所示）	双并	4.871471	9.058521	13.044270	21.297588
		单串	2.448100	4.552251	6.555242	10.702849
		花式	3.111456	5.785765	8.331501	13.602976
	并联成单桥差（如图4-22所示）	双并	4.896199	9.104503	13.110484	21.405698
		单串	2.454329	4.563835	6.571922	10.730083
		花式	3.121525	5.804489	8.358464	13.646998
	串联成单桥差（如图4-24所示）	双并	4.571333	8.500413	12.240594	19.985417
		单串	2.291096	4.260302	6.134835	10.016443
		花式	2.986227	5.552901	7.996178	13.055488

对于串联电容器组，尽管标准没有推荐具体的过电压倍数，爆破能量的计算通常给出电容器组过电压保护水平时的计算结果。由于现代串补装置过电压保护

水平通常在 2.3p.u. 附近，因此，表 4-4 中给出了过电压倍数为 2.3 时的计算结果。参照惯例，其他过电压倍数的相应结果，如 1.1、1.5 和 1.8 倍也都列入表中。

按照 4.1.3.4 中的分析结果，单个电容器短路故障，参与故障放电的仅限于该桥电路内故障单元所在故障臂与相邻臂组成的放电回路。因此，对于串联双桥差（如图 4-25 所示）和并联双桥差（如图 4-23 所示），这两者的爆破能量是相同的，在表 4-4 中是合并的。

随着过电压倍数的升高，电容器组的爆破能量按照电容器电压的平方关系快速增大，因此，电容器的过电压倍数对爆破能量起着决定性的作用。

对于图 4-22～图 4-25 中的接线，双并接线的爆破能量最大，单串接线的爆破能量最小，花式接线的爆破能量居中。计算结果显示：在 2.3p.u. 过电压下，单串接线在电容器击穿后电容器组向故障电容器释放的能量小于 15kJ；双并接线在电容器击穿后电容器组向故障电容器释放的能量大于 15kJ；花式接线在电容器击穿后电容器组向故障电容器释放的能量稍大于单串接线，但仍小于 15kJ，也即该串联电容器组中电容器单元容量为 559kvar 时，单串接线及花式接线的接线方式下，能满足故障电容器所承受的输入耐爆能量小于 15kJ 的要求，而双并接线不能满足。因此，从降低电容器组的爆破能量角度，接线选择顺序应该为单串、花式和双并。

电容器臂内的电容器单元并联数较多时，用并联双桥差接线代替单桥差接线，电容器组的爆破能量略有下降，但是下降幅度都不大，其中，双并接线下降幅度最大，下降到原来的 99.50%；单串的接线下降幅度最小，下降到原来的 99.75%；花式接线的下降幅度居中，下降到原来的 99.68%。

电容器臂内的电容器单元串联数较多时，用串联双桥差接线代替单桥差接线，电容器组的爆破能量略有上升，但是上升幅度都不大。其中，单串的接线上升幅度最大，增大到原来的 106.85%；花式接线的上升幅度最小，增大到原来的 104.19%；双并接线的上升幅度居中，增大到原来的 106.57%。

4.2　串联电容器组快速旁路技术

串补装置是串联在线路中的，必须能承受住线路中可能出现的各种电流，包括幅值较大的短路故障电流，然而，从工程实践和经济的角度来看，串联电容器组本身不应设计成能承受住幅值较大的短路故障电流，这就需要快速旁路设备来保护串联电容器组，以免受到线路短路故障电流的损害。当前，串联电容器组大致有四种基本保护方案：

(1) 采用间隙、阻尼装置和旁路开关的保护方案；

(2) 采用 MOV、阻尼装置和旁路开关的保护方案；

(3) 采用快速保护装置[70]、阻尼装置和旁路开关的保护方案；

(4) 采用晶闸管阀、阻尼装置和旁路开关的保护方案。

工程实际应用时，通常采用上述基本保护方案的组合，以便满足相应的性能要求，并尽量降低串补装置成本。

4.2.1 基于间隙的保护方案

间隙是串补装置中的重要保护设备。早在 70 年前，就有采用间隙保护串联电容器组的保护方案。如图 4-33 所示，单间隙 K1 型保护方案至今仍然是 IEC 串补装置标准推荐的保护方案[37]。

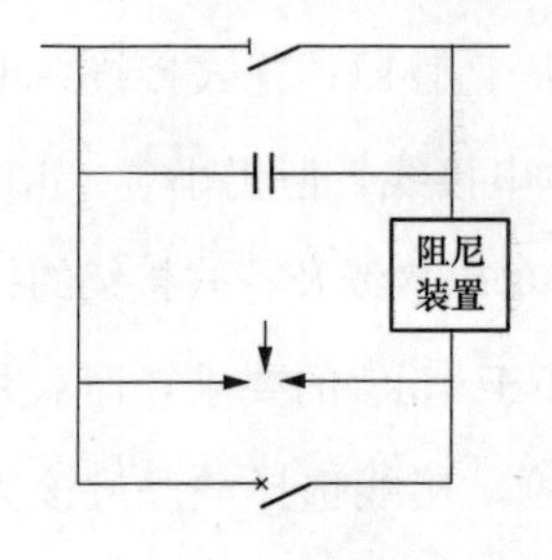

图 4-33 单间隙 K1 型

起初，间隙是自触发的，具有某种由其闪络击穿水平决定的保护性能，也就是说，只要串联电容器组电压增加到相应数值后，间隙就能自放电，从而快速旁路串联电容器组。单间隙 K1 型保护的优点是节省投资、便于扩建，缺点是区外故障后串联电容器组重新投入的时间相对较长[10]。当前，MOV 在串联电容器组工频过电压保护中得到较为普遍的应用。与间隙通过放电形成短路不同，MOV 利用自身良好的非线性伏安特性来限制住串联电容器组的过电压水平。限制过电压时，短路故障电流会被 MOV 旁路，并使 MOV 在极短的时间内吸收大量能量，导致 MOV 阀片温度骤然上升。串补装置发生区内故障时，故障电流相对较大，MOV 阀片温度上升会较快。此时，如果没有相应的快速旁路措施，MOV 可能会因为过应力而损坏。旁路开关通常用于串联电容器组的投入与旁路，旁路速度相对来说比较慢，不能满足串联电容器组的快速旁路要求。因此，现阶段串补装置用的间隙主要作用是保护 MOV。

由于 MOV 的过电压限制作用，间隙两端的电压不能上升到自触发的过电压水平，需要强制触发型间隙，也就是说自触发型间隙已不再适用。强制触发型间隙的自触发电压或自放电电压通常略高于 MOV 的过电压保护水平，并留有适当的安全裕度。当线路发生短路故障时，串联电容器组电压会被 MOV 限制在保护水平，低于间隙预先设置的自触发电压，间隙不会自放电。在这种情况下，只能通过触发才能让间隙放电，因此，现阶段串补装置用的间隙必须是外部强制触发型的，并能在接近保护水平时受控触发旁路 MOV。

早在 1977 年，实际工程中就开始应用 MOV 保护方案，即如图 4-34 所示的、IEC 串补装置标准推荐的 MOV M1 型保护方案。如果出现幅值较大的短路故障电流，MOV 必须在相应的动作时序要求的时间段内吸收大量的能量。因此，在一些工程应用中，如仅采用 MOV 保护方案时，MOV 能量会相当大，造价也会比较高。MOV 保护方案可以同外部强制触发型间隙的保护方案配合使用，即如图 4-35 所示的、IEC 串补装置标准推荐的 MOV 和间隙 M2 型保护方案，以便减少 MOV 能量，从而降低总体成本。不过，MOV 和强制触发型间隙配合使用的保护方案，通常要在电容器平台上占用较大的空间。由于间隙的电弧放电时间较长，且电弧放电能量较大，所以，不能是密闭的，以便灼热气体的扩散。这就意味着，间隙电极等关键部件会暴露在包括潮湿、雨雪冰、污秽、鸟和昆虫在内的、各种不同的、不能控制的环境条件之中。这些环境风险限制了间隙的性能和可靠性，也在一定程度上影响了整个保护方案的性能及其可靠性。间隙可以以不同的方式安装在相对密闭的、较大的控制柜内，以阻止或者减少雨、雪、冰、灰尘、小鸟、昆虫等的进入，此时，整个间隙的尺寸会增大，要在电容器平台上占用更大的空间。

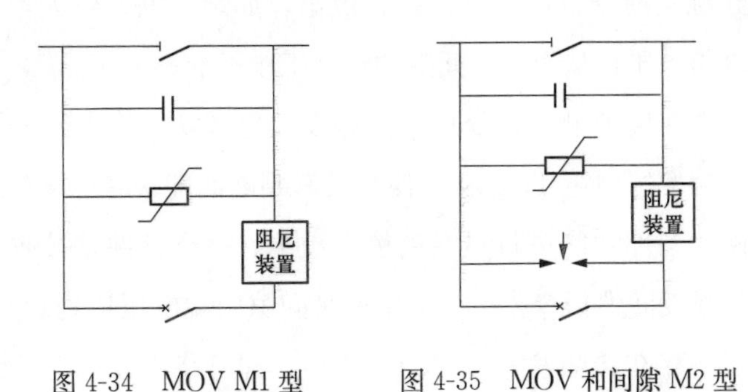

图 4-34　MOV M1 型　　　　图 4-35　MOV 和间隙 M2 型

按照触发方式对间隙进行分类，主要有密封间隙（Trigatron）触发的间隙、电压互感器触发的间隙和等离子触发的间隙。用密封间隙触发的和用电压互感器触发的间隙工作原理几乎相同。

4.2.1.1 密封间隙触发的间隙

间隙的自放电电压和空气密度相关，密封间隙可以维持相对稳定的空气密度，并与外部的温度、大气压力、湿度等变化无关，因此，能够保持相对稳定的自放电电压[71]。采用密封间隙主要是降低周围环境因素对整个间隙系统的自放电电压的影响。

1. 双主间隙串联结构间隙

强制触发型间隙是一个强、弱电紧密结合的复杂系统，其可靠性对串补装置稳定运行至关重要。图 4-36 给出了由密封间隙触发的、双主间隙串联结构的间隙的工作原理，主要由下列主要部件构成[5]：

（1）自放电型主间隙 2 台，G_1 和 G_2；

（2）触发放电型密封间隙 2 台，TG_1 和 TG_2；

（3）限流电阻器 2 只，R_1 和 R_2；

（4）脉冲变压器 2 台，T_1 和 T_2；

（5）高绝缘脉冲变压器 2 台，HT_1 和 HT_2；

（6）均压电容器 4 台，C_1、C_2、C_3 和 C_4；

（7）触发控制箱 1 台，TC。

如图 4-36 所示，均匀电容器 C_1、C_2、C_3 和 C_4 构成一个精密的电容分压器，显然，这个电容分压器对于间隙的正常工作至关重要。如均匀电容器损坏，线路短路故障导致的过电压就不能在串联的主间隙之间均匀分配，电压较高的间隙即使没有收到触发指令也可能会发生自放电。如杂散电容较大，会改变这个电容分压器的输出电压，从而影响间隙的正常工作[72]。

为了确保间隙在接到触发指令后一次触发放电成功，将电容分压器的二次输出电压提供给触发控制箱 TC，从而使其具有判断间隙瞬时电压的功能。间隙只有同时满足两个条件才能进行最后的触发放电。一个条件是接收到来自串补装置控制保护的触发间隙指令，另一个条件是间隙两端电压达到触发允许电压。这样一来，间隙就存在“触发等待”的可能性，即等待串联电容器组电压（电流）上升到足够大的瞬时值时，间隙触发才能完成。间隙的触发允许电压是为保证间隙可靠触发放电而人为设置的间隙最低触发电压。间隙的触发允许电压应高于间隙的可靠触发放电电压，但不宜高于间隙运行电压的 1.8 倍[5]。

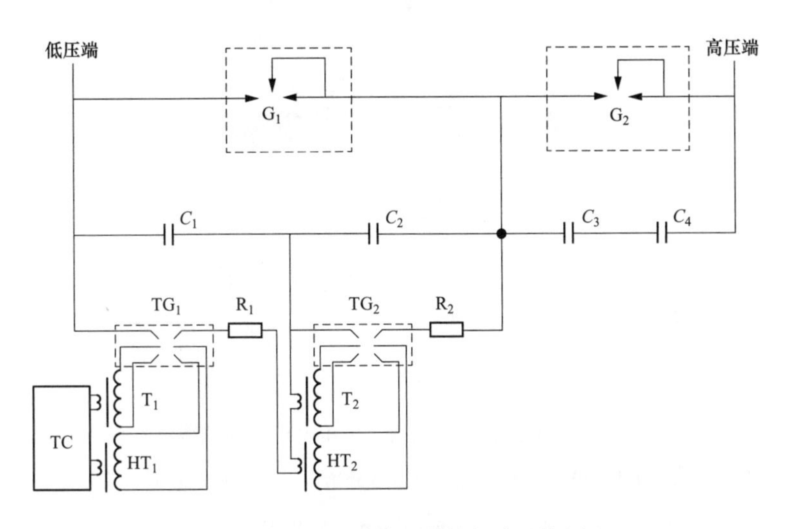

图 4-36　双主间隙串联结构间隙工作原理

脉冲变压器 T_1、T_2、HT_1 和 HT_2 实现触发电压的升压和电气隔离这两个功能。大量的试验研究结果表明，触发系统中采用密封间隙（TG_1 和 TG_2）可以提高间隙触发的可靠性，但仅在密封间隙的一侧电极上进行触发放电时具有较严重的极性效应，即负极性的间隙可靠触发放电电压大致为自放电电压的一半，正极性的间隙可靠触发放电电压大致为自放电电压的 75%，而且延时较大，从而造成间隙的触发放电不稳定和可靠性不高等问题。间隙的可靠触发放电电压指在触发方式下，能够使间隙可靠放电的最小工频电压（峰值）。密封间隙 TG_1 和 TG_2 均采用高、低压电极同时触发的方式[73]，间隙的可靠触发放电电压没有极性效应，两个极性的可靠触发放电电压都较低，约为其自放电电压的一半，提高了间隙触发后放电的可靠性。

密封间隙 TG_1 和 TG_2 高、低压电极的触发装置（火花塞）可利用现有汽车上的火花塞加工而成。图 4-37 给出了火花塞在密封间隙高、低压电极上的安装示意[73]。火花塞安装在两个球面电极上，且火花塞的端子与球面电极的表面齐平。当密封间隙的两个电极之间，即高压电极和低压电极之间存在一定的电压时，通过向高绝缘脉冲变压器和脉冲变压器同时提供触发脉冲电流，高、低压电极上的火花塞将对电极放电，产生电火花，这两个电火花在较强电场作用下很快使两电极之间的空气电离，形成放电通道，使密封间隙放电，从而触发间隙放电。由于在两个电极上均设置了火花塞，因此，其触发放电电压不存在极性效应。

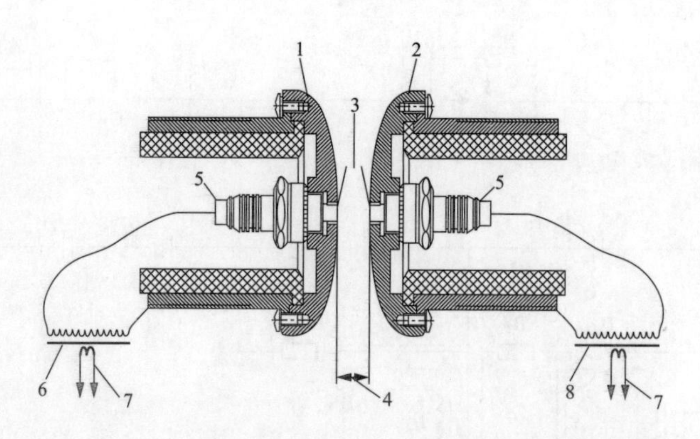

图 4-37　火花塞在密封间隙高、低压电极上的安装示意图

1—高压电极；2—低压电极；3—电火花；4—间隙距离；5—火花塞；6—高绝缘脉冲变压器；7—去触发脉冲电路；8—脉冲变压器

图 4-36 中的主间隙 G_1 和 G_2 通常是自触发型的、敞开式的。主间隙的结构和工作原理大致可用图 4-38 来说明[74]，相应的工程参数可参见文献［75］。

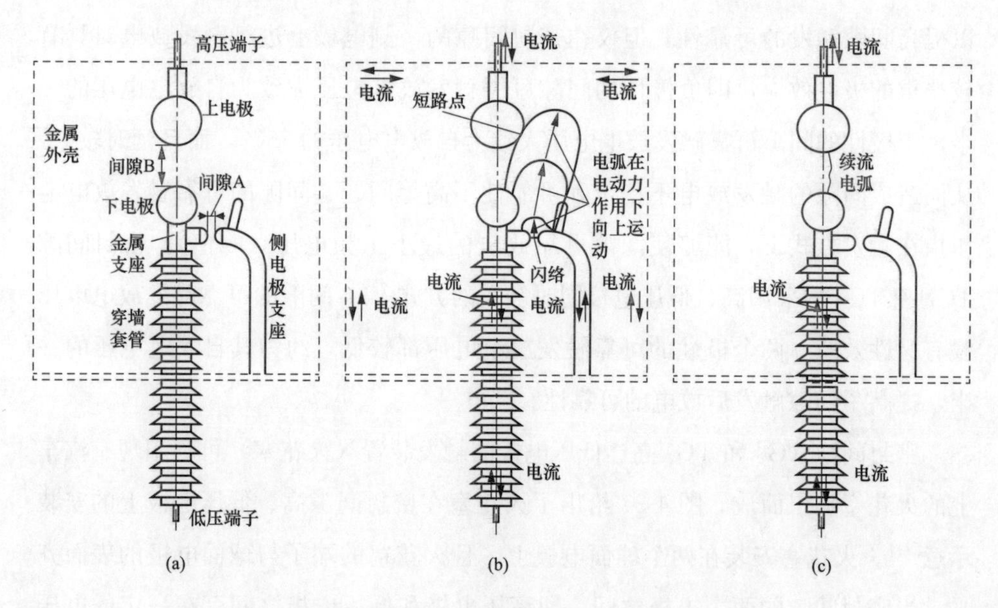

图 4-38　主间隙的结构和工作原理

（a）主间隙的结构；（b）主间隙的工作原理；（c）主间隙的工作原理

一个主间隙由下列主要部件构成：一个金属外壳、一根穿墙套管、两个间隙（即图 4-38（a）中的间隙 A 和间隙 B）、一个金属支座和一个侧电极支座。从功能上来讲，间隙 A 是闪络间隙，属羊角形间隙，由两个球面电极组成，一

个安装在侧电极支座上，另外一个安装在金属支座上。通过底部滑道移动侧电极支座可以调整间隙 A 的间隙距离，从而获得预先设定的闪络间隙自放电电压，既可以保证间隙 A 在满足触发条件下能可靠触发，又可以保证间隙 A 在没有触发时经受住所允许的过电压而不会自放电。上电极和下电极之间的间隙 B 通常被称为工频续流间隙，简称续流间隙。间隙 B 的上下两个电极均采用圆筒形形状，这两个电极的间隙侧均设有方向一致的一组电流导向斜槽[76]。上电极安装在金属外壳的顶部，并接到高压端子。下电极安装在金属支座上。因此，上电极、侧电极支座、金属外壳具有与安装在金属外壳顶部的高压端子相同的电位。金属支座安装在穿墙套管上，具有不同的电位。由于间隙 B 的距离要大于间隙 A 的距离，而且间隙 B 的电极表面比间隙 A 的电极表面要平整，因此，间隙 B 通常不会闪络。闪络间隙是主间隙中的放电起始间隙，放电电压分散性相对较小，自放电电压较为稳定。续流间隙的自放电电压较高且耐电弧烧蚀能力较强。主间隙的金属外壳通常由支柱绝缘子支撑。

如图 4-38（b）所示，只要间隙 A 发生闪络，电流在侧电极支座和套管之间流动，并产生相应的电动力，在该电动力和热效应的共同作用下，间隙 A 中的电弧迅速向上运动。电弧一端的弧根移动到续流间隙的下电极，而另一端的弧根移动到导弧棒，然后继续向上运动直到被续流间隙的上电极所短路。当电弧被续流间隙的上电极短路后，闪络间隙之间的电弧将彻底消失。这样一来，放电过程的后续部分在续流间隙进行，绝大部分线路故障电流通过续流间隙。这样的结构设计可有效地保护闪络间隙的两个电极表面几何形状不变，闪络间隙电极不会被续流烧蚀，从而保持闪络间隙的自放电电压不变，也就是主间隙的自放电电压不变，同时间隙可满足多次放电的要求。

当电弧被上电极短路后，电弧继续在上电极和下电极组成的间隙 B 中继续燃烧［如图 4-38（c）所示］，直到间隙被串补装置旁路开关旁路为止。续流间隙 B 是专门为后续电流提供的燃弧通道，燃弧时间要比闪络间隙 A 的燃弧时间要长得多。为了防止续流间隙的电极被电弧烧损，电极材料应选用强度高、耐烧蚀的钨铜合金或石墨，在电极上还刻有电流导向斜槽，利用电流自身电动力使电弧在电极表面快速移动，具有一定的“磁吹”作用，防止电极局部烧损，提高了间隙的通流能力，延长了电极的使用寿命[77]。

上述这样相对复杂的设计的主要目的是让主间隙完全满足串补装置的保护要求。在间隙导通后，主间隙必须能够承受规定次数、规定幅值、规定持续时间的工频故障电流，并保证闪络间隙具有较好的放电稳定性。

这里结合具体数据来做进一步的说明。约定某串补装置工程的串联电容器组额定电压为110kV，触发允许电压为1.8p.u.，串补装置保护水平为2.3p.u.。参见图4-36，当串补装置以额定电压110kV正常运行时，两个串联连接的主间隙 G_1 和 G_2 各自承担串联电容器组额定电压的1/2，即55kV。当线路出现短路故障时，由于MOV的限压作用，使电容器组的电压最高上升到保护水平2.3p.u.，即电压峰值为358kV，主间隙 G_1 和 G_2 在动作前各自承担的电压约为1.15p.u.，即电压峰值为179kV。在此需要强调的是，主间隙 G_1 和 G_2 的自放电电压略高于179kV，两者的配合系数一般取1.05～1.1[78]，因此，主间隙 G_1 和 G_2 都不会自触发放电。

当线路出现短路故障时，MOV将串联电容器组的过电压限制在一定水平，这一过电压也会施加到间隙上。当串补装置控制保护系统通过各种判断，需要对MOV和串联电容器组进行旁路时，就会立即发出触发间隙的指令。当间隙的触发控制箱TC通过光纤接收到触发指令时，由触发控制箱TC自身判断此时电压是否达到间隙的触发允许电压，通常为1.8p.u.，即电压瞬时值是否达到280kV。如判断出间隙两端电压达到触发允许电压，将同时向脉冲变压器 T_1 和高绝缘脉冲变压器 HT_1 的一次绕组发出触发脉冲。通过感应，在脉冲变压器的二次绕组将产生高压脉冲，并通过绝缘电缆将此高压脉冲送往密封间隙 TG_1 两个球面电极上的火花塞。当高压脉冲突然施加在火花塞上时，就会使密封间隙 TG_1 高、低压侧的两个球面电极上的火花塞对球面电极放电，该放电畸变了球面电极的电场，迅速促使密封间隙 TG_1 击穿。TG_1 击穿后，均压电容器 C_1 将通过脉冲变压器 T_2 和高绝缘脉冲变压器 HT_2 的一次绕组以及限流电阻 R_1 放电，在脉冲变压器 T_2 和 HT_2 的二次绕组产生的高压脉冲将使密封间隙 TG_2 在高、低压侧的两个球面电极上的火花塞对球面电极放电，该放电畸变了球面电极的电场，将进一步迅速促使密封间隙TG2击穿，并使均匀电容 C_2 通过限流电阻 R_2 放电。当均压电容器 C_1 和 C_2 电压迅速降低时，主间隙 G_2 上电压也将迅速升高到自放电电压水平，并被击穿放电，与此同时主间隙 G_1 上电压也将迅速升高到自放电水平并被击穿放电。至此，两个串联连接的主间隙全部放电，使串联电容器组经阻尼装置被间隙所旁路。线路电流以及串联电容器组的放电电流将流过间隙。

由于串补装置中的间隙比较重要，间隙触发控制电路应冗余配置，相应的原理框图如图 4-39 所示[77]。线路正常运行时，储能电容充电控制电路对触发用储能电容器 C_1、C_2 进行充电并监控其电压。当储能电容器 C_1、C_2 的电压低于预先设定的下限时，对储能电容器进行充电；当充电至高于预先设定的上限时，则停止充电。触发控制箱 TC 中的电流互感器取能电路从串联在线路上的电流互感器获得相应的能量[79]，并通过适当转换向光/电转换、电/光转换、储能电压监视、脉冲整形和驱动等环节提供相应的直流电源。线路发生短路故障并需要间隙触发放电时，位于地面的串补装置控制保护系统向间隙发出触发指令。位于电容器平台上的间隙触发控制电路通过光纤接收到相应指令后，对此时的间隙电压（即同步电压）进行判断，如果间隙电压低于间隙的触发允许电压，则不发出触发脉冲；如间隙电压达到或超过间隙的触发允许电压，立即发出触发脉冲，储能电容器对脉冲变压器 T_1 和高绝缘脉冲变压器 HT_1 的一次绕组进行放电，即同时向脉冲变压器 T_1 和高绝缘脉冲变压器 HT_1 的一次绕组发出触发脉冲，使密封间隙 TG_1 放电，进而完成对间隙的触发任务。同步电压是借助由均压电容器构成的电容分压器获得的。

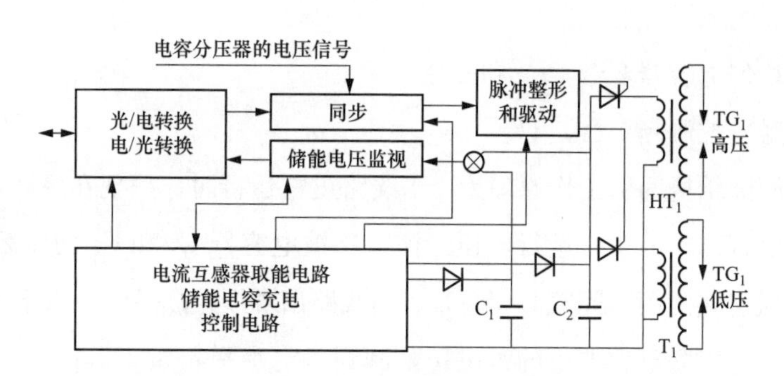

图 4-39　间隙触发控制电路的原理框图

2. 单主间隙结构间隙

实际工程应用中，有时与间隙并联运行的串联电容器组的额定电压比较低，此时，宜采用单主间隙结构间隙，相应的工作原理如图 4-40 所示。这样可以使闪络间隙距离和对应的触发放电型密封间隙距离调整到一个适中的位置，有利于设备可靠运行[76]。单主间隙结构间隙主要由下列主要部件构成[76]：

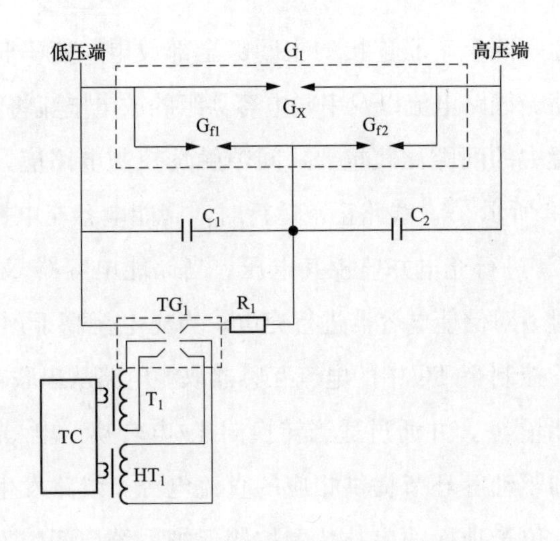

图 4-40　单主间隙结构间隙工作原理

(1) 自放电型主间隙 1 台，即 G_1。该主间隙包括金属外壳、第一闪络间隙 G_{f1}，第二闪络间隙 G_{f2} 和续流间隙 G_X。第一闪络间隙 G_{f1} 和第二闪络间隙 G_{f2} 串联后与续流间隙 G_X 并联。

(2) 触发放电型密封间隙 1 台，TG_1。

(3) 限流电阻器 1 只，R_1。

(4) 脉冲变压器 1 台，T_1。

(5) 高绝缘脉冲变压器 1 台，HT_1。

(6) 均匀电容器 2 台，C_1 和 C_2。

(7) 触发控制箱 1 台，TC。

单主间隙结构间隙工作原理为：当线路正常运行时，呈现在主间隙 G_1 上电压是串联电容器组的正常运行电压。该电压被电容器 C_1 和 C_2 均压后平均施加到两个串联连接的闪络间隙 G_{f1} 和 G_{f2}。当线路出现短路故障时，由于 MOV 的限压作用，可将串联电容器组的过电压限制到一定水平，如 2. 35p. u.，在闪络间隙（被触发）放电前，这一过电压将由串联连接的两个闪络间隙 G_{f1} 和 G_{f2} 平均分担。每个闪络间隙的过电压将达到 1. 175p. u.。通过调整闪络间隙电极的距离，使每个闪络间隙的自触发电压或自放电电压通常略高于 MOV 的过电压保护水平，并留有适当的安全裕度，如 1. 29p. u.，以保证闪络间隙在最高过电压下不会自放电。同样，密封间隙 TG1 在串联电容器组过电压达到 2. 35p. u. 时也不会自放电。

根据上述间隙结构，在正常运行条件下（假设工作在1.0p.u.），当其中的一个闪络间隙（如间隙G_{f1}）因某种原因造成短接时，全部电压将加到另外一个闪络间隙G_{f2}上。根据以上间隙距离的设置，每个闪络间隙的工频放电电压整定值为1.29p.u.，所以，当串联电容器组的额定电压（1.0p.u.）全部加到该闪络间隙上时，是不会造成该间隙击穿的，因此，这样的间隙结构在一定程度上避免了因飞蛾等飞入闪络间隙而导致间隙击穿的误动现象。

当间隙触发控制箱TC接收到触发指令后，触发控制箱TC将同时向脉冲变压器T1和高绝缘脉冲变压器HT1的一次绕组发出触发脉冲。密封间隙TG1放电后，均匀电容器C_1将通过限流电阻R_1放电，这将导致闪络间隙G_{f1}过电压迅速降低，而闪络间隙G_{f2}过电压则迅速升高。当闪络间隙G_{f2}过电压上升到高于1.29p.u.时，续流间隙G_{f2}将出现自放电。续流间隙G_{f2}自放电又将导致续流间隙G_{f1}过电压迅速升高而出现自放电。两个闪络间隙均放电后，电弧在电动力和热效应的共同作用下转移到续流间隙G_X中继续燃烧。至此，续流间隙G_X放电，使串联电容器组经阻尼装置被间隙所旁路。线路电流以及串联电容器组的放电电流将流过间隙。

3. 三主间隙串联结构间隙

实际工程应用中，有时与间隙并联运行的串联电容器组额定电压比较高，此时，可采用三主间隙串联结构的间隙，如图4-41所示[80]。三主间隙串联结构的间隙工作原理和双主间隙串联结构的间隙工作原理基本相同，两者的差别在于[77]：

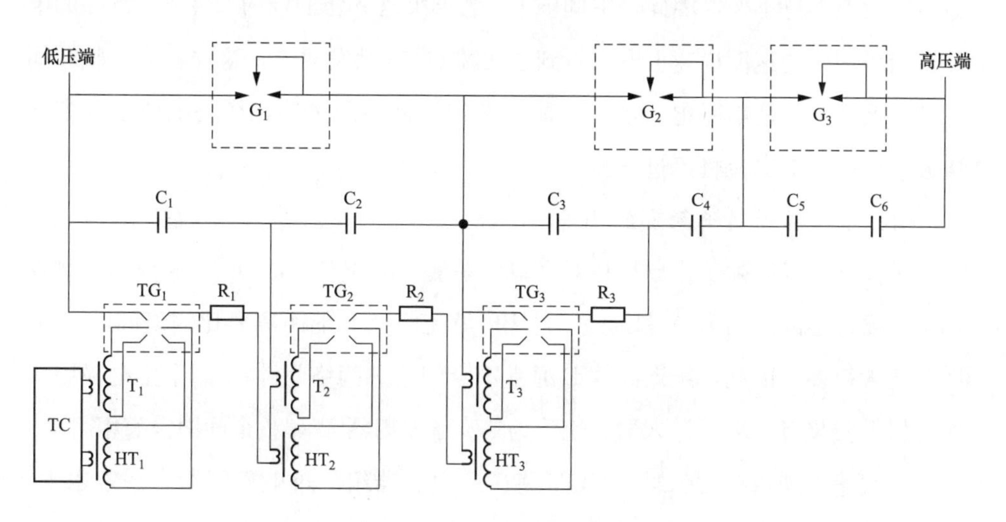

图4-41　三主间隙串联结构间隙工作原理

(1) 在串联电容器组额定电压相同的前提下，三主间隙串联结构形式的间隙的放电时延要比双主间隙的稍大。

(2) 三主间隙串联结构的间隙结构相对复杂、包含的部件略多、在电容器平台上占用面积稍大，但是每个主间隙承受的工作电压可以略低。

4.2.1.2 电压互感器触发的间隙

图 4-42 给出了采用电压互感器触发的间隙工作原理。与图 4-36 相似，也是由两个主间隙 G_1 和 G_2 串联构成，并用均压电容器 C_1 和 C_2 实现两个主间隙电压的均匀分配。主间隙 G_1 是可以强制触发的，触发电路具体包括 MOV、电阻 R_1、电阻 R_2 和一台电压互感器。在电压互感器的原边，也就是低压侧，通过一个三端双向可控硅（Triac）与串联电容器组相连。三端双向可控硅的作用类似为一个电子式开关。当线路出现短路故障时，串联电容器组电压快速上升，由于均匀电容器的均压效果，串联电容器组上的过电压均匀地分配到两个串联的主间隙上。此时，MOV 上的电压和主间隙 G_1 的电压相同。主间隙 G_1 电压小于其自触发电压，MOV 电压小于其参考电压，因此，主间隙 G_1 和 MOV 都能耐受住这一过电压。只要收到相应的触发放电指令，三端双向可控硅就触发导通，串联电容器组中 C_3 的电压就施加到电压互感器的原边，立刻在电压互感器的副边产生相应的高电压，电阻 R_1 电压也突然上升。电压的突然上升会在可触发主间隙 G_1 的电极表面产生火花放电，并使主间隙 G_1 闪络放电。由于 G_1 和 G_2 的总电压近似维持不变，因此，主间隙 G_1 电压快速下降的同时，主间隙 G_2 的电压就会以同样的速度快速上升，直到主间隙 G_2 自触发放电，这样一来，整个间隙就导通放电，使串联电容器组经阻尼装置被间隙所旁路，线路电流以及串联电容器组的放电电流将流过间隙。

4.2.1.3 等离子触发的间隙

等离子触发间隙工作原理相对简单、易懂。图 4-43（a）所示的等离子触发间隙主要包括闪络间隙 A 和续流间隙 B。续流间隙 B 的距离要比闪络间隙 A 的距离要大得多，因此，续流间隙 B 通常不会闪络。闪络间隙 A 两个主电极中一个电极上安装有等离子注入器，也称为等离子发射器[80]。整个间隙没有密封。

当线路出现短路故障时，MOV 将串联电容器组的过电压限制在一定水平，这一过电压也会施加到间隙上。当串补装置控制保护系统通过各种判断，需要对 MOV 和串联电容器组进行旁路时，就会立即发出触发间隙的指令。当等离子的控制电路收到相应的触发指令时，等离子注入器迅速响应并从喷嘴中向闪络间隙 A 的另一电极喷出等离子，从而在两个主电极之间产生一个导通路径。由于导通路径只能由等离子注入器通过喷嘴喷出等离子产生，因此，该闪络间隙不属于自触发间隙。

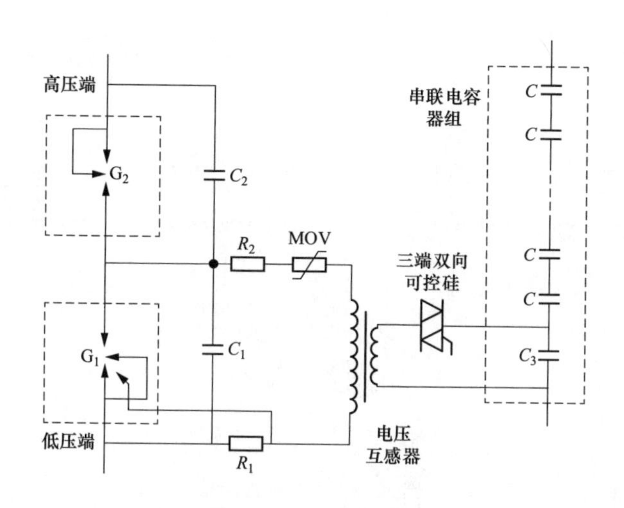

图 4-42　变压器触发的间隙工作原理

只要导通路径一旦形成，闪络间隙 A 两个主电极之间的电弧在电动力和热效应的共同作用下被迫向上运动，如图 4-43（b）所示。电弧向上运动的同时也向外扩展，直到被续流间隙 B 的两个主电极所短路为止。如图 4-43（c）所示，电弧继续在续流间隙 B 中持续燃烧，直到串补装置旁路开关合闸为止。由于续流间隙 B 能熄灭工频拖尾电流的电弧，因此，续流间隙 B 有时也被称为拖尾电流间隙。

从上面阐述的工作原理不难看出，电弧在闪络间隙 A 的两个主电极间只停留相对较短的时间，在续流间隙 B 的两个主电极之间停留相对较长的时间。因此，从电弧耐烧蚀的角度来看，续流间隙 B 的电极材料应该是耐烧蚀的钨铜合金或石墨，至于闪络间隙 A，电极部分至少需要用钨铜合金或石墨。等离子注入对间隙的距离也有一定的要求。如间隙的距离相对较短，等离子可以直接注入。对于电压较高的串联电容器组，需要两个串联的主间隙以应对较高的电压。此时，通常只在低电压的主间隙安装等离子注入器。当需要对串联电容器组进行放电时，等离子的注入使低电压的主间隙导通，高电压的主间隙因为较高的过电压也会自触发导通。

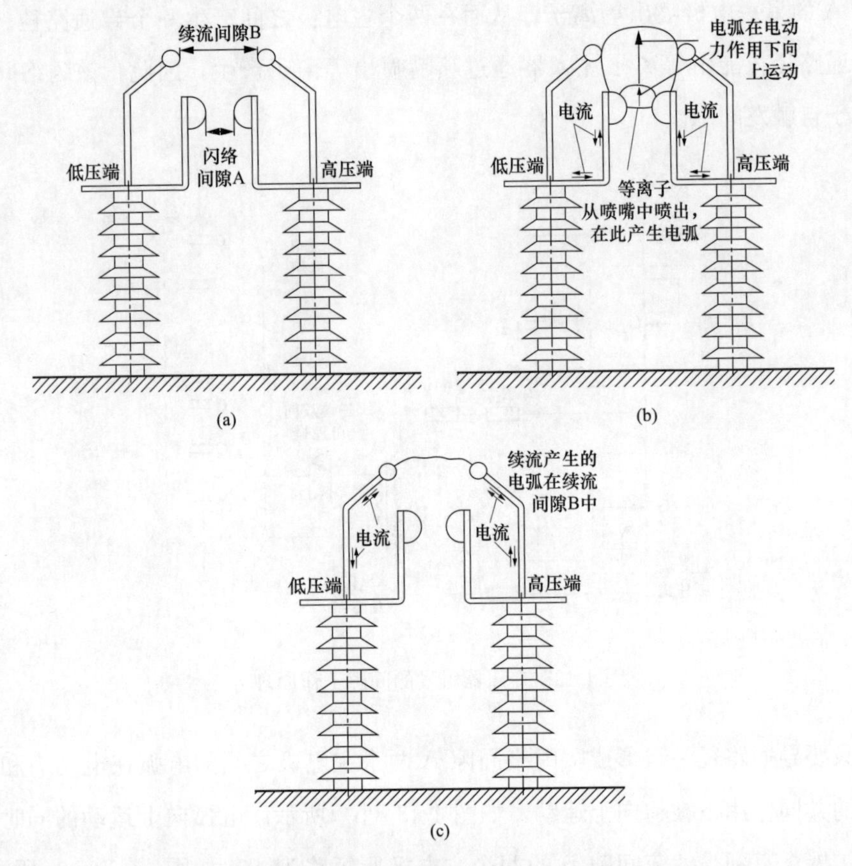

图 4-43　等离子间隙的结构和工作原理

(a) 等离子间隙结构；(b) 等离子间隙的工作原理；(c) 等离子间隙的工作原理

诚然，和其他触发方式间隙一样，等离子触发间隙也需要相应电子电路。

4.2.2　基于快速保护装置的保护方案

4.2.2.1　快速保护装置

快速保护装置（FPD）[70,81] 是保护高压设备的一种相对新颖的设备，可为串联电容器组提供过电压保护，也可用于保护其他处于高电压水平的设备。

图 4-44 给出采用 FPD 保护串联电容器组的原理图。FPD 保护方案基于密闭的、高功率的快速开关，即开普托（CapThor）。FPD 代替传统的间隙，和 MOV 一起旁路串联电容器组，从而减少 MOV 能量。在此需要着重指出的是：CapThor 可在一个动作时序要求中数次动作，以便实现串联电容器组快速旁路和重投。

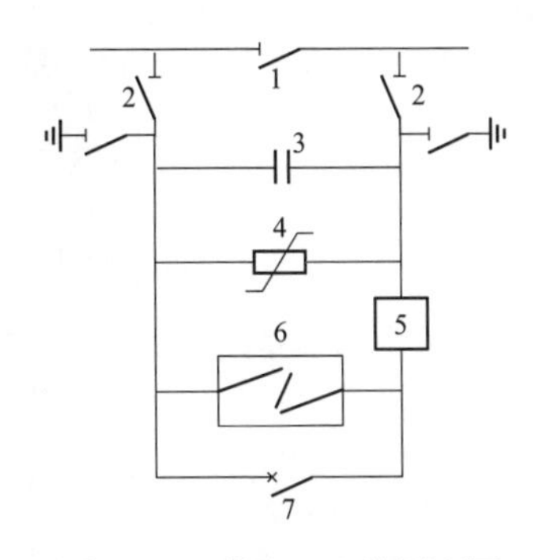

图 4-44　采用 FPD 的原理图

1—旁路隔离开关；2—串联隔离开关；
3—串联电容器组；4—金属氧化物限压器；
5—阻尼装置；6—FPD；7—旁路开关

与基于间隙的保护方案相比较，采用FPD方案通常具有下列值得注意的优点：

（1）装置设计为密闭结构，受外界环境影响小：不受潮湿、冰雪、污秽、鸟、昆虫等外部因素的影响。

（2）密闭结构设计方案显著减小了设备的体积，结构紧凑，占用面积小，有利于电容器平台小型化方案的实现。

（3）密闭状态下气密性好，可通过调节内部气压而非改变电极距离来适应不同的应用场合。

（4）动作电压低：1kV或以下。串联电容器组的保护水平可降低。

（5）动作速度快，故障发生后电容电流较小时可旁路串联电容器组，可降低对MOV、阻尼装置的性能要求，并降低对线路断路器的TRV要求。

（6）不受间隙去游离时间的限制，可迅速投入串联电容器组，并在一个动作时序要求中多次动作（如储能电容器的能量足够），提高系统稳定运行水平。

（7）调试简单、维护次数少，大大减轻了调试和维护工作量，并减少由此对系统运行造成的影响。

与基于间隙的保护方案类似，FPD保护方案也需要阻尼装置以限制串联电容器组放电的频率和幅值，也需要旁路开关以实现串联电容器组的投入和退出，也需要光纤柱以实现FPD控制和监控信息的传递。

4.2.2.2　关键部件和特点

如图4-45所示，FPD方案包括两个关键部件：快速开关CapThor以及运行和监控单元（Operation and Supervision Unit，OSU），后者提供控制、监控以及从地面到线路电压的能量供给。

CapThor由一个快速动作的高功率等离子间隙和一个并联的快速机械开关（Fast Contact，FC）并联组成。高功率等离子间隙也称为电弧等离子注入器（Arc Plasma Injector，API）。这两个开关分别安装在两个独立的复合绝缘套管内，套管内充满了高压气体，并排布置在电容器平台上，使用的套管与柱式断路器的灭弧室套管类型相同[82]。图4-46为CapThor的外部视图，图4-47为

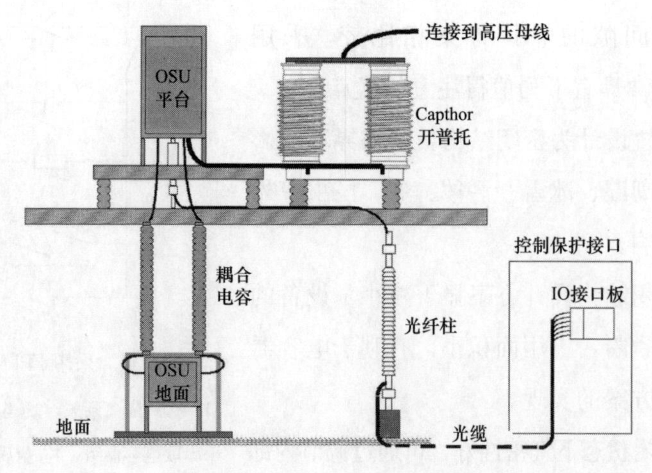

图 4-45　FPD 装置的简图

图 4-46　CapThor 的外部视图

图 4-47　CapThor 的内部视图

图 4-48　Capthor 的工程应用现场

CapThor 的内部视图，其中，左边的为高功率等离子间隙，右边的为快速机械开关[70,81]。CapThor 的工程应用现场如图 4-48 所示。

1. 等离子间隙

等离子间隙的结构示意如图 4-49 所示[83]。等离子间隙的断开、电弧注入和导电状态如图 4-50 所示，图 4-51 则给出了安装在低电压主电极内壁上的辅助间隙击穿导通示意。

等离子间隙没有运动部件，且具有较高

的关合电流能力。如图 4-49 所示，在辅助间隙的控制单元发出导通指令后，闭合常开接点，导通辅助间隙的触发回路。储能电容器放电，在辅助间隙电极之间产生电弧。在电磁力的作用下，电弧沿电弧导轨上升，接通主间隙。实际的电弧运动轨迹存在一定程度的不确定性，尤其是在 e 阶段和 f 阶段会有些偏差。等离子间隙中的主间隙电极采用特殊的耐烧蚀设计（主电极面环形开槽），使得 CapThor 可动作数百次而无需维护。

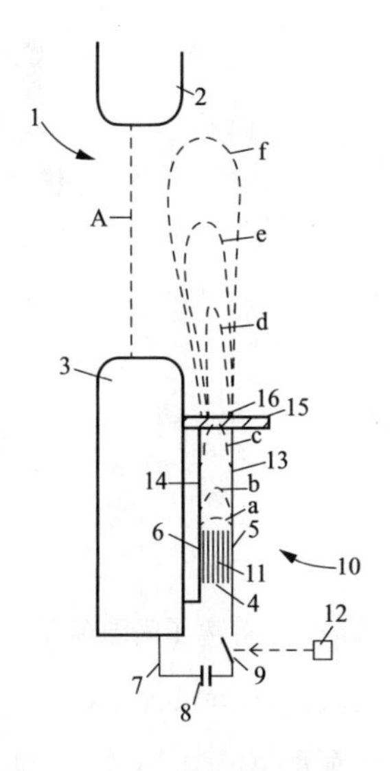

图 4-49　等离子间隙的结构示意图

1—主间隙；2、3—主间隙电极；10—触发装置，包括元件 4～12；4—辅助间隙；5、6—辅助间隙电极；7—辅助间隙的触发回路；8—储能电容器；9—常开接点；11—辅助间隙的中间电极组；12—辅助间隙的控制单元；13、14—电弧的导轨；15—屏蔽装置；16—屏蔽装置的开口；A—主间隙的电弧；a、b、c、d、e 和 f—在辅助间隙中产生的电弧在电磁力的作用下沿电弧导轨的运动轨迹

为了最大限度地消除主间隙中的等离子对辅助间隙带来的不利影响，对辅助间隙电极及其在电弧导轨的延长部分进行适当的保护，以延长其工作寿命。保护措施一，是辅助间隙等的安装位置采用较为特殊的设计，以便充分利用主间隙电极的“遮挡”效果，使得辅助间隙相对于主间隙在一定程度上隐藏起来。保护措施二，是在电弧导轨与主间隙之间设计了屏蔽装置，辅助间隙的电弧 a～f 只有通过屏蔽装置的开口才能最后到达主间隙。

储能电容器为辅助间隙提供产生等离子电弧的能量，其电容值为 820μF，充电后的电压达 2.4kV。等离子间隙的导通过程与常规间隙有很大不同。常规间隙主电极导通的前提条件是间隙承受的电压应达到一个相当的水平，而等离子间隙导通则无需太高的电压，大约在 1.0kV 甚至更低的电压水平下即可实现。也就是说，等离子间隙的导通过程与主电极间的电压和距离相对独立，可在端电压较低的情况下可靠动作。

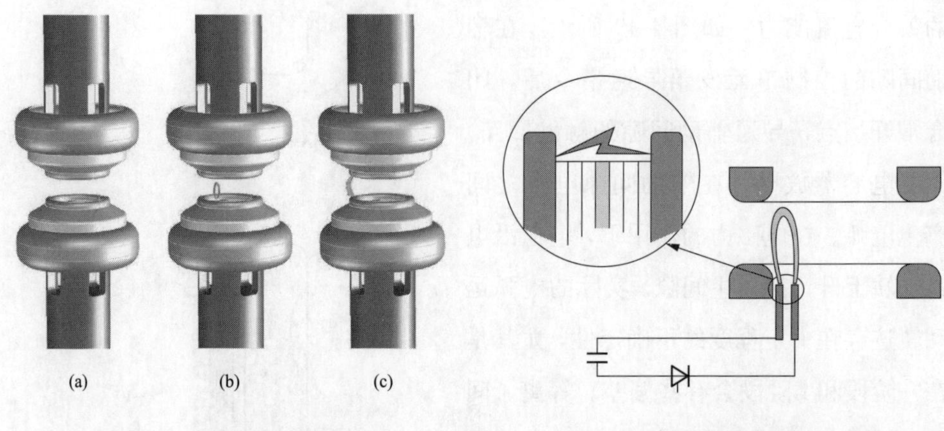

图 4-50　等离子间隙断开、电弧注入和导电状态示意图

（a）断开；（b）注入；（c）导电

图 4-51　辅助间隙在低电压电极表面击穿导通

辅助电极注入电弧电流的上升率约为 100A/μs，幅值为 10kA，持续时间大约 1ms，因此，等离子间隙的动作速度快，从接到外部触发指令到等离子间隙全面导通，即触发时间在 0.3～1.0ms。触发时间随间隙两端电压增加而略有缩短，典型值为 0.6ms。

2. 快速机械开关

快速机械开关由一个接触器构成，可在分合这两个位置之间极为快速地移动。快速机械开关有 2 个主电极静触头和 1 个动触头，分位时动触头位于低电位电极。快速机械开关是利用汤姆森磁镜效应（Thompson magnetic mirror effect）进行驱动的，其功能原理示意如图 4-52 所示，图 4-53 简要给出了机械快速开关处于分位、合闸过程中、合位的示意。快速机械开关动作所需能量由储能电容器提供，该电容器额定电容值为 4785μF，充电后电压为 1.2kV。

在等离子间隙导通后，快速机械开关随之合闸，等离子间隙即开始去游离过程，快速恢复阻断能力。在两端电压较低的情况下，快速机械开关具有较高的关合电流能力，可承受线路故障电流的冲击。然而快速机械开关不具备开断大电流的能力，只有在旁路开关合位的情况下，才可执行分闸动作。快速机械开关的合闸时间小于 4.0ms，分闸时间小于 5.0ms。

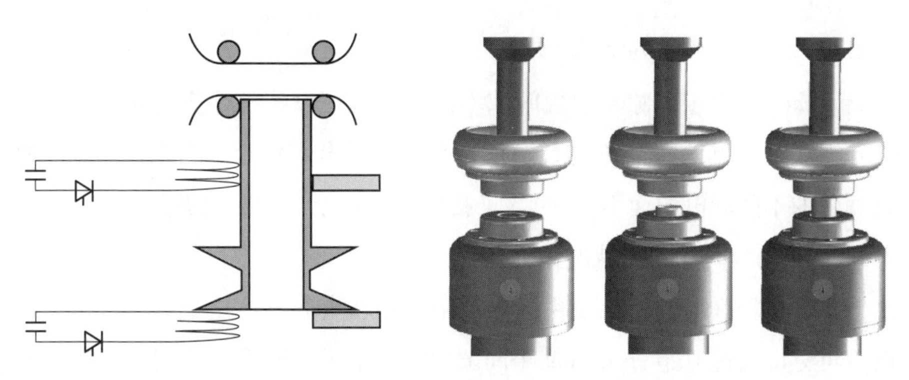

图 4-52　快速机械开关的功能原理图　　　图 4-53　处于分位、合闸过程中、合位

由于有了并联的快速机械开关，等离子间隙里的等离子持续时间总是小于 5.0ms，且与线路短路电流的持续时间无关。等离子消耗的能量与旁路开关的合闸时间或线路断路器的开断时间无关。

3. 运行和监控单元

IEC 60143—2：2012 在 4.7 中明确规定 CVT 可向电容器平台上的平台测控提供能量[37]。图 4-54 是采用 CVT 给电容器平台供电的示意图[84]，整个平台供电系统要相对简单些。缺点是平台长时间不带电时，储能电容所存储的能量消耗完后，CapThor 就无法正常工作。

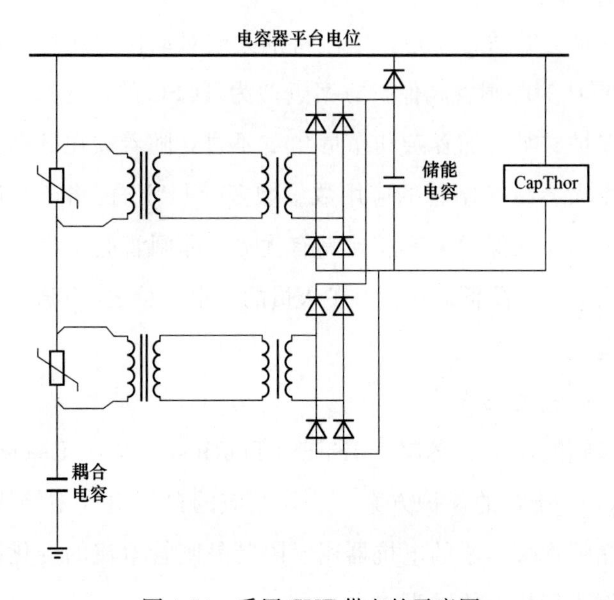

图 4-54　采用 CVT 供电的示意图

4.2.2.3 动作时序要求

CapThor 等离子间隙与常规间隙不同，前者可以按整个串联电容器组的额定电压或者甚至更低的电压进行触发，旁路串联电容器组。当动作所需的能量由地面上的不间断电源而不是由 CVT 提供时，这个不间断电源处于地电位，且与 CapThor 动作时的线路状况无关。

当控制保护系统判断出发生区内故障且串联电容器组电压尚未达到保护水平时，可立即通过 CapThor 等离子间隙的控制单元触发等离子间隙，随后 CapThor 快速机械开关和旁路开关合闸，以防止在串联电容器组两端出现过高的电压。该保护方案能大大降低串联电容器组的过电压水平和 MOV 能量，从而降低整套装置的成本。

在区外故障情况下，CapThor 装置的快速机械开关能在等离子间隙导通后迅速合闸，等离子间隙开始去游离过程，快速恢复阻断能力。因此，可以实现串联电容器组的快速重投。CapThor 装置的快速动作性能使得在区外故障时旁路串联电容器组成为一种可能的保护方案，即在区外故障发生时，CapThor 动作旁路故障电流，故障清除后迅速重投串联电容器组。这一保护方案可大幅降低 MOV 能量。

4.2.3 基于晶闸管阀的保护方案

晶闸管阀保护方案适合于短路电流特别大或对动作时序有特殊要求的应用场合[41]。有观点认为晶闸管阀保护方案近似为 TCSC 的简化版，比 MOV 和间隙配合使用的保护方案更加复杂和昂贵[85]。不过，随着碳化硅电力电子器件的快速发展和高压大容量晶闸管的应用数量增多，TPSC 价格还会进一步大幅下降，从而与基于间隙的保护方案相比具有优势。晶闸管阀工程经验的积累也会使 TPSC 更加可靠，并降低对运行维护人员的要求。总之，TPSC 会是一种比较有竞争力的方案。

4.2.3.1 电气主接线

基于晶闸管阀的保护方案属于 IEEE（The Institute of Electrical and Electronics Engineers）推荐的保护方案[86,87]，相应的典型电气主接线如图 4-55 所示，其中，和晶闸管阀串联的电抗器用于限制晶闸管电流的变化率。下面以文森特 TPSC 为例进行相关的说明。

线路正常运行时，晶闸管阀是闭锁的，线路电流流过串联电容器组，串补装置起补偿作用。线路发生短路故障时，控制保护系统通过对线路电流的瞬时值和有效值进行实时检测，判断出线路发生了短路故障，并发出导通晶闸管阀的指令。晶闸管阀导通后，线路电流以及串联电容器组的放电电流将流过晶闸管阀。

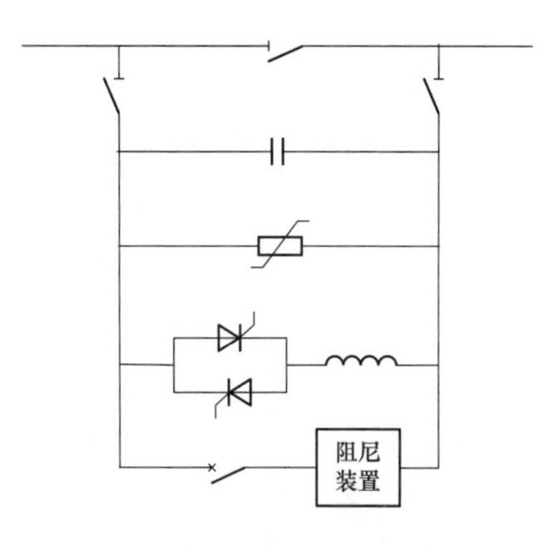

图 4-55　TPSC 的电气主接线

图 4-56 给出故障时的相应电压电流波形[85]。对于区内故障，当线路电流的峰值大于 17kA 时[85]，控制保护系统判断为发生了区内故障，并发出晶闸管阀导通和旁路开关合闸的指令。晶闸管阀导通后就开始耐受幅值较大的旁路电流，持续约 3 个工频周波后，旁路开关合闸，晶闸管阀电流幅值明显下降。尽管晶闸管阀需要耐受的旁路电流幅值相对较大，电流瞬时值最大接近 80kA，但持续时间相对较短。如果串补装置旁路开关拒合，并且线路的主保护拒动，则只能由故障线路的后备保护来切除短路故障，此时，晶闸管阀需要耐受旁路电流的持续时间会相对较长，IEEE 1726 标准认为晶闸管阀耐受旁路电流的持续时间可能长达 10 个周波，即对于 60Hz 的系统时间长达 167ms[86]。

如果线路电流的幅值高于正常的过载值，但小于区内故障所对应的电流门槛值，则控制保护系统判断为发生了区外故障。如图 4-56（b）所示[85]，当线路电流的有效值大于 6.8kA，就只发出晶闸管阀导通指令，以防止串联电容器组两端出现过高的电压，但在随后的线路电流摇摆过程中，当线路电流持续 50ms 小于 4.8kA，则闭锁晶闸管阀，实现串联电容器组的快速重投，从而使串联电容器组起到补偿作用。区外故障时，流过晶闸管阀的电流幅值相对较小，在图 4-56（b）例子中，晶闸管电流瞬时值最大也小于 40kA，其他的基本上都是小于 20kA，持续时间约 7 个周波。晶闸管电流在起始阶段有较高的高频振荡分量，这个振荡分量的频率是由串联电容器组的电容值和阻尼装置中的电感值和电阻值（如有的话）所决定的。其实，这个电流振荡分量在区内故障时也是存在的，只是区内故障时的工频分量比较大，振荡分量没有起到主导作用罢了。

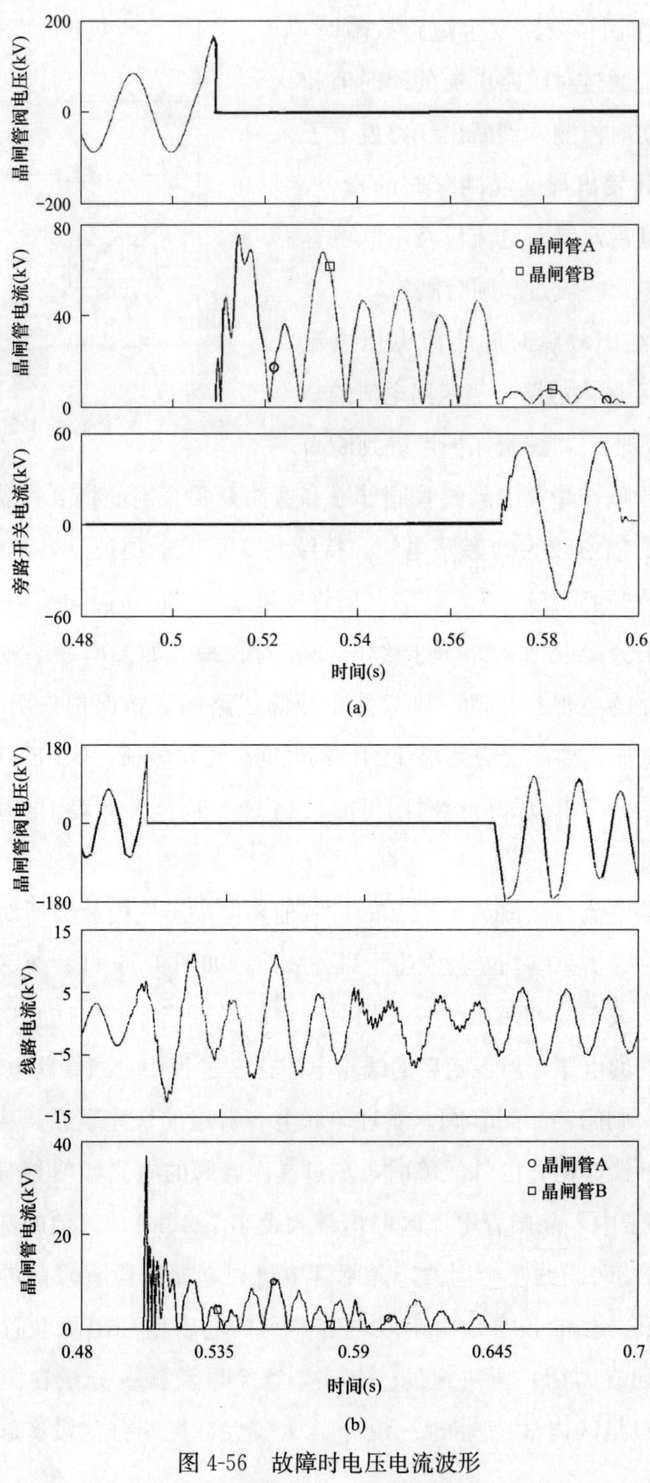

图 4-56　故障时电压电流波形

（a）区内故障；（b）区外故障

和基于间隙的保护方案相比较，区内故障的应对措施是基本相同的，区外故障的应对措施是略有差别的。对于基于间隙的保护方案，区外故障时，MOV来限制串联电容器组的过电压，因此，MOV能量相对较高；对于基于晶闸管阀的保护方案，区外故障时，可以通过晶闸管阀的短时导通来限制串联电容器组过电压，因此，MOV能量相对较小，有时甚至可以不需要MOV[85]。

4.2.3.2　快速重投

图4-57给出了环境温度为40℃时串补装置用瓷外套MOV温度下降曲线。MOV温度从180℃下降到60℃，即比环境温度高20℃需要约5.3h。一个MOV瓷外套内通常安装4根非线性金属氧化物电阻片柱，硅橡胶复合外套MOV内部基本上是单根电阻片柱，此时，复合外套MOV温度下降要快些。当然，如MOV温度下降过程中承受相应的电压，则MOV温度下降会慢些。不过，MOV温度下降都是小时级别的，还是比较慢的。这样一来，如果区内故障的电流幅值比较大且MOV能量相对较小，则MOV温度上升较大，可能会高于MOV的重投闭锁值。此时，串联电容器组不能立即重投，必须等MOV温度下降后，即可能需要小时级别的等待后，才能允许重新投入串联电容器组。当然，串联电容器组不能及时重新投入，串补装置所在线路的输送能力肯定受到一些限制。串补装置设计时，可以通过增加MOV能量配置来降低MOV温度的上升值，使区内故障时MOV的温升值小于重投闭锁值，从而确保MOV温度下降特性不影响串联电容器组的快速重投，不过，这样一来，MOV成本可能会大幅增加，会导致整个技术方案的技术经济性不佳。

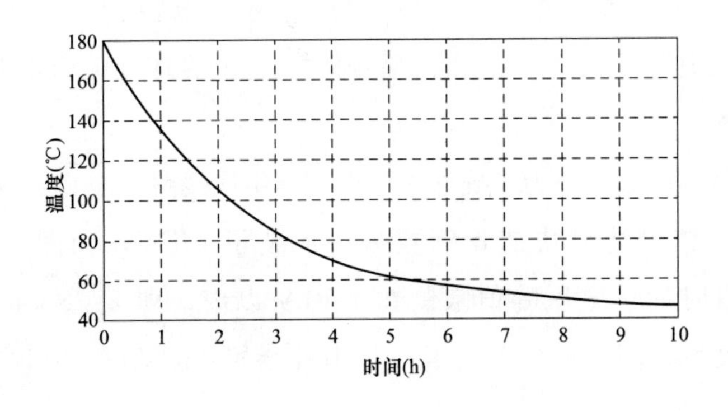

图4-57　MOV温度下降曲线

图 4-58 为多周波浪涌电流试验中晶闸管结温的仿真曲线[88]。通过大电流后，晶闸管的结温快速上升，和图 4-57 相比较，晶闸管结温下降要快许多，基本上都不到 1s。所以，采用晶闸管阀的保护方案可实现串联电容器组的快速重投，从而确保串补装置所在线路的输送能力不受晶闸管结温下降速度的限制。能够实现快速重投通常被认为是 TPSC 最为突出的优点[85,89]。

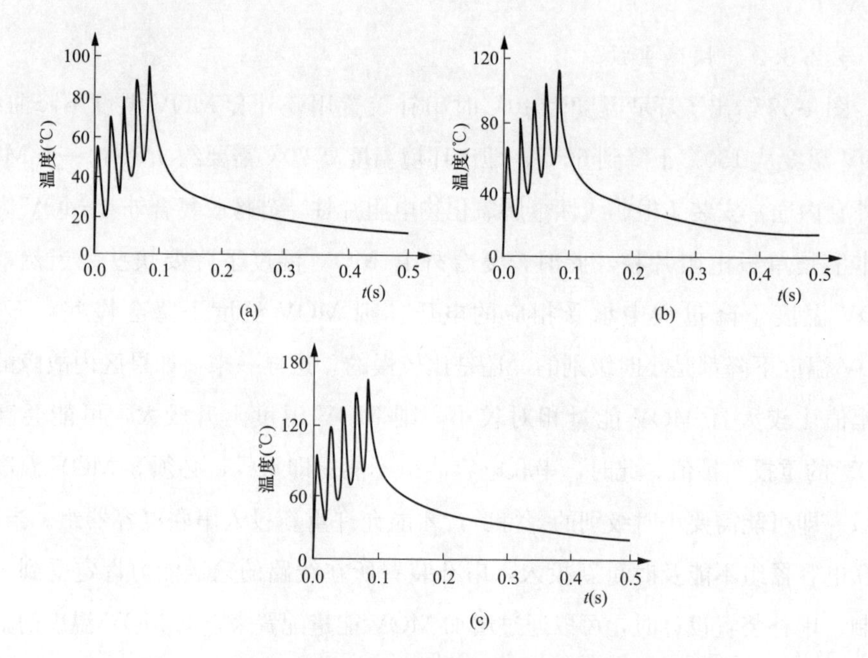

图 4-58　多周波浪涌电流试验中晶闸管结温仿真曲线

(a) 45kA 100ms 结温温升曲线；(b) 50kA 100ms 结温温升曲线；

(c) 61kA 100ms 结温温升曲线

其实，TPSC 还有另外一个优点。晶闸管阀是安装在电容器平台上的阀室内。与基于间隙的保护方案相比较，晶闸管阀受外界环境影响要小，可靠性可以做得更高些。

在文森特 TPSC 中，为了确保串联电容器组在线路电流为 3500A，即额定电流的 1.458 倍时能够快速重新投入，加装了 MOV，如图 4-59 中所示，MOV 把重投时的过电压峰值限制在 180kV 以内，即 2.28p.u.[85]。此时，MOV 能量仅为 8MJ，和第 1 套国产化串补装置 MOV 的 48MJ/相比较，确实要小许多。

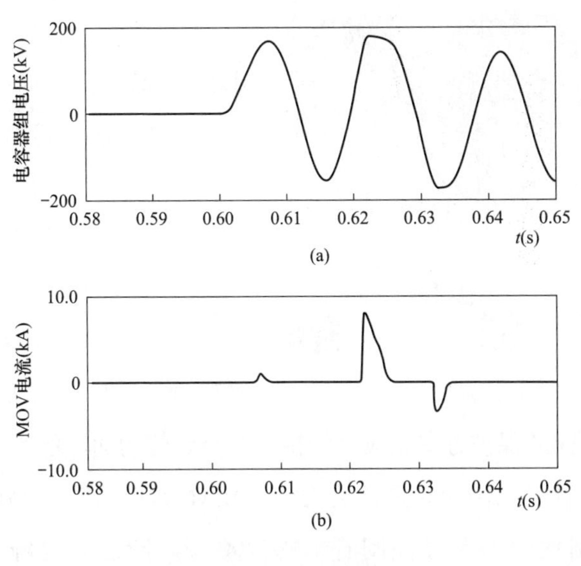

图 4-59　MOV 限制重投时过电压

（a）电容器组电压；（b）MOV 电流

4.2.3.3　晶闸管阀

毫无疑问，晶闸管阀是 TPSC 的关键设备。按触发方式来分，有电触发晶闸管（Electronic Triggered Thyristor，ETT）和光触发晶闸管（Light Triggered Thyristor，LTT）。LTT 是在 ETT 的基础上发展起来的元器件，其电气性能与 ETT 基本一致。LTT 在晶闸管芯片内部实现了光触发、正向过电压保护、d*v*/d*t* 保护等功能[90]，这样一来，LTT 芯片的门极结构/设计要复杂些、晶圆工艺流程要长些、封装测试也要复杂些。从原理上讲，与 ETT 相比较，LTT 的触发、监测和保护电路会简单许多，但是晶闸管阀的可靠性还受设计、工艺、研发经验积累等因素的影响[91]，因此，不同的公司会采用不同的技术路线，对于高压直流输电等应用，西门子公司倾向于 LTT，而 ABB 公司倾向于 ETT。

文森特 TPSC 采用 5 英寸的 LTT[85,89,92]。由于把光触发、过电压保护功能都集成到晶闸管芯片内部，对于相同英寸数的晶闸管，LTT 的额定电流一般小于 ETT 的。在浙江瓶窑的基于 TPSC 的故障电流限制器示范工程中[88]，采用的额定电流相对较大的 ETT，以满足晶闸管阀具有较高的通流能力这一要求。

图 4-60　自冷式晶闸管阀

与 TCSC 不同，TPSC 的晶闸管阀只有在线路故障时，才短时耐受相应的旁路电流，通常采用如图 4-60 所示的自冷式晶闸管阀[88]。采用自冷式晶闸管阀可以大幅简化晶闸管的冷却系统，提高晶闸管阀的可靠性。毫无疑问，增加水冷系统和修改控制策略，可以把 TPSC 改造成 TCSC[85]。

基于晶闸管阀的保护方案比较大的挑战是晶闸管的通流能力，文森特 TPSC 采用的 4 英寸光触发晶闸管，通流能力还是相对有限。瓶窑故障电流限制器采用的是工业定制化的 6 英寸晶闸管 KP_E4700-72，断态重复峰值电压 V_{DRM} 为 7200V，通态平均电流 $I_{T(AV)}$ 为 4700A，图 4-61 给出了在 2009 年 6 月 9 日做的晶闸管阀的通流试验结果，晶闸管阀能持续耐受峰值为 50kA 的大电流长达 110ms。

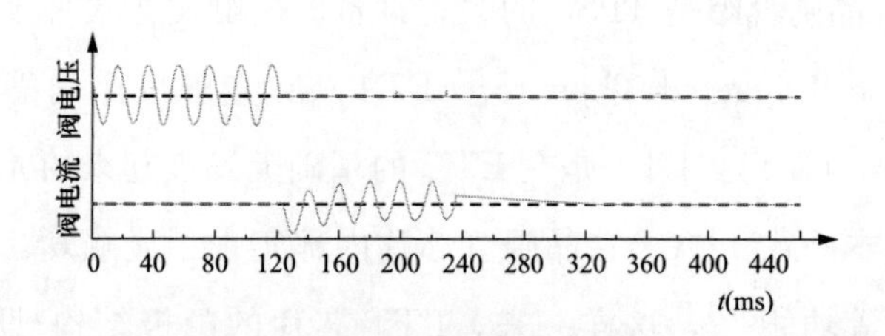

图 4-61　晶闸管阀的通流试验

我国的高压大功率晶闸管技术发展迅猛，早已研制出如图 4-62 所示的 6 英寸晶闸管，并多次应用在特高压直流输电工程中。对于 IEEE 1726 标准中要求耐受故障电流的持续时间长达 10 个周波也是能够满足的。工程定制化的高压大功率晶闸管相关参数不易公开获得，这里以中国中车 KP_E 5000-65 晶闸管产品为例做一下简要的说明。断态重复峰值电压 V_{DRM} 为 6500V，通态平均电流 $I_{T(AV)}$ 为 5000A，通态不重复浪涌电流 I_{TSM} 为 95.0kA，电流平方时间积为 $45.1 \times 10^6 A^2 s$。图 4-63 给出了通态浪涌电流与周波数的关系曲线，图 4-64 给出了 $I^2 t$ 特性曲线。从图 4-63 不难得出，KP_E 5000-65 晶闸管可以耐受幅值约为 42kA 通态浪涌电流长达 10 个周波，即 200ms。

图 4-62　6 英寸（约 15cm）5000A/8500V 晶闸管

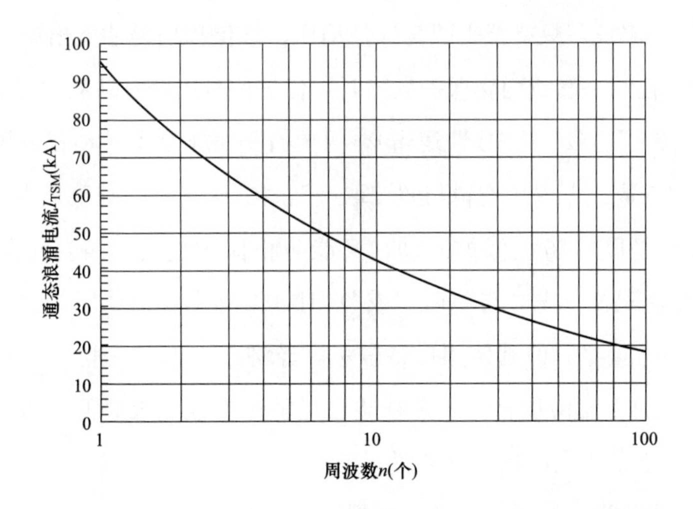

图 4-63　通态浪涌电流曲线

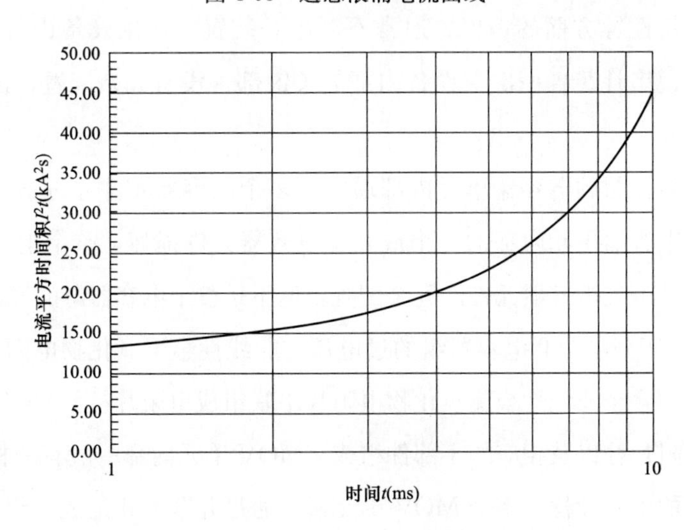

图 4-64　电流平方时间积曲线

4.3 串联电容补偿装置冗余技术

在工程界，冗余通常指为增加系统的可靠性或提高系统的容错能力，而对系统中的关键部件或关键功能采取两套或两套以上相对独立的重复配置。当一个独立配置发生故障，冗余配置可以承担故障部件的任务，由此来减少整个系统的故障时间，提高可用率。

高压直流输电工程的直流保护冗余配置广泛采用“三取二”冗余配置方式（两两“与”后“或”逻辑），当A、B、C三套保护完全正常时，保护系统采用“三取二”方式出口，只有至少两套保护动作，该保护信号才能出口。当A、B、C三套保护中任意一套或两套保护故障时，保护信号出口自动从“三取二”方式切换为“二取一”方式（“或”逻辑），只要有一套正常保护动作，该保护信号即出口[93]。“三取二”保护逻辑与“二取一”、“二取二”（“与”逻辑）保护逻辑相比，其优点是既能防止保护误动，又能防止保护拒动。四套相同保护采用“四取二”冗余配置（先“与”后“或”）时，误动率和拒动率与“三取二”冗余配置属同一数量级，但其使用设备较多，经济性不如“三取二”方式[93]。与直流输电工程的直流保护相比，串补装置保护可靠性要求略低，通常采用“二取一”方式。本节重点阐述串补装置冗余。

4.3.1 概述

出于经济性等方面的考虑，通常不对串补装置一次主设备进行冗余配置，但这并不是说串补装置一次主设备内部的关键部件没有冗余配置，试着举两个例子：

组成电容器组的电容器单元内部通常由多个电容器元件通过适当的串并联构成[3]。当电容器单元内部的一个或几个电容器元件损坏，整个电容器组仍然正常运行，这就是电容器元件的冗余配置，但不是整个电容器组的冗余配置。

MOV用于限制串联电容器组的过电压。非线性金属氧化物电阻片是MOV的基本单元，多个非线性金属氧化物电阻片串联组成电阻片柱。MOV单元由绝缘外套、电阻片柱以及相应的零部件组成。MOV单元内部一般有一根电阻片柱或多根并联的电阻片柱。多个MOV单元通常通过并联方式组成一组MOV。超高压串补装置标准对MOV能量裕度做出不应小于10%，且每相至少一柱的规定[2]，冗余的要求不是很严苛。特高压串补装置 MOV 能量通常要大些，对能量裕度有不应小于 10%的规定，且不少于 3 个 MOV 单元的规定[12]，相对来说较为严苛。显然，MOV 冗余配置仅限于电阻片柱或者 MOV 单元这个层面，还没有到整个 MOV 或 MOV 组。

4.3.2　保护的冗余

4.3.2.1　固定串联电容补偿装置保护的冗余

图 4-65 给出了保护的双冗余示意。保护通常在地面的小室内，从高电位的电容器平台到地面小室的信号传输通常采用光纤。这些信号传输采用双冗余配置，即图 4-65 中的信号传输 A 和信号传输 B。电容器平台上保护用电流互感器通常是穿心式的，有两个二次绕组，分别接信号传输 A 和信号传输 B。严格来说，信号传输双冗余的起点在于电流互感器的二次侧，而不是电流互感器本身。如第 2 章节中所述，保护是双冗余的，对于如图 4-35 所示的 FSC，保护的出口为触发间隙和合旁路开关。尽管电容器平台上的间隙触发控制电路可能被安装在同一个间隙触发控制箱内，间隙的触发控制电路在电路板这个层面应是 AB 冗余的，这两个触发控制电路的输出各自接到如图 4-36 所示的脉冲变压器 T_1 和高绝缘脉冲变压器 HT_1 触发控制箱侧的绕组。因此，间隙这一路的双冗余配置终止于脉冲变压器的输入侧。间隙脉冲变压器及其之后，如图 4-36 所示的密封间隙 TG_1 和 TG_2 等都没有冗余配置。旁路开关通常有两个合闸线圈，分别接到保护 A 和 B 合闸指令的输出；旁路开关也有两个分闸线圈，分别接收保护 A 和 B 分闸指令的输出。因此，旁路开关这一路的双冗余一直到旁路开关的分合闸线圈，之后都是单套了。

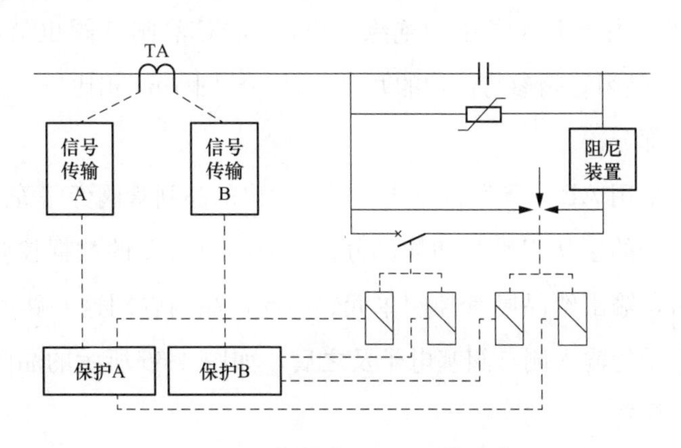

图 4-65　保护的 AB 双冗余示意

4.3.2.2 主动绝缘配合和 TCSC 保护的冗余

在常规绝缘配合中，保护设备和被保护设备之间的关系是单一的，保护设备将过电压限制在被保护设备可以接受的范围内，被保护设备基本上处在被动地接受保护的状态。针对第 3 章图 3-1 中所示的 TCSC，有学者提出了主动绝缘配合的保护思路[94]。在主动绝缘配合中，被保护设备晶闸管阀在接受保护设备 MOV 保护的同时还通过一定的控制策略，"主动地"对过电压保护过程进行干预，以期进一步降低过电压，在提高晶闸管阀自身安全水平的同时，也减轻了保护设备 MOV 的工作条件，降低过电压保护成本。由此可见，在主动绝缘配合中，保护设备与被保护设备之间是相互影响的、交互式的关系，这是主动绝缘配合的最重要的特征。

当 TCSC 所在线路及邻近线路发生短路故障时，为限制 TCSC 两端过电压，并使得电力系统能尽快地恢复正常运行，通常采取以下过电压保护及控制措施。

（1）使用 MOV 限制 TCSC 两端的过电压。当 TCSC 两端电压升高到一定程度后，流过 MOV 的电流急剧上升。在 MOV 限制过电压的同时，也改变了 TCSC 基波电抗，在相当大的程度上还起到了防止电动机自激、次同步谐振以及限制短路电流等作用。

（2）当 MOV 的电气应力（主要是 MOV 能量）达到一定水平时，由保护起动晶闸管阀旁路模式，将 TCSC 工作状态由容性微调模式转为晶闸管旁路模式，进一步降低 TCSC 过电压，减少短路电流，并降低对 MOV 能量的要求。

（3）当短路故障清除后，TCSC 应尽快返回到容性微调模式，包括必要的暂态稳定控制，以提高线路的输送能力和系统的稳定水平。

综上所述，由于引入了主动绝缘配合，TCSC 晶闸管阀也就参与了保护。图 4-66 给出了晶闸管阀参与保护的冗余示意。与图 4-65 相比较，差别仅在与保护输出之后的部分。

由于保护采用 AB 对等运行方式，保护发出的晶闸管阀旁路等触发指令不需要经过阀基电子的主从识别与切换部分，而只经过必要的数据校验、逻辑判断和脉冲编码后，输出给晶闸管控制单元。因此，晶闸管阀这一路的双冗余配置终止于阀基电子的输入侧，阀基电子及之后，如图 4-66 所示的晶闸管控制单元等都没有冗余配置。

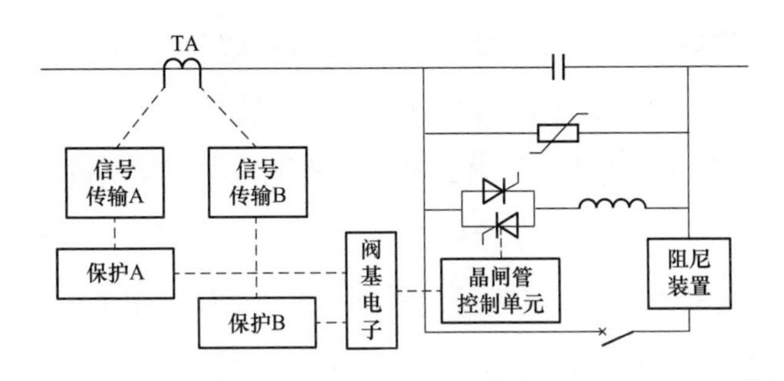

图 4-66　晶闸管阀参与保护的冗余示意

4.3.3　控制的冗余

图 4-67 给出了 TCSC 晶闸管阀控制的双冗余示意。TCSC 需要用电阻分压器等来测量串联电容器组电压，如 TCSC 有功率振荡阻尼（Power Oscillation Damping，POD）功能，还需要测量线路或母线电压。串联电容器组电压测量用电阻分压器通常是双套配置的，线路或母线电压测量通常是单套配置的，它们的二次输出分别给图 4-67 中的信号传输 A 和信号传输 B。与图 4-66 相比较，至少还有两个明显的区别，一是向阀基电子发晶闸管阀指令的是控制，而不是保护，二是控制 A 和控制 B 之间有主从通信连接。

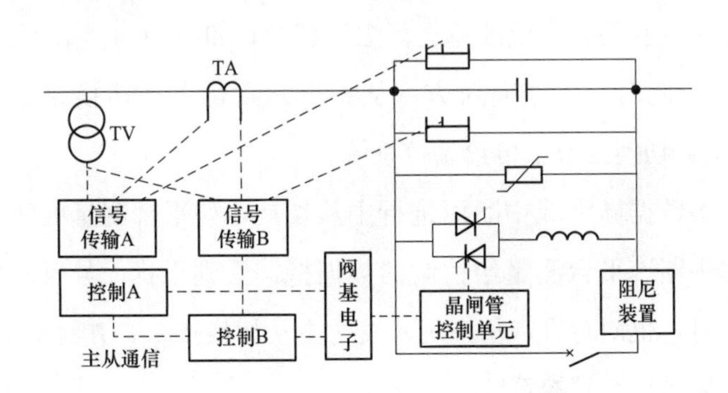

图 4-67　晶闸管阀控制的双冗余示意

控制采用双冗余模式，在正常运行情况下，控制 A 和控制 B 中有且只有一个运行在主状态，即工作状态；另一个运行在从状态，包括备用、测试和退出这三种可能的状态。采用主从运行方式时，从系统需要实时快速地跟踪主系统的控制指令、控制参数和运行状态，因此，主从通信应采用高速通信网络。

控制 A 和控制 B 是按主从方式运行的，主系统按照相应的控制逻辑和控制策略计算出相应的控制指令，并将控制指令发给阀基电子。同时，主系统还把控制指令、控制参数和运行状态等实时发送给从系统。从系统在预先设定的时间间隔内接收主系统发送过来的指令和信息，并进行线路故障相、晶闸管阀触发/闭锁等判断。在此需要明确指出的是，从系统不进行控制逻辑和控制策略的计算，而只对相应的控制环节进行初始化。从系统发送给阀基电子的指令是从主系统实时接收到的指令，即从系统的输出指令实时跟随主系统的输出指令。

从系统切换为主系统时，为尽可能地减少主从切换对系统正常运行的影响，从系统切换为主系统后，新主系统从初始化状态进行控制，但保持原主系统控制结果持续输出一段时间后，如几个工频周波后，才输出自己的控制结果。

主从系统都应能检测到对方和主从通信网络是否在正常工作。主系统切换为从系统大致有下列四种情况：

(1) 如站控系统或阀基电子要求进行主从切换，属于被动切换。此时，应该向对方（从系统）发送主从切换指令，并将对方（从系统）的主从切换结果上传给站控系统。

(2) 应对方（从系统）的要求进行切换，也属于被动切换。此时，只向对方（从系统）回报自身的主从切换结果。

(3) 因控制本身的异常或故障进行主从切换，如控制的参数不正常等情况，属于主动切换。此时，应该向对方（从系统）发送主从切换指令，并将对方（从系统）的主从切换结果上传给站控系统。

(4) 因采集数据异常或中断而进行主从切换，如平台测量处于复位状态而出现采集数据中断、平台测量给控制的数据持续受到干扰而异常等情况，属于主动切换。此时，也向对方（从系统）发送主从切换指令，并将对方（从系统）的主从切换结果上传给站控系统。

从系统切换为主系统大致有下列三种情况：

(1) 如站控系统或阀基电子要求进行主从切换，属于被动切换；此时，应该向对方（主系统）发出主从切换指令，并将对方（主系统）的主从切换结果上传给站控系统。

(2) 应对方（主系统）的要求进行切换，也属于被动切换。

(3) 从系统超时收不到对方（主系统）的控制结果，这意味着对方（主系统）不正常或主从通信中断，为不影响控制结果，主动切换为主系统。此时，应向对方（主系统）发出主从切换指令，并将对方（主系统）的主从切换结果上传给站控系统。

控制系统上电后默认为从系统，如初始化后，检测到自身运行无异常，并超时收不到对方（主系统）的控制结果，则切换为主系统，向对方（主系统）发送相应的控制结果，并检测对方（主系统）是否正常工作。这属于从系统切换为主系统的第（3）种情况。当然，如系统初始化后，检测到自身运行有异常或收到对方（主系统）发过来的控制结果，则继续运行在从状态下。

当阀基电子检测到主系统的控制指令异常，如同步信号丢失、触发指令超出调节范围等，而从系统的控制指令等都正常时，会主动对控制 A 和 B 进行主从切换，切换是三相一起进行的。这属于上述主从切换的第（1）种情况。

从上面描述的主从切换过程来看，非对方要求进行主从切换的系统通常负责检查对方的主从切换结果，如对方主从切换成功，则向站控系统发送主从切换成功事件顺序记录（Sequence of Events，SOE）；如对方回报主从切换失败 SOE 或无回报，则向站控系统发送主从切换失败 SOE。

控制 A 和 B 经过主从切换后，阀基电子收到控制 A 和 B 的可能组合及其原因如表 4-5 所示。共有四种组合，其中，两个组合为同一状态。当出现同一状态时，阀基电子的应对措施简述如下：

表 4-5　　主从切换后的可能组合及原因

主从组合		可能的原因
控制 A	控制 B	
主	从	正常
主	主	（1）主从通信中断，从系统超时接收不到主系统的控制结果，判定为主系统出错，而主动切换为主系统。原主系统因接收不到主从切换信息而继续以主状态工作。这种情况是控制本身所不能处理的，需要站控系统和阀基电子通过相应的判断来处理。 （2）主系统程序故障或走死，从系统超时接收不到主系统的控制结果，判定为主系统出错，而主动切换为主系统。这种情况，主系统如能通过硬件看门狗复位等措施实现重新启动并初始化，控制本身可能可以处理这种情况
从	主	正常
从	从	属于正常情况。主系统如异常等原因，主动切换为从系统；从系统本身不满足作为主系统运行的条件，没有切换为主系统运行

（1）当控制 A 和 B 都处于主状态时，阀基电子暂时按照原主系统的控制结果运行。若在预先设定的时间内，控制 A 和 B 已处于不同状态，则按新组合运

行；若超出预先设定的时间，控制 A 和 B 仍都处于主状态，发告警信号。若上电时，控制 A 和 B 都处于主状态，则阀基电子按照 A 系统的控制结果运行，并发相应的告警信号。

（2）当控制 A 和 B 都处于从状态时，阀基电子暂时按照原主系统结果运行；若在预先设定的时间内，控制 A 和 B 已处于不同状态，则按新组合运行；若超出预先设定的时间，控制 A 和 B 仍都处于从状态，则闭锁晶闸管阀的触发信号，并发告警信号。

综合上面所述，不难得出控制采用主从运行方式所具有的特点：

（1）主从控制的输出结果一致。两个系统通过主从高速通信互相传递信息，从系统实时跟踪主系统的控制指令、控制参数以及运行状态，以便随时切换到主系统。

（2）阀基电子以主系统的输出结果为准进行控制。

（3）主从冗余系统具备较为完善的自检能力。任何一套系统在检测到本系统某一环节存在问题时，都只能运行在从状态。

（4）灵活完善的主从切换能力。两个系统的主从切换可由站控系统或阀基电子下达切换指令，主从控制系统都能执行切换指令。当主系统本身出现问题时，两套系统自动进行主从切换。

4.3.4 测量的冗余

图 4-68 给出了固定串联电容补偿装置较为典型的电流互感器配置示意，用于测量线路电流 i_{line}、间隙电流 i_{GAP}、MOV 电流 i_{MOV1} 和 i_{MOV2}、电容器组电流 i_C 及桥差电流 i_{CH} 和电容器平台电流 i_{PLT}。旁路开关通常不配置相应的电流互感器。MOV 分成两组，通过 i_{MOV1} 和 i_{MOV2} 之间的差异来判断 MOV 本身是否有故障。由于电容器组的容量相对较大，通常采用桥差接线，并用桥差电流 i_{CH} 来反应电容器单元的内部故障，具体可参见 4.1 的相关阐述。

4.3.4.1 测量的通道

对于超/特高压串补装置，由于测量电流的各个电流互感器（TA）都布置在处于高电位的电容器平台上，需要将这些 TA 的测量结果传递给地面上的控制保护系统，较为流行的实现方法是在电容器平台上将被测量的模拟量转换为数字量（Analog to Digital，AD），然后通过光纤将数字量传递到地面上的控制保护系统。

电容器平台上的一次 TA/电阻分压器的输出通常需要经过电压/电流调理和转换与通信这两大部分后，才能通过光纤柱传递给地面上的控制保护系统。电压/电流调理部分是将工频交流模拟量经二次 TA 或线性隔离运算放大器隔离、放大后，成为满足 AD 转换要求的模拟量[6]。图 4-69 给出了电容器平台上 TA 测量通道的功能框图。图 4-69 中的电磁干扰（Electro-magnetic Interference，EMI）滤波器用来滤除一次 TA 的二次输出导线上的传导干扰；二次 TA 调整了电流信号，使其满足 AD 转换的要求，同时也起到了再次实现电气隔离的作用；保护电路用于防止雷击或其他干扰产生的尖峰信号损坏下级电路；滤波在消除高频干扰信号的同时将电流信号转换为电压信号。转换与通信部分主要是完成 AD 转换和电光转换，并将转换得到的结果传递给地面的控制保护系统。数据整理通常将多路 AD 转换结果按照预先约定的顺序和格式打包，计算出并附上适当的数据校验信息。数字信号的发送可采用高速、串行、同步通信协议，如串行外设接口（Serial Peripheral Interface，SPI）协议。

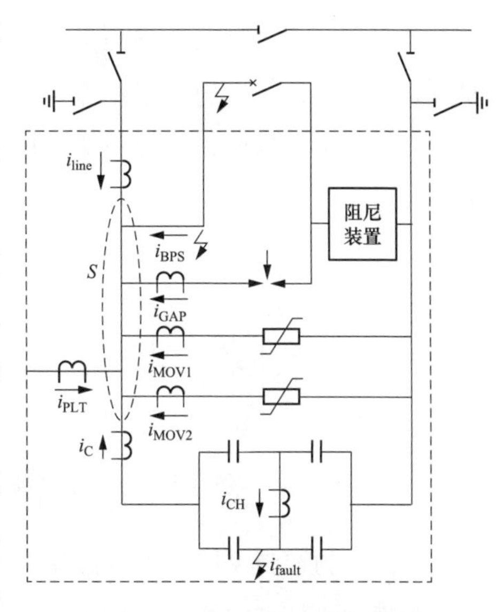

图 4-68　典型的电流互感器配置

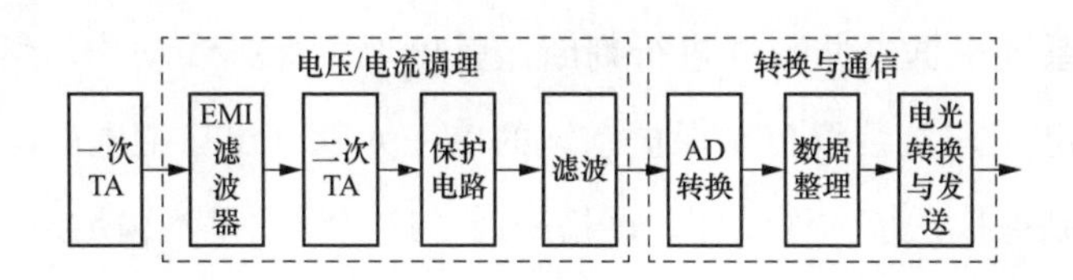

图 4-69　TA 测量通道的功能框图

图 4-70 给出了电阻分压器测量通道的功能框图，与图 4-69 中的功能框图主要区别在于采用了隔离运放，隔离式运算放大器能起到电气隔离的作用，可以提高系统的抗干扰能力。

地面上的控制保护系统接收到电容器平台上发送下来的数据，按照相同的规则计算出数据校验信息，如果计算出的数据校验信息与收到的数据校验信息相符，则可以认为收到的数据是可信的，并发给下一环节，进行相应的控制和保护处理；如果计算出的数据校验信息与收到的数据校验信息不相符，则认为收到的数据是不可信的，不发给下一环节。如果数据校验信息不相符的频度比较高，则至少应该产生相应的告警信号。

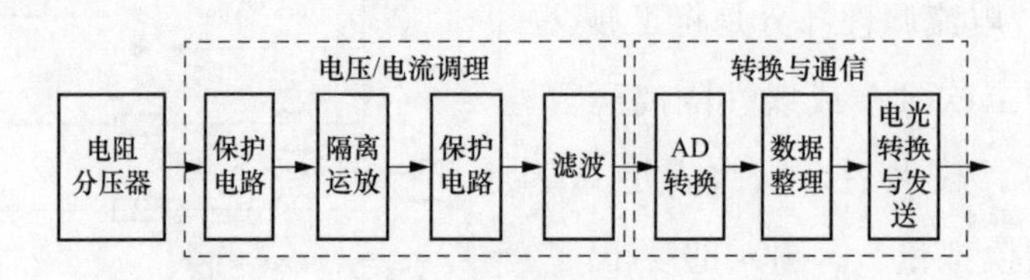

图 4-70　电阻分压器测量通道的功能框图

当地面上的控制保护系统能持续不断地收到从电容器平台上发送下来的数据，且数据校验信息相符时，可以认为图 4-69 和图 4-70 中的转换与通信部分是正常的。此时，还不能认为电压/电流调理部分是正常的。

当然，如果地面上控制保护系统计算出的数据校验信息和收到的数据校验信息相符，但收到的相应数据数值却超出合理的范围，可以认为转换与通信部分是正常的，电压/电流调理部分、一次 TA 或电阻分压器发生了相应的故障。

串补装置在实际运行中曾出现这样的问题，图 4-69 中的 EMI 滤波器和二次 TA 之间的一个回路连接接触不良，时断时续，此时，地面上的控制保护系统能持续不断地收到从电容器平台上发送下来的数据，计算出来的数据校验信息与收到的数据校验信息相符，各路数据的数值也在合理的范围内。当然，地面上的控制保护系统根据这些数据进行判断，就出现了保护误动作。然而，相关标准又明确规定[12]串补装置控制保护系统的单一元件（出口继电器除外）损坏时不应造成控制保护系统的误动作。严格来说，这个误动是不满足该标准的要求。

4.3.4.2　基尔霍夫电流定律

基尔霍夫电流定律（Kirchhoff's Current Law，KCL）指出：在集总电路中，任何时刻，对任一结点，所有流出结点支路电流的代数和恒等于零。此处，电流的代数和是根据电流是流出结点还是流入结点判断的。若流出结点的电流前面取“＋”号，则流入结点的电流前面取“－”号；电流是流出结点还是流入结点，均根据电流的参考方向判断。所以，对任一结点有

$$\sum i=0 \tag{4-5}$$

式中取和是对连接于该结点的所有支路电流进行的。

KCL 通常用于结点，但对包围几个结点的闭合面也是适用的。通过一个闭合面的支路电流的代数和总是等于零；或者说，流出闭合面的电流等于流入同一闭合面的电流。这也称为电流连续性。KCL 是电荷守恒的体现。

众所周知，在线性非时变的正弦稳态电路中，全部电压、电流都是同一频率的正弦量。当式（4-5）中的电流全部都是同频率的正弦量时，则可变换为相量形式，为

$$\sum \dot{I}=0 \tag{4-6}$$

即任一结点上同频的正弦电流的对应相量的代数和为零。

4.3.4.3　冗余校验

1. 无旁路开关电流时的冗余校验

对于图 4-68 中所示的串补装置，由 KCL 可知，通过闭合面 S 的支路电流的代数和总是等于零。由于在闭合面 S 上只配置了 6 个 TA，因此，式（4-7）成立需要满足下面两个前提条件。

$$i_{\mathrm{line}}+i_{\mathrm{GAP}}+i_{\mathrm{MOV1}}+i_{\mathrm{MOV2}}+i_{\mathrm{C}}+i_{\mathrm{PLT}}=0 \tag{4-7}$$

式中　i_{line}——线路电流，A；

i_{GAP}——间隙电流，A；

i_{MOV1}、i_{MOV2}——MOV1 和 MOV2 电流，A；

i_{C}——电容器组电流，A；

i_{PLT}——电容器平台电流，A。

（1）电路中的杂散参数对式（4-7）的影响可忽略，也就是说，串补装置可以等值为类似图 4-68 所示的集总参数电路，可忽略分布参数带来的影响。

（2）旁路开关处于分闸位置，即 $i_{\mathrm{BPS}}=0$。

此时，当旁路开关这一支路的 S 闭合面侧发生对电容器平台或地面的短路故障时，即增加了一个旁路开关电流 i_{BPS}，则式（4-7）就不成立了。如果是发生了对地的短路故障，此时，线路电流 i_{line} 相对较大，电容器组电流 i_{C} 相对较小，电容器平台电流 i_{PLT} 基本上为零。如果是发生了对电容器平台的短路故障，此时，最明显的特征是电容器平台电流 i_{PLT} 不为零。在此需要补充说明的是，通过电容器平台设备的合理布置，可以降低旁路开关这一支路的 S 闭合面侧发生

对电容器平台短路故障的概率。

对于非旁路开关这一支路发生对电容器平台或地面的短路故障，如电容器单元等因绝缘损坏等原因，发生对电容器平台的短路故障，如图 4-68 所示，增加了一个故障电流 i_{fault}，式（4-7）仍然成立。

基于上述分析，当旁路开关处于分闸位置时，可以通过下面步骤来进行冗余校验，从而减少 4.3.4.1 中描述的保护误动作。

（1）判断旁路开关这一支路的 S 闭合面侧是否发生对地的短路故障，特征是线路电流 i_{line} 相对较大，电容器组电流 i_C 相对较小，电容器平台电流 i_{PLT} 基本上为零，如是，则按照相应的保护处理流程进行下一步。

（2）判断是否发生电容器平台设备对电容器平台的短路故障，特征是电容器平台电流 i_{PLT} 不为零，如是，则按照相应的保护处理流程进行下一步。

（3）如旁路开关这一支路的 S 闭合面侧没有发生对地的短路故障，也发生电容器平台设备对电容器平台的短路故障，可以按式（4-8）进行冗余校验[95]，即通过闭合面 S 的支路电流代数和的绝对值是否小于 ε_1，并且持续时间为 T_1，其中，ε_1 和 T_1 为相应的判断阈值，ε_1 应充分考虑分布参数、TA 测量误差和电流调理电路的偏差等带来的影响，并根据相应的工程实际情况进行合理的选取。判断中持续时间的引入是为了降低误判的概率。如果式（4-8）成立，推断出地面上的控制保护系统收到的数据是可信的，可以进行相应的控制和保护处理。如果式（4-8）不成立，推断出接收的数据可信度不高，暂缓相应的控制和保护处理，并产生相应的告警信号。通过这一校验措施，可以在一定程度上降低发生 4.3.4.1 中阐述的保护误动作。

$$|i_{line}+i_{GAP}+i_{MOV1}+i_{MOV2}+i_C+i_{PLT}|\leqslant\varepsilon_1 \tag{4-8}$$

式中　ε_1——判断阈值，A。

当然，除对式（4-8）进行冗余校验外，还可以进行其他的冗余校验。

（1）正常运行时，即电网和串补装置都没有发生故障，则 MOV 电流 i_{MOV1} 和 i_{MOV2}、间隙电流 i_{GAP} 和电容器平台电流 i_{PLT} 都应为零，既可以用式（4-9）进行瞬时值冗余校验，也可以用式（4-10）进行相量值冗余校验。式（4-10）意味着闭合面 S 的工频正弦电流的对应相量的代数和的模为零。

$$|i_{line}+i_C|\leqslant\varepsilon_2 \tag{4-9}$$

式中　ε_2——判断阈值，A。

$$|\dot{I}_{line}+\dot{I}_C|\leqslant\varepsilon_3 \tag{4-10}$$

式中　ε_3——判断阈值，A；

$\dot{I}_{line}$——线路电流 i_{line} 的工频相量，A；

$\dot{I}_C$——电容器组电流 i_C 的工频相量，A。

如式（4-9）或式（4-10）在预先设定的时间段内持续不成立，则可以推断出线路电流 i_{line} 和电容器组电流 i_C 的测量数据至少有一个是不可信的，这样就缩小了数据不可信的范围。如为了躲过线路的单相重合闸而预先设定较长的持续时间段，则式（4-10）通常是为了判断线路电流 i_{line} 和电容器组电流 i_C 的测量 TA 是否有异常，而不是实时校验 TA 的测量数据是否可信。

（2）故障运行时，即电网发生短路故障，则 MOV 电流 i_{MOV1} 和 i_{MOV2} 通常不为零。此时，理论上可以用式（4-11）或式（4-12）来判断 MOV 内部是否发生故障。式（4-11）适用于 MOV 电阻片柱在两组之间进行平均分配的情况。如果 MOV 电阻片柱在两组之间不是平均分配的话，可引入分配比例系数 k，此时应该采用式（4-12）。ε_4 取值应该充分考虑分布参数、两组 MOV 特性差异引起的电流偏差、TA 测量误差、电流调理电路的偏差等带来的影响，可以不是一个固定值。在此需要着重指出的是，工程实际中，除采用式（4-11）直接通过绝对值差来判断 MOV 内部是否发生故障之外，还可通过式（4-13）计算出相对值差来进行判断。

$$|i_{MOV1}-i_{MOV2}|\leqslant\varepsilon_4 \tag{4-11}$$

式中　ε_4——判断阈值，A。

$$|i_{MOV1}-k\cdot i_{MOV2}|\leqslant\varepsilon_4 \tag{4-12}$$

式中　k——折算系数；

ε_4——判断阈值，A。

$$|i_{MOV1}-i_{MOV2}|/|i_{MOV1}+i_{MOV2}|\leqslant\varepsilon_5\% \tag{4-13}$$

式中　ε_5——阈值系数。

如式（4-11）或式（4-12）在预先设定的时间段内持续成立，则可以推断出 MOV 和 MOV 测量都正常工作。如式（4-11）或式（4-12）在预先设定的时间段内持续不成立，则可以推断出 MOV 内部发生了故障或 MOV 的测量数据不可信。如果此时式（4-8）成立，则说明不是MOV的测量数据不可信，而是MOV内部发生了故障。

如果此时式（4-8）不成立，式（4-11）或式（4-12）也不成立，但式（4-14）或式（4-15）成立，在此约定MOV电阻片柱在两组之间是平均分配的。可以推断出MOV本身是没有问题的，如式（4-14）成立，则可以推断出MOV电流 i_{MOV1} 的测量数据是可信的；如式（4-15）成立，则 i_{MOV2} 的测量数据是可信的。

$$|i_{line}+i_{GAP}+i_{MOV1}+i_{MOV1}+i_{C}+i_{PLT}|\leqslant\varepsilon_1 \tag{4-14}$$

$$|i_{line}+i_{GAP}+i_{MOV2}+i_{MOV2}+i_{C}+i_{PLT}|\leqslant\varepsilon_1 \tag{4-15}$$

2. 有旁路开关电流时的冗余校验

在上一小节“1.”中，所有的冗余校验都是以旁路开关处于分闸位置为前提条件的。控制通常通过旁路开关返回的接点（触点）状态信息来判断其是否处于分闸位置，这样一来，就存在两个不方便，一是接点状态的返回存在延时；二是接点本身及其返回电路会发生故障而使控制收到的接点状态信息不可信。自然而然的应对措施是在旁路开关支路上也增加一个TA，用于测量旁路开关电流 i_{BPS}，如图4-71所示。忽略分布参数带来的影响，可以用式（4-16）来进行冗余校验[96]。

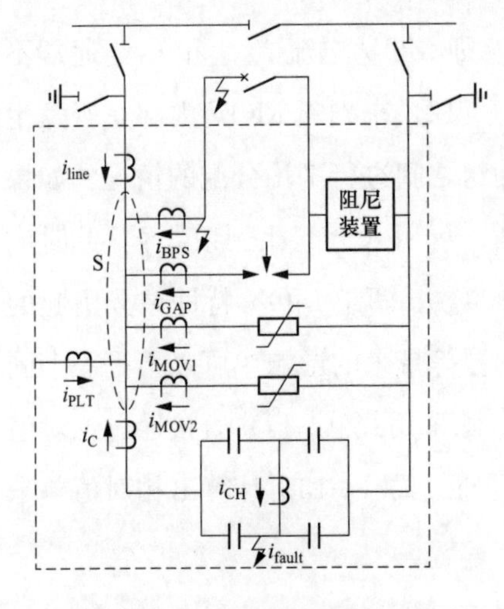

图4-71　增加旁路开关电流测量后的TA配置

$$|i_{line}+i_{GAP}+i_{MOV1}+i_{MOV2}+i_{C}+i_{PLT}+i_{BPS}|\leqslant\varepsilon_1 \tag{4-16}$$

式中　i_{BPS}——旁路开关电流，A。

其他冗余校验和“1.”中阐述的冗余校验类似，在此不一一重复叙述。

3. MOV电流测量的冗余配置

对于图4-35所示的FSC，较为典型的保护配置有涉及MOV的MOV过电流保护、MOV能量保护、MOV温度保护和MOV不平衡保护，有涉及间隙的间隙自触发保护、间隙拒触发保护和间隙延迟触发保护，有涉及电容器的电容器不平衡保护和电容器过负荷保护，有涉及电容器平台的平台闪络保护，有涉及旁路开关的旁路开关三相不一致保护、旁路开关合闸失灵保护和旁路开关分闸失灵保护等[2,43]。当然，各串补装置供应商的保护配置和保护名称会略有小差异，如有些串补装置供应商还配置了 MOV 能量梯度保护。

涉及 MOV 的保护相对较多，且 MOV 过电流保护和 MOV 不平衡保护都是用瞬时值进行判断的，需要在相对较短的时间内（几个采样点）迅速做出判断；涉及间隙的保护尽管也采用瞬时值进行判断，但只要在相对较长的时间内（半个工频周波以上）做出判断就行；涉及电容器的保护采用有效值或基波幅值，判断时间相对较长（数个工频周波以上）；平台闪络保护，可以采用基波幅值，判断时间相对较长（一个工频周波以上）；涉及旁路开关的保护较为关键的输入是旁路开关位置的接点状态返回信息，返回时间相对较长（数十毫秒以上）[43]。显然，MOV 电流测量值是上述保护中较为关键的保护判断输入量，尤其是 MOV 过电流保护和 MOV 不平衡保护需要用瞬时值做出快速判断，很难按照如“1.”所述的冗余校验进行连续多个采样点的判断。鉴于这一较为特殊的情况，可以仅对 MOV 电流测量用 TA 采用双配置的方案，如图 4-72 所示[97]。

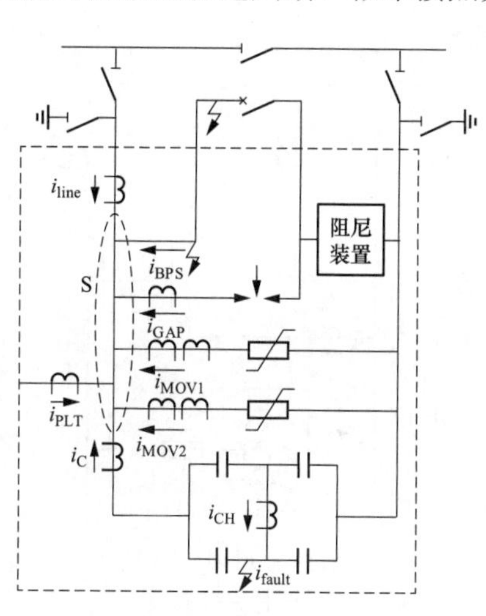

图 4-72　MOV 双配置后的 TA 配置

对于图 4-72 所示的 FSC，如式（4-17）成立，则可以约定同一分组 MOV 电流测量数据 i_{MOV1a} 和 i_{MOV1b} 都是可信的。同理，如式（4-18）成立，则可以约定同一分组 MOV 电流测量数据 i_{MOV2a} 的和 i_{MOV2b} 都是可信的。与式（4-8）中的 ε_1 相比，ε_6 取值受分布参数影响程度会小些。

$$|i_{MOV1a} - i_{MOV1b}| \leqslant \varepsilon_6 \tag{4-17}$$

式中　i_{MOV1a}、i_{MOV1b}——a 路和 b 路 MOV1 电流；

ε_6——判断阈值，A。

$$|i_{MOV2a} - i_{MOV2b}| \leqslant \varepsilon_6 \tag{4-18}$$

式中　i_{MOV2a}、i_{MOV2b}——a 路和 b 路 MOV2 电流。

如式（4-17）或者式（4-18）不成立，不妨约定式（4-17）不成立，则可以推断出 i_{MOV1a} 或 i_{MOV1b} 是不可信的。此时，如果旁路开关处于分位，且旁路开关这一支路的 S 闭合面侧没有发生对电容器平台或地面的短路故障，则可以判断式（4-19）和式（4-20）是否成立。

$$|i_{line}+i_{GAP}+i_{MOV1a}+i_{MOV2a}+i_{C}+i_{PLT}|\leqslant \varepsilon_1 \tag{4-19}$$

$$|i_{line}+i_{GAP}+i_{MOV1b}+i_{MOV2b}+i_{C}+i_{PLT}|\leqslant \varepsilon_1 \tag{4-20}$$

如式（4-19）成立，则 i_{MOV1a} 是可信的。如式（4-20）成立，则 i_{MOV1b} 是可信的。如式（4-19）和式（4-20）式都不成立，则可以推断出 i_{MOV1a} 和 i_{MOV1b} 是不可信的，属于双重故障，应该是相对小概率的事情。

与“1.”相应的冗余校验相比较，对 MOV 电流测量用 TA 进行双配置后，实现了 MOV 电流测量数据的冗余校验和 MOV 内部故障的各自独立判断。如仅是一个 MOV 电流测量数据不可信的话，可以通过数据冗余校验，找出可信的测量数据。

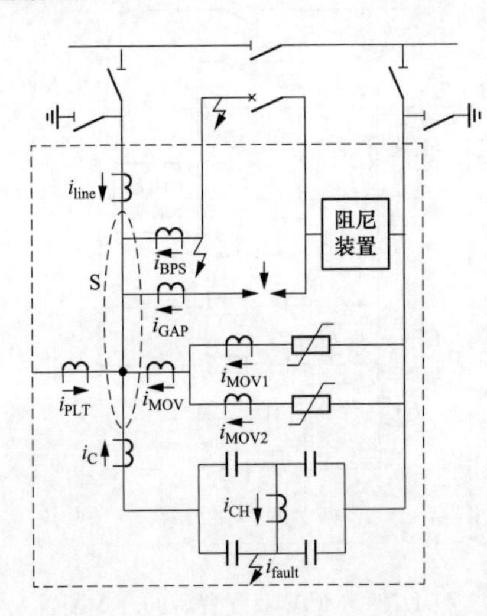

图 4-73　增加 MOV 总电流测量 TA 的示意

与图 4-72 中的配置方案不同，也可以仅增加一个用于测量 MOV 总电流 i_{MOV} 的 TA，如图 4-73 所示。这样一来，所增加的 TA 个数要少，但所增加的 TA 测量量程要大些。

如式（4-21）成立，则可以约定 i_{MOV}、i_{MOV1} 和 i_{MOV2} 都是可信的。

$$|i_{MOV}-i_{MOV1}-i_{MOV2}|\leqslant \varepsilon_7 \tag{4-21}$$

式中　ε_7——判断阈值，A。

如式（4-21）不成立，则可以推断 MOV 电流的测量是有问题的。此时，如果旁路开关处于分位，且旁路开关这一支路的 S 闭合面侧没有发生对电容器平台或地面的短路故障，则可以判断式（4-8）和式（4-22）是否成立。

$$|i_{line}+i_{GAP}+i_{MOV}+i_{C}+i_{PLT}|\leqslant \varepsilon_1 \tag{4-22}$$

式中　i_{MOV}——MOV 电流。

如式（4-8）成立，则可以推断 i_{MOV1} 和 i_{MOV2} 都是可信的，可以进行后续的 MOV 不平衡保护判断。如式（4-22）成立，则可以推断 i_{MOV} 是可信的，i_{MOV1} 或 i_{MOV2} 是不可信的，暂缓进行后续的 MOV 不平衡保护判断。

4. CT 双冗余配置

图 4-74 给出了对所有的 TA 都采用双冗余配置的示意[98]。对于线路电流 i_{line}、间隙电流 i_{GAP}、MOV 电流 i_{MOV1} 和 i_{MOV2}、电容器组电流 i_{C} 和电容器平台电流 i_{PLT}，采用类似式（4-17）和式（4-18）的方法对进行冗余校验。如都通过冗余校验，则进行后续的保护处理等。如有没有通过冗余校验的，此时，如果旁路开关处于分位，且旁路开关这一支路的 S 闭合面侧没有发生对电容器平台或地面的短路故障，则可以判断式（4-23）和式（4-24）是否成立。

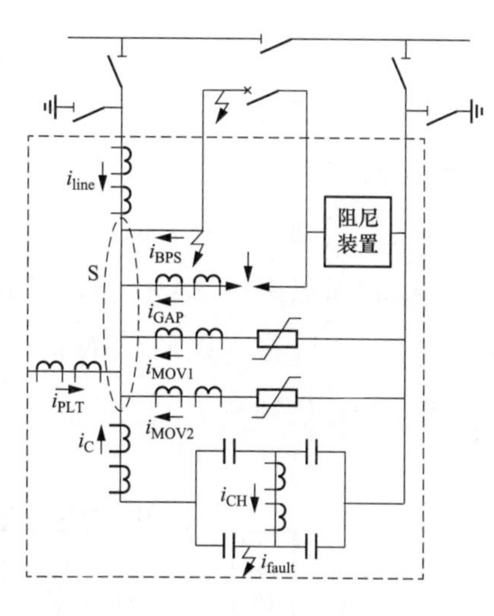

图 4-74　TA 双冗余配置示意

$$|i_{\text{linea}}+i_{\text{GAPa}}+i_{\text{MOV1a}}+i_{\text{MOV2a}}+i_{\text{Ca}}+i_{\text{PLTa}}|\leqslant\varepsilon_1 \tag{4-23}$$

式中　i_{linea}——a 路线路电流，A；

i_{GAPa}——a 路间隙电流，A；

i_{Ca}——a 路电容器电流，A；

i_{PLTa}——a 路电容器平台电流，A。

$$|i_{\text{lineb}}+i_{\text{GAPb}}+i_{\text{MOV1b}}+i_{\text{MOV2b}}+i_{\text{Cb}}+i_{\text{PLTb}}|\leqslant\varepsilon_1 \tag{4-24}$$

式中　i_{lineb}——b 路线路电流，A；

i_{GAPb}——b 路间隙电流，A；

i_{Cb}——b 路电容器电流，A；

i_{PLTb}——b 路电容器平台电流，A。

如式（4-23）成立，则电流 a 路测量数据是可信的。如式（4-24）成立，则电流 b 路测量数据是可信的。然后，选择可信的数据进行后续的保护处理等。

对于电容器桥差电流 i_{CH}，采用类似式（4-17）和式（4-18）的方法对进行冗余校验。如成立，则测量数据是可信的；如不成立，暂无办法判断出哪一个数据是不可信的，也无法确认是否是两个数据都不可信。

当然，TA 双冗余会增加成本，对于地面的控制保护来说，会增加数据吞吐量，也就是对地面的控制保护提出更高的性能要求。

4.3.4.4　校验算法实现

以 FSC 为例，来简要说明一下冗余校验算法的实现。图 4-75 给出了上述各种冗余校验算法几种可能的实现位置示意。箭头所示的方向仅表示串补装置电流/电压的采样数据流方面。与第 2 章图 2-14 中的控制保护装置相比较，图 4-75 给出了更多的细节，有数据汇总、故障录波、保护和通信管理等四大部分。冗余校验功能可以嵌在三个位置，即平台上的转换与通信（冗余校验 1）、地面上的数据汇总（冗余校验 2）和保护（冗余校验 3）中。有些冗余判断中所需要的旁路开关位置信号 S_{BPS}，可以输入到数据汇总或保护中。

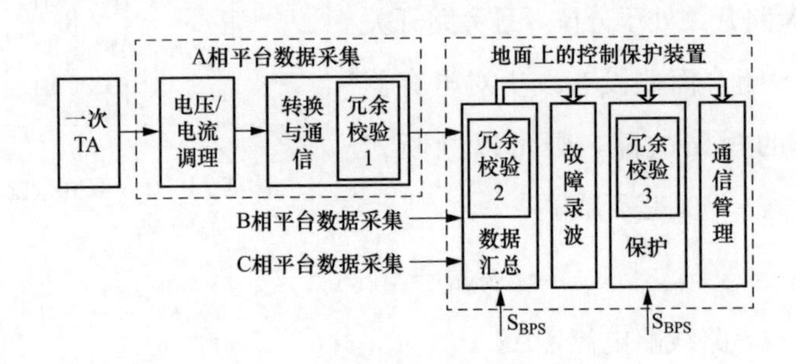

图 4-75　冗余校验的实现位置示意

对于 TA 有冗余配置，如图 4-72～图 4-74 所示的各种情况，可以在冗余校验 1 中实现对式（4-17）、式（4-18）和式（4-21）等的判断。对于基于 KCL 的各种冗余校验，如式（4-8）等，判断相对复杂，有时需要计算有效值或基波幅值，有时还需要旁路开关位置信号，不宜在冗余校验 1 中实现。

如果数据汇总和保护的计算资源比较丰富，可以承担冗余校验所需要的额外计算量，且相应的输入口线足够，可以较为简便可靠地接收旁路开关的位置信号 S_{BPS}，则相应的冗余校验算法可以在冗余校验 2 或冗余校验 3 中实现。这两者的差别在于保护中通常需要对相应电流量进行有效值或基波幅值计算，冗余校验算法可以直接采用这些计算结果，而不需要重新计算，因此，建议优先在冗余校验 3 中实现。如保护的计算资源本身就比较紧张，需要数据汇总计算出保护所需要的部分或全部有效值或基波幅值，此时，建议在数据汇总中实现相应的冗余校验算法。

4.4　可控串联电容补偿同步技术

TCSC能增加线路的输送功率、提高电力系统的稳定性，还具有阻尼电力系统中的低频功率振荡、降低次同步谐振风险和调节潮流等作用。所有这些作用都是以TCSC能在指令电抗下稳定运行，并能快速响应电抗阶跃等指令为前提的。毫无疑问，电抗控制是整个TCSC的控制关键，采用电抗闭环控制的工作原理框图如图4-76所示[99]。电抗测量环节根据电容电压u_C和线路电流i_L，计算出TCSC基波电抗的当前测量值X_m，然后与完成预期控制功能所期望的电抗指令值X_{ref}相比较，通过基波电抗控制环节得出晶闸管阀的触发角α。线路电流i_L经过锁相环（Phase-Locked Loop，PLL），得到其基波分量，经过信号同步环节后产生相应的同步信号，脉冲产生与驱动环节根据触发角和同步信号，产生所需要的晶闸管阀触发脉冲，用以驱动TCSC晶闸管阀。由此可见，与电网同步是TCSC的一个基本问题，因为只有实现同步，才能使电网和同步的TCSC协调一致地工作。锁相环是TCSC实现电网同步的关键环节，直接关系到能否准确地产生晶闸管阀触发脉冲。锁相环性能好坏在某种程度上决定了整个TCSC控制系统的性能。

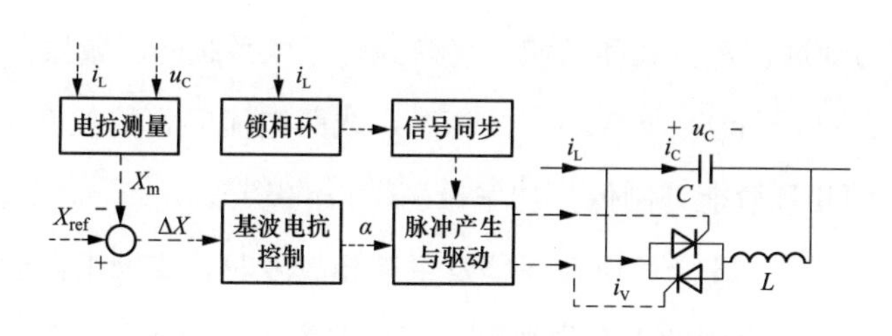

图4-76　电抗闭环控制的工作原理框图

4.4.1　可控串联电容补偿对同步的要求

电力系统是一个极为复杂的动态系统，会受到各种各样意外因素的影响，例如，不断有负载并网和脱网、谐波电流流经导线引起的扰动和谐振、雷电和电气设备的误操作造成的故障等[100]。电网同步通常是一个自适应过程，通过相应的控制算法生成一个内部参考信号，并使该参考信号和特定的电网变量步调一致来实现的。对于TCSC而言，特定的电网变量通常取线路电流的基波分量。

显然，作为同步信号的线路电流会受到各种干扰，图 4-76 中锁相环对这些干扰抑制能力就成为检验同步性能好坏的标准。TCSC 对同步的大致要求如下[99]：

(1) 相位突变：当输入信号相位突变时应能快速跟踪相位的变化。

(2) 频率突变：当输入信号频率突变时应能快速跟踪频率的变化。

(3) 幅值突变：电力系统发生短路故障时，线路电流幅值迅速增大，对图 4-76 中的锁相环和信号同步环节的性能造成不利影响，主要体现在相位跟踪、频率跟踪和锁相环输出信号过零点等。TCSC 所采用的锁相环应能抑制线路电流幅值扰动所带来的影响，且动态过程要迅速。

(4) 次同步分量干扰：线路电流可能会含有 10～40Hz（工频为 50Hz）的次同步分量，这些次同步分量会干扰同步信号，使线路电流的过零点偏离其基波分量的过零点。抑制次同步谐振的底层附加阻尼控制算法[46]约定可以准确找到线路电流基波分量的过零点，或者说，减少次同步分量对线路电流基波分量过零点检测的影响，就能够增强模态阻尼，降低次同步谐振风险。因此，所采用的锁相环应能抑制线路电流中次同步分量带来的影响。

(5) 谐波干扰：线路电流通常含有不同次数的谐波分量，这些谐波分量会干扰同步信号，所采用的锁相环应能抑制线路电流中谐波分量带来的影响。

(6) 低频功率振荡干扰：电力系统低频功率振荡的频率范围一般在 0.1～2.0Hz，可分为地区振荡模式和区域振荡模式，互联系统间区域振荡模式的频率相对较低（0.1～0.5Hz）。低频功率振荡时，线路电流的幅值按 0.1～2.0Hz 变化。所采用的锁相环应能抑制低频功率振荡带来的影响。

(7) 三相不平衡：TCSC 所在线路发生单相故障时，要求正常运行的两相持续运行，直到单相重合闸的重合失败跳三相线路为止。TCSC 通常采用单相锁相环，基本上不受三相不平衡的影响。

三相同步需要跟踪的通常是电力系统电压或电流的正序基波分量，而单相同步需要跟踪的是电力系统基波电压或电流的相位和频率。实际工程中，TCSC 跟踪的通常是线路电流的基波分量，因此，本节仅阐述适用于单相的同步方法，并以实践中应用较为广泛的基于锁相环的同步方法为重点。

4.4.2 直接过零检测的同步

直接过零检测的同步是指没有图 4-76 中的锁相环，线路电流 i_L 直接给信号同步环节。当线路电流的符号由负变正或由正变负时，就可以判断出过零已经发生，反映在波形图上，即线路电流曲线与横轴有一交点，称之为过零点。当将此种方法用于同步时，关键就是要准确找到线路电流基波分量的过零点。

TCSC 通常采用定时间间隔采样。如采样频率为 6.4kHz 或 12.8kHz，当电网频率为 50Hz 时，每周波有 128 个或 256 个采样点。即使按 256 个采样点来计算，两个采样点的时间间隔为 78.125μs。参见第 3 章图 3-8 中的 TCSC 基波电抗与晶闸管阀触发角的曲线，不难发现，容性微调运行区间本来就不大，而且高电抗时的 $dX/d\alpha$ 相对较大，因此，必须通过相应的插值方法推算出准确的过零点，才能确保 TCSC 在高电抗区间稳定运行。在此需要补充的是：对于各种延时，如传感器的延时、数字信号处理器（Digital Signal Processor，DSP）计算所带来的延时等，只要在晶闸管阀过零触发的延时中预先扣除就行。

直接过零检测同步方法尽管直接易懂，但也有一些缺点。首先，直接过零检测同步方法只是利用了过零点附近的线路电流信息，没有利用线路电流过零点之间的大量信息去获得相应的同步信息，也就是说，只有到相位变化最终反映到过零点变化后，直接过零检测同步方法才能在事后找出相应的同步信息，因此，响应速度略慢。其次，当线路电流中含有谐波、陷波或/和次同步分量时，将使线路电流波形产生畸变，甚至出现多个过零点，从而使线路电流的过零点与其基波分量的过零点产生偏差。增加滤波环节可以消除线路电流中谐波、陷波和次同步分量带来的影响，但滤波环节会带来一个相移，而且对不同的频率，相移大小也不一样，从而会降低过零检测的准确度。

4.4.3　基于傅里叶分析的同步

傅里叶分析是一项可以将给定函数从时域变换到频域或反向变换的数学工具。基于傅里叶级数的离散傅里叶变换（Discrete Fourier Transform，DFT）通常用于电力系统电压或电流谐波分量的提取，也可用于电网电压同步时基波分量的提取。快速傅里叶变换（Fast Fourier Transform，FFT）是 DFT 的一种快速算法，通过对 DFT 运算中存在对称性和周期性进行相应的简化。FFT 算法不适用于从输入信号中提取单一频率的分量。因此，FFT 算法主要应用于电网状态的监测，而不用于电网中控制器的同步。即使只对电网电压中的单一频率分量进行计算，DFT 算法的计算量仍然相当繁重，因此，通常使用 DFT 算法的递归形式（Recursive DFT，RDFT），如图 4-77 所示[100]。在该递归算法中，[k] 时刻输入信号基波分量 $v_1[k]$ 能够由 [k] 时刻输入信号 $v[k]$ 和 [k-1] 时刻输入信号的基波分量计算获得。RDFT 由 DFT 推导而来，采用滑窗迭代的方法实现，在减小运算量方面，较 DFT 和 FFT 有显著优势，同时响应速度也更快。基于傅里叶分析的同步只是得到相应的基波分量，即图 4-77 中的 $v_1[k]$，然后再通过图 4-76 中的信号同步环节得到晶闸管阀触发的同步信号。在此需要着重指出的是：基于傅里叶分析的同步都约定频率是恒定且已知，当输入信号的频率变化时，对幅值和相角的估计将产生较大的偏差。

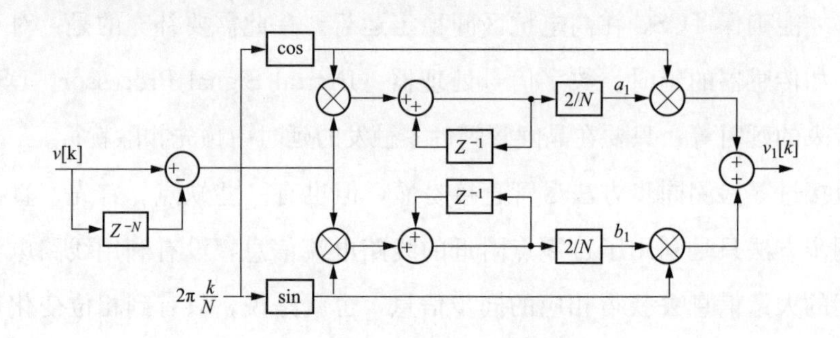

图 4-77　递归形式的 DFT 框图

4.4.4　基于锁相环的同步

4.4.4.1　基本的锁相环

如图 4-78 所示，基本的锁相环包含 3 个必不可少的单元：鉴相器（Phase Detector，PD）、环路滤波器（Loop Filter，LF）和压控振荡器（Voltage-Controlled Oscillator，VCO）[101]。鉴相器把周期性输入信号的相位与压控振荡器输出信号的相位进行比较；鉴相器输出信号是这两个输入信号之间相位偏差的度量。之后，该偏差电压由环路滤波器进行滤波，而环路滤波器的输出作为控制电压的输入提供给压控振荡器。控制电压改变压控振荡器输出信号的频率，以减少输入信号与压控振荡器输出信号之间的相位偏差。

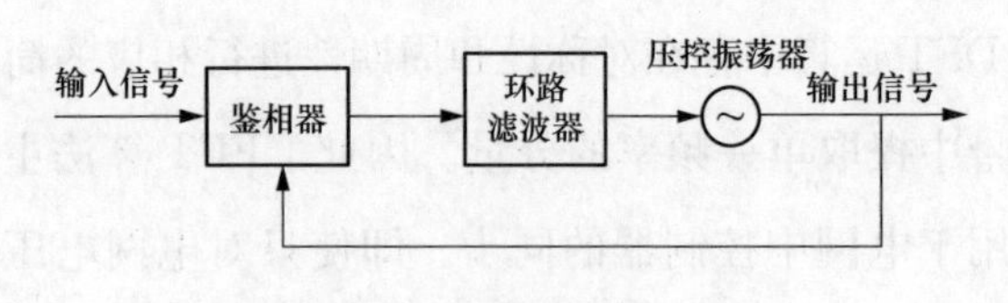

图 4-78　基本的锁相环

当 PLL 环路锁定时，控制电压把压控振荡器输出信号频率的平均值调整到与输入信号频率的平均值完全一样。对于输入信号的一个周期，压控振荡器仅输出一个周期。锁相并非意味着相位偏差为零，恒定的相位偏差和起伏的相位偏差都可能存在于锁相环中。

输入信号通常会有噪声，锁相环的任务就是正确地重建原始信号，并尽可能多地去除噪声。为了重建信号，锁相环使用了一个本地振荡器，而这个振荡器的频率非常接近于输入信号的频率。本地振荡器的波形与输入信号的波形在鉴相器中进行比较，鉴相器输出的偏差信号表示了瞬时相位差。为了抑制噪声，锁相环计算出一段时间内的偏差平均值，并用这个平均值调整压控振荡器的频率和相位。

从本质上讲，锁相环是一种非线性电路，但在相位偏差较小时，可以采用相应的线性模型进行分析。图 4-79 给出了锁相环的基本框图，约定锁相环的环路是锁定的，并且鉴相器是线性的，此时，鉴相器输出电压可用式（4-25）进行计算。

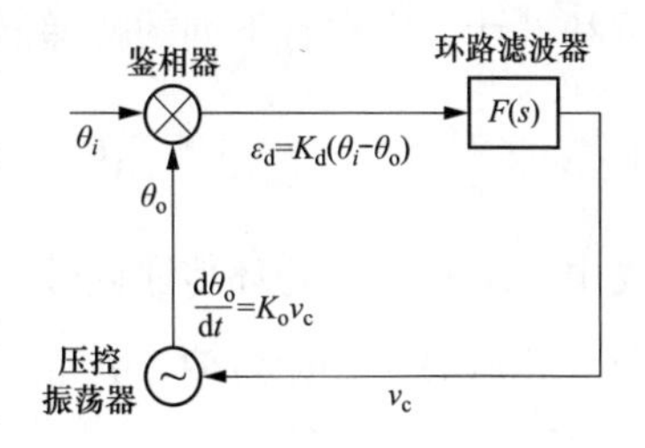

图 4-79　锁相环的基本框图

$$\varepsilon_d = K_d(\theta_i - \theta_o) = K_d\theta_e \tag{4-25}$$

式中　ε_d——鉴相器输出电压，V；

K_d——鉴相器增益系数，V/rad；

θ_i——输入信号相位，rad；

θ_o——压控振荡器输出信号相位，rad；

θ_e——相位偏差，rad。

环路滤波器通常有两个作用，一是建立环路的动态特性，二是抑制噪声和信号中的高频分量。环路滤波器输出是一个控制电压 $v_c(t)$，用以控制压控振荡器输出信号的频率，在拉普拉斯变换域中，环路滤波器的作用可写为

$$V_c(s) = F(s)E_d(s) \tag{4-26}$$

式中　s——拉普拉斯变换的独立变量；

$V_c(s)$——环路滤波器输出的 s 域函数，V；

$F(s)$——环路滤波器的传递函数；

$E_d(s)$——鉴相器输出电压的 s 域函数，V。

相对于压控振荡器中心频率的偏差为 $\Delta\omega = K_o v_c$，以 rad/s 为单位，做拉普拉斯变换后，得式（4-27）。

$$\theta_o(s) = \frac{K_o V_c(s)}{s} \tag{4-27}$$

式中 $\theta_o(s)$——压控振荡器输出信号相位的 s 域函数，rad；

K_o——压控振荡器的增益系数，rad/(s・V)。

因为 $1/s$ 是积分运算的拉普拉斯变换，所以，压控振荡器输出信号的相位正比于控制电压的积分。

用各个单元的传递函数可以组合成环路的总传递函数，以用于锁相环的分析和设计。通常有下列的传递函数。

$$G(s) = \frac{\theta_o(s)}{\theta_e(s)} = \frac{K_d K_o F(s)}{s} \tag{4-28}$$

式中 $G(s)$——开环传递函数；

$\theta_e(s)$——相位偏差 θ_e 的 s 域函数，rad。

$$H(s) = \frac{\theta_o(s)}{\theta_i(s)} = \frac{G(s)}{1+G(s)} = \frac{K_d K_o F(s)}{s + K_d K_o F(s)} \tag{4-29}$$

式中 $H(s)$——系统传递函数；

$\theta_i(s)$——输入信号相位 θ_i 的 s 域函数，rad。

$$E(s) = \frac{\theta_e(s)}{\theta_i(s)} = \frac{1}{1+G(s)} = 1 - H(s) = \frac{s}{s + K_d K_o F(s)} \tag{4-30}$$

式中 $E(s)$——偏差传递函数。

从形式上讲，开环传递函数 $G(s)$ 是由各个单元的传递函数级联形成的，这并不是说，反馈回路可以在实际使用中断开，然后使用简单直接的方法测量出所需的频率响应。系统传递函数也称为闭环传递函数。

表达式 $1+G(s)=0$ 为 PLL 的特征方程。特征方程的根是闭环传递函数的极点。极点的位置是 PLL 的重要性质。

如采用比例加积分的环路滤波器，则相应的传递函数方程为

$$F(s) = K_1 + \frac{K_2}{s} \tag{4-31}$$

式中 K_1——环路滤波器比例通道的增益系数；

K_2——环路滤波器积分通路的增益系数，s^{-1}。

此时，整个环路中积分器的个数为 2 个，其中，一个积分器在环路滤波器中，另外一个在压控振荡器中，因此，这个 PLL 是一个 2 类 PLL，这里的类型是指环路中积分器的个数[101]。

将式（4-31）代入系统传递函数的表达式（4-29）中，可以得到

$$H(s)=\frac{K_dK_o(K_1s+K_2)}{s^2+sK_dK_oK_1+K_dK_oK_2} \tag{4-32}$$

这个传递函数的分母多项式或特征多项式是二次的，因此，这个 PLL 被称为二阶的，这里的阶数是指特征多项式的次数。分母的两个根是传递函数的两个极点；分子的根是一个零点，位于 $s=-K_2/K_1$。零点是比例加积分环路滤波器结构所必需的，它对于环路的稳定性是必不可少的。

每一个积分器向系统传递函数贡献一个极点，从这一点来讲，PLL 阶数永远不会低于它的类型。根据需要，会在环路中增加一些非积分器的滤波电路，从而增加了一些极点，也就增加了 PLL 的阶数，但此时，PLL 的类型是没有改变的。由于压控振荡器本质上是执行积分运算的，所以，PLL 至少是 1 类的。

一个二阶 2 类 PLL 的传递函数可用式（4-33）确定的无阻尼固有频率 ω_n 和式（4-34）确定的阻尼系数 ζ 这两个参数。在自动控制理论中，ω_n 一般称为无阻尼自然振荡角频率，ζ 一般称为阻尼比。

$$\omega_n=\sqrt{K_dK_oK_2} \tag{4-33}$$

式中　ω_n——无阻尼固有频率，rad/s。

$$\zeta=\frac{K_1}{2}\sqrt{\frac{K_dK_o}{K_2}} \tag{4-34}$$

式中　ζ——阻尼系数。

系统传递函数则可以化简为

$$H(s)=\frac{2\zeta\omega_ns+\omega_n^2}{s^2+2\zeta\omega_ns+\omega_n^2} \tag{4-35}$$

偏差传递函数则可以化简为

$$E(s)=\frac{s^2}{s^2+2\zeta\omega_ns+\omega_n^2} \tag{4-36}$$

无阻尼固有频率 ω_n 和阻尼系数 ζ 作为一组参数，可以对具有两个极点的二阶 PLL 进行较为简便的描述，并且具有相对直观的物理解释。如果 $\zeta<1$，这两个极点是一对共轭复根；如果 $\zeta=1$，这两个极点是重合的实根；而当 $\zeta>1$ 时，

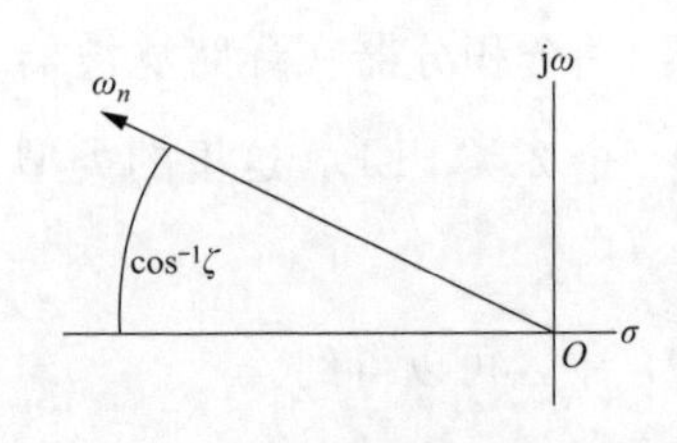

图 4-80　复数极点的 ω_n 和 ζ 的几何表示

这两个极点为不重合的实根。当 $\zeta<1$ 时，从 s 平面的原点到极点的矢量长度等于 ω_n，而负实轴与该矢量之间夹角的余弦为 ζ，如图 4-80 中所示。当 $\zeta\geqslant1$ 时，极点位置的几何平均值即等于 ω_n。

ζ 的典型值在 0.5～2.0，而 0.707 是最常用的值。阻尼系数小于 0.5 的环路瞬态响应呈现太大的过冲，动态性能通常无法让人满意。

环路增益和阻尼系数作为另外一组参数，也可以对二阶 2 类 PLL 进行简便描述，环路增益可用式（4-37）进行计算得到。

$$K = K_d K_o K_1 = 2\zeta\omega_n \tag{4-37}$$

式中　K——环路增益，rad/s。

这个等式通常被看作由比例通路产生的开环增益，但不包含由压控振荡器中的积分而产生的 $1/s$ 因子。使用 K 之后，系统传递函数可以变为

$$H(s) = \frac{K(s + K/4\zeta^2)}{s^2 + sK + K^2/4\zeta^2} \tag{4-38}$$

相应的偏差传递函数为

$$E(s) = \frac{s^2}{s^2 + sK + K^2/4\zeta^2} \tag{4-39}$$

图 4-81～图 4-84 给出了一个二阶 2 类 PLL 的系统传递函数 $H(s)$ 和偏差传递函数 $E(s)$ 的幅值频率响应特性曲线[101]，其中，阻尼系数 ζ 取若干个值。图 4-81 和图 4-82 中的频率比例尺是相对于无阻尼固有频率 ω_n 归一化的，而图 4-83 和图 4-84 中的频率比例尺是相对于环路增益 K 归一化的。

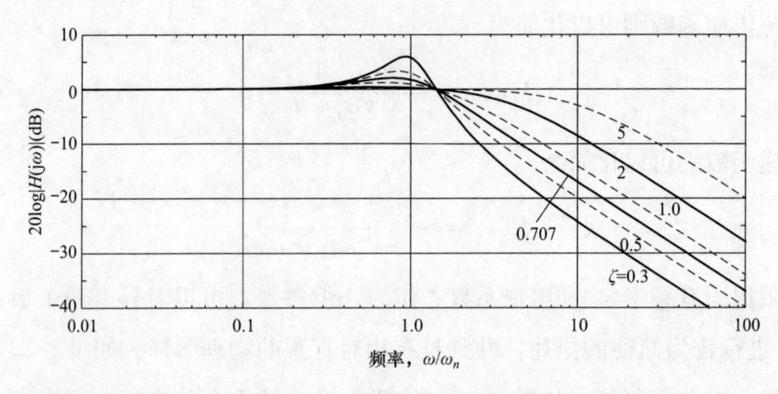

图 4-81　按 ω_n 归一化的一个二阶 2 类 PLL 的幅值频率响应 $|H(j\omega)|$

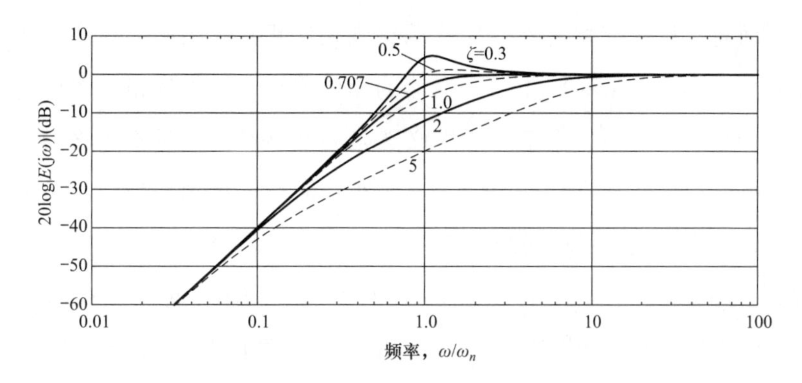

图 4-82　按 ω_n 归一化的一个二阶 2 类 PLL 的幅值频率响应 $|E(j\omega)|$

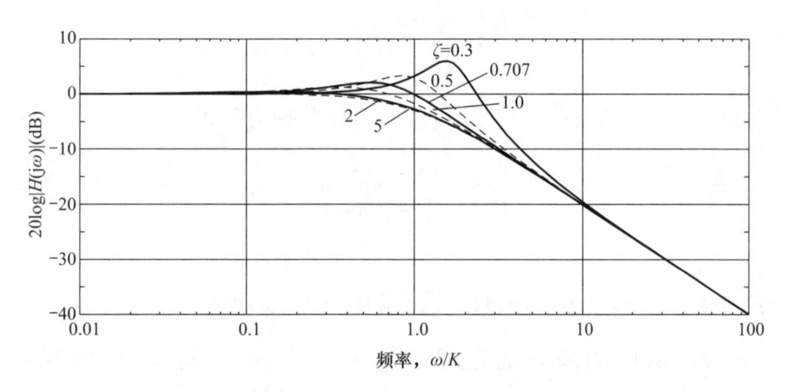

图 4-83　按 K 归一化的一个二阶 2 类 PLL 的幅值频率响应 $|H(j\omega)|$

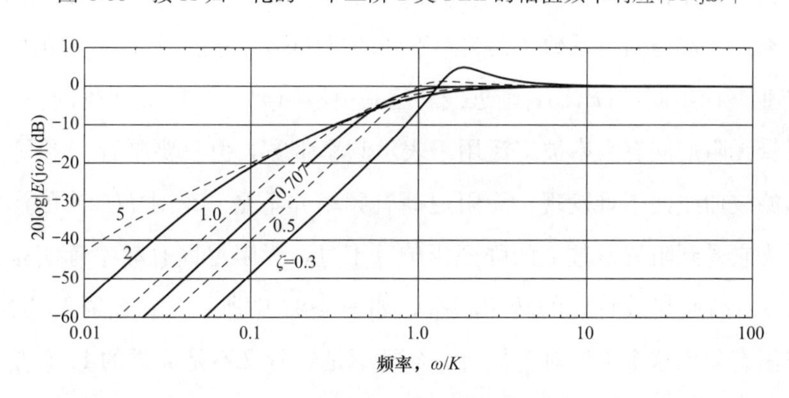

图 4-84　按 K 归一化的一个二阶 2 类 PLL 的幅值频率响应 $|E(j\omega)|$

从图 4-81～图 4-84 不难看出，系统传递函数 $H(s)$ 对输入信号的相位调整进行了低通滤波，而偏差传递函数 $E(s)$ 对输入信号的相位调整进行了高通滤波。这两个不同类型的相位滤波处理是所有 PLL 都具有的。对于不同阶数和不同类型的 PLL，只是具体实现上的差异。之所以有这两个滤波特性，是因为 PLL 的频率带宽是有限的。对于频率带宽内的输入信号相位调整，环路是可以跟踪的，而对于频率带宽之外的相位调整则无法跟踪。因此，在环路频率带宽内的输入相位调整被传递到压控振荡器的相位输出端，但环路频率带宽以外的输入相位调整则被衰减。而偏差响应必然是与此互补的：对于环路频率带宽之内的输入信号相位调整进行跟踪时偏差很小；而对环路频率带宽之外的输入信号相位调整，由于无法跟踪而产生几乎100%的跟踪偏差。

观察一下幅值频率响应$|H(j\omega)|$和$|E(j\omega)|$的渐近线是有启发的。从式（4-38）和式（4-39）中可以看出，一个二阶2类PLL的渐近线可以表示为

$$|H(j\omega)| \approx \begin{cases} 1, \omega \ll K \\ \dfrac{K}{\omega}, \omega \gg K \end{cases} \tag{4-40}$$

式中　$|H(j\omega)|$——系统传递函数$H(s)$的频率响应幅值。

$$|E(j\omega)| \approx \begin{cases} \dfrac{\omega^2}{\omega_n^2}, \omega \ll \omega_n \\ 1, \omega \gg \omega_n \end{cases} \tag{4-41}$$

式中　$|E(j\omega)|$——偏差传递函数$E(s)$的频率响应幅值。

因此，$|H(j\omega)|$的高频渐近线是以－20dB/dec（每10倍频程幅值下降20dB）的速度下降的，而$|E(j\omega)|$的低频渐近线是以40dB/dec的速度上升的。这两条渐近线都与阻尼系数ζ无关。不同的$|H(j\omega)|$渐近线斜率是由不同阶数的PLL产生，而不同的$|E(j\omega)|$渐近线斜率是由不同类型的PLL产生的。

尽管无阻尼固有频率被广泛用于表示频率带宽，但只要略看一下图4-81中的低通滤波曲线便不难发现，无阻尼固有频率并不是一个对$H(s)$的满意度量值，因为它受到阻尼系数ζ的强烈影响。不过，无阻尼固有频率确实很好地指出了$E(s)$高通滤波特性的转角频率，如图4-82中所示。在此需要指出的是：无阻尼固有频率这个术语对于任何一个既不是二阶又不是2类的PLL是毫无意义的。图4-83表明，K是对于$H(s)$低通滤波转角频率的一个很好的表征，而且这种表征对于任何阶数、任何类型的PLL都适用。因此，描述频率带宽时宜使用K。不过，K是对于$E(s)$高通滤波转角频率的一个比较差的表征。

阻尼较小时，图4-81～图4-84中的响应曲线呈现明显的峰值。当$\zeta < \sqrt{0.5} \approx 0.707$时，$|E(j\omega)|$高通频率响应才有峰值，但当$\zeta$大于此值时，不会出现峰值。低通频率响应$|H(j\omega)|$在小阻尼时呈现很大的峰值，但对于二阶2类PLL，无论

阻尼取多大，这种峰值都不会完全消失。

输入信号不同，锁相环跟踪的相位偏差也会不同，通常把相位偏差的大小作为衡量锁相环跟踪性能好坏的判据。如相位偏差足够小的话，偏差传递函数可以用来确定输入信号的稳态相位偏差和瞬态相位偏差。

最简单的相位偏差是当瞬态过程完全消失之后的稳态偏差，可用拉普拉斯变换后的终值定理计算出来。对于式（4-30）的偏差传递函数，可得

$$\lim_{t\to\infty}\theta_e(t)=\lim_{s\to 0}\frac{s^2\theta_i(s)}{s+K_dK_oF(s)} \tag{4-42}$$

首先，考虑输入相位阶跃变化引起的稳态偏差。输入信号 $\Delta\theta$ 的拉普拉斯变换式为

$$\theta_i(s)=\Delta\theta/s \tag{4-43}$$

式中　$\Delta\theta$——输入信号相位阶跃，rad。

把式（4-43）代入式（4-42）后，得到［假设 $F(0)>0$］

$$\lim_{t\to\infty}\theta_e(t)=\lim_{s\to 0}\frac{s\Delta\theta}{s+K_dK_oF(s)}=0 \tag{4-44}$$

换句话说，锁相环将最终完成跟踪并消除任何输入相位的变化；对于任何一个输入相位的阶跃变化，PLL 的稳态相位偏差都为零。

还应考虑由输入频率的一个阶跃变化（也可以是 PLL 的初始频率偏差）$\Delta\omega$ 引起的稳态偏差。输入相位是一个斜坡信号，为

$$\theta_i(t)=\Delta\omega\cdot t \tag{4-45}$$

式中　$\Delta\omega$——输入信号频率阶跃，rad/s；

　　t——时间，s。

所以有

$$\theta_i(s)=\Delta\omega/s^2 \tag{4-46}$$

代入式（4-42）后得到

$$\lim_{t\to\infty}\theta_e(t)=\lim_{s\to 0}\frac{\Delta\omega}{s+K_dK_oF(s)}=\frac{\Delta\omega}{K_dK_oF(0)} \tag{4-47}$$

通常把 PLL 的 DC 增益定义为

$$K_{DC}=|\lim_{s\to 0}sG(s)|=K_dK_o|F(0)| \tag{4-48}$$

式中　K_{DC}——锁相环的 DC 增益，Hz。

不难理解，DC 增益 K_{DC} 也被称为速度偏差系数。严格来说，输入信号的频

率几乎不可能等于零控制电压时的压控振荡器频率。所以，两者之间总存在一个频率偏差 $\Delta\omega$，最终的相位偏差通常被叫作速度偏差，定义如下：

$$\theta_{\mathrm{v}}=\frac{\Delta\omega}{K_{\mathrm{DC}}} \tag{4-49}$$

式中　θ_{v}——PLL 的速度偏差，rad。

对于 2 类 PLL，由于环路滤波器中的积分器，因而有 $F(0)=\infty$，使 DC 增益 K_{DC}为无穷大。按照式（4-49），稳态的速度偏差也为零。

除了稳态行为以外，还应了解相位阶跃 $\Delta\theta$ 和频率阶跃 $\Delta\omega$ 等输入信号引起的瞬态相位偏差。表 4-6 中给出了二阶 2 类 PLL 的瞬态相位偏差的解析表达式，并且是以无阻尼固有频率 ω_n 归一化的，其曲线画在图 4-85 和图 4-86 中[101]。图 4-87 和图 4-88 也给出了二阶 2 类 PLL 的瞬态相位偏差曲线，并且是以环路增益 K 归一化的[101]。

表 4-6　　二阶 2 类 PLL 的瞬态相位偏差 $\theta_{\mathrm{e}}(t)$　　单位：rad

项目	相位阶跃	频率阶跃
$\zeta<1$	$\Delta\theta\left(\cos\sqrt{1-\zeta^2}\,\omega_n t-\frac{\zeta}{\sqrt{1-\zeta^2}}\sin\sqrt{1-\zeta^2}\,\omega_n t\right)\mathrm{e}^{-\zeta\omega_n t}$	$\frac{\Delta\omega}{\omega_n}\left(\frac{1}{\sqrt{1-\zeta^2}}\sin\sqrt{1-\zeta^2}\,\omega_n t\right)\mathrm{e}^{-\zeta\omega_n t}$
$\zeta=1$	$\Delta\theta(1-\omega_n t)\mathrm{e}^{-\omega_n t}$	$\frac{\Delta\omega}{\omega_n}(\omega_n t)\mathrm{e}^{-\omega_n t}$
$\zeta>1$	$\Delta\theta\left(\cosh\sqrt{\zeta^2-1}\,\omega_n t-\frac{\zeta}{\sqrt{\zeta^2-1}}\sinh\sqrt{\zeta^2-1}\,\omega_n t\right)\mathrm{e}^{-\zeta\omega_n t}$	$\frac{\Delta\omega}{\omega_n}\left(\frac{1}{\sqrt{\zeta^2-1}}\sinh\sqrt{\zeta^2-1}\,\omega_n t\right)\mathrm{e}^{-\zeta\omega_n t}$

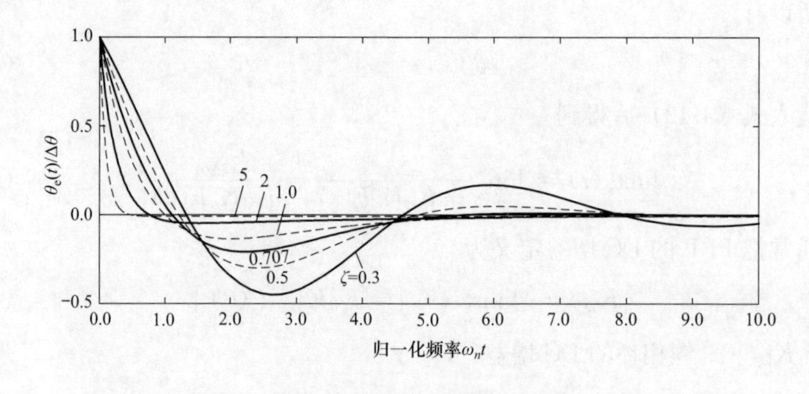

图 4-85　二阶 2 类 PLL 对相位阶跃的瞬态响应

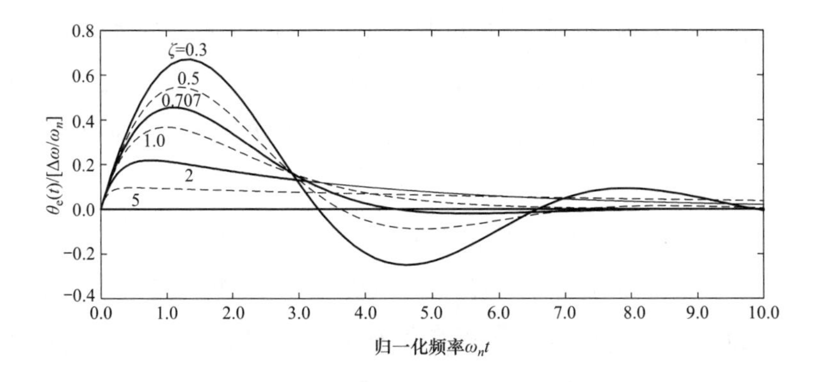

图 4-86 二阶 2 类 PLL 对频率阶跃的瞬态响应

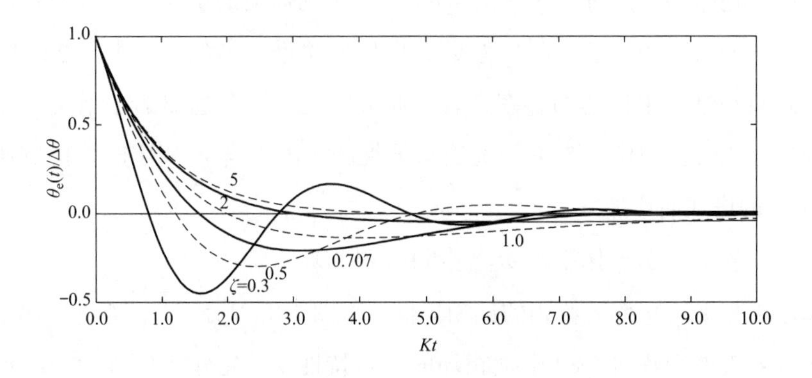

图 4-87 二阶 2 类 PLL 对相应阶跃的瞬态响应

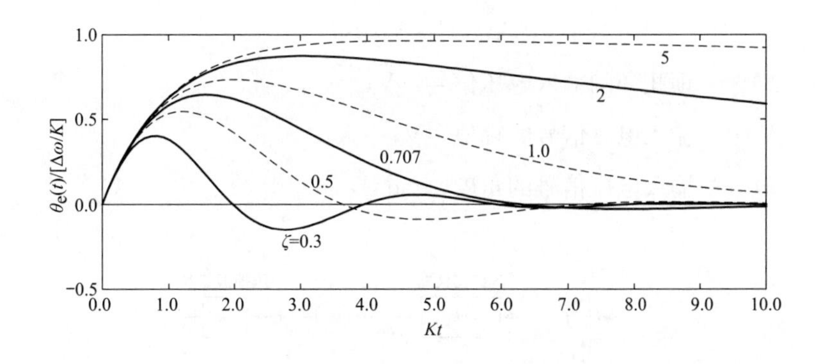

图 4-88 二阶 2 类 PLL 对频率阶跃的瞬态响应

从图 4-85～图 4-88 中不难看出：所有曲线在小阻尼系数 ζ 时都有过冲或下冲。很大的振荡式瞬态过程通常是不被接受的，所以，通常认为 $\zeta=0.5$ 是合理阻尼系数的相对粗略的下限。

图 4-85（以 ω_n 归一化）的结果表明在较大阻尼系数时相位偏差响应具有较

快的初始下降速度，但图4-87（以K归一化）的结果表明在较大阻尼系数时具有较慢的初始速度。应该说图4-85的结果是有误导性的，因为当ω_n不变时，较大的阻尼系数由关系式$K=2\zeta\omega_n$得到较大的频率带宽，而较大的频率带宽表现出较活跃的响应。

在图4-86和图4-88中，初始相位偏差近似直线地上升，其上升的斜率与阻尼系数无关。经过一段时间后（时间长短取决于阻尼系数），斜率进入水平区然后向下。可以把瞬态过程的初始部分看作由于频率的变化，使相位偏差以$\Delta\omega$rad/s的速度逐渐积累起来，而斜率变为水平并逆转向下是由于环路中比例加积分的组合通路的反馈所致。在图4-88中，比例通道的增益对所有曲线都是相同的，但积分通路的增益与阻尼系数成反比例关系。小阻尼（积分通路的大增益）导致瞬态过程中快速的斜率逆转，而大阻尼（积分通路的小增益）导致非常慢的斜率逆转。同样，图4-86是有误导性的，因为当ω_n固定时，比例通路增益K随ζ的增加而增加。

4.4.4.2　基于虚拟平均功率鉴相的锁相环

基于虚拟平均功率$\overline{p}$鉴相的锁相环框图如图4-89所示[102]。通过类比电功率可以较为直观地理解图4-89中锁相环的运行特性。约定输入信号为一纯正弦的电压信号（当输入信号为线路电流时类似），即

$$v_{\mathrm{i}}(t)=V_{\mathrm{i}}\cos\theta_{\mathrm{i}} \tag{4-50}$$

式中　$v_{\mathrm{i}}(t)$——锁相环的输入电压信号，V；

V_{i}——输入电压信号的幅值，V；

θ_{i}——输入电压信号的角度，rad。

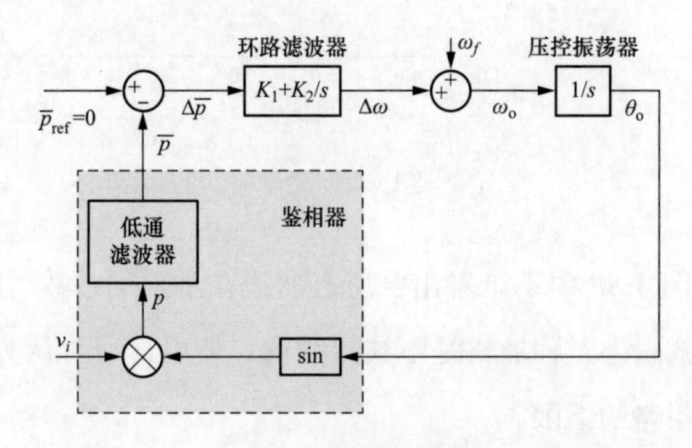

图4-89　基于虚拟平均功率鉴相的锁相环框图

锁相环跟踪的目标就要使 θ_o 等于 θ_i。虚拟电流为 $i_o=\sin\theta_o$，虚拟瞬时功率的表达式为

$$p = V_i\cos\theta_i\sin\theta_o = \frac{V_i}{2}\sin(\theta_o - \theta_i) + \frac{V_i}{2}\sin(\theta_o + \theta_i) \tag{4-51}$$

式中　p——虚拟瞬时功率，W；

θ_o——压控振荡器输出相角的估计值，rad。

考虑到 $\theta_i=\omega_i t+\phi_i$ 和 $\theta_o=\omega_o t+\phi_o$，当锁相环路锁定时，可以约定 $\omega_o=\omega_i$，则有

$$p = \frac{V_i}{2}\sin(\phi_o - \phi_i) + \frac{V_i}{2}\sin(2\omega_i t + \phi_o + \phi_i) \tag{4-52}$$

式中　ω_i——输入电压信号的角频率，rad/s；

ϕ_o——压控振荡器输出信号的初相角，rad；

ϕ_i——输入电压信号的初相角，rad。

由式（4-52）可见，虚拟瞬时功率包含两个分量：第一个分量为直流信号，反映了输入信号和输出信号之间的相角偏差，这正是所需要的信号分量；第二个分量为两倍频信号或倍频纹波，它叠加在偏差信号之上，成为干扰，需要滤除。

在环路滤波器和虚拟瞬时功率 p 之间增加了一个低通滤波器，用于滤除倍频纹波，提取直流分量，即平均功率 $\bar{p}$。当然，低通滤波器的引入导致了锁相环路有比较大的控制延迟，影响了动态响应速度。

当然，也可以换个角度来理解。与图 4-79 略有不同，图 4-89 中的环路滤波器采用 PI 环节。前已述及，环路滤波器除了建立环路的动态特性之外，还可以抑制高频分量。当然，可以对环路滤波器进行适当拓展，为两个独立环节的级联，其形式如下：

$$F(s) = F_{PI}(s)F_f(s) \tag{4-53}$$

式中　$F_{PI}(s)$——比例加积分环节的 s 域函数；

$F_f(s)$——滤波器的传递函数。

比较理想的情况是 $F_f(s)$ 最大的影响在频率较高的区域，即在 PLL 的频率带宽之外[101]。对于图 4-89 的情况，低通滤波器构成了 $F_f(s)$。当然，如果低通滤波器的截止频率在 PLL 的频率带宽内，则会对 PLL 的动态性能产生影响。

另外，考虑到当角度比较小时，有 $\sin\theta\approx\theta$，这样一来，图 4-89 中的框图与

图 4-79 中的框图是相符的。

4.4.4.3　基于自适应滤波的增强型锁相环

根据 4.4.4.2 中的相关阐述，由于要求滤除鉴相器输出中的倍频纹波，所以，锁相环路的频率带宽必须小于相位比较频率。如果能设计出适当的倍频纹波抵消方法，就可以提高 PLL 的动态响应速度。

基于自适应滤波的增强型锁相环（Enhanced PLL，EPLL）框图[103] 如图 4-90 中所示。基本的锁相环中鉴相器只有一个乘法器，而 EPLL 鉴相器由三个乘法器、一个积分器和一个比较器（减法器）组成，除鉴相器之外的剩余部分与基本的锁相环相似。EPLL 采用自适应滤波理论来重构其输入信号的基频分量 ν_o，并同时实现对输入信号的幅值、相位角和频率的实时估算。期望通过输入信号 ν_i 减去重构的输入信号 ν_o 来抵消鉴相器输出中的倍频纹波，提高动态响应速度。

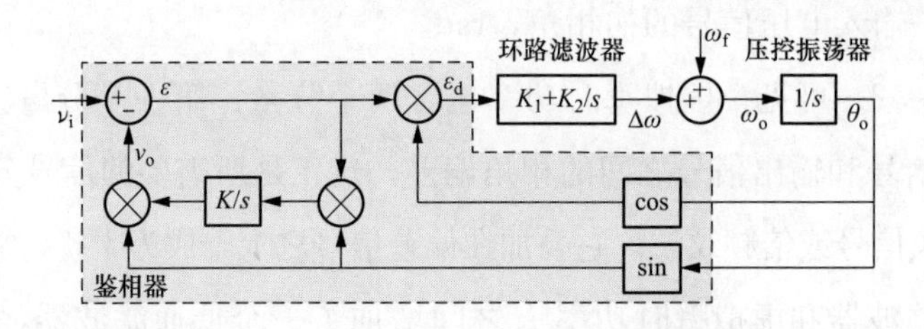

图 4-90　基于自适应滤波的增强型锁相环

从图 4-90 中可以看出，EPLL 有 3 个独立的内部参数，即 K_1、K_2 和 K。在 4.4.4.1 中已有相关阐述，K_1 和 K_2 主要是用来调节环路的动态性能。增益 K 用于控制输入信号 ν_i 幅值的估计值的收敛速度。

假定输入信号为一纯正弦的电压信号（当输入信号为线路电流时类似），即

$$\nu_i(t) = V_i \sin\theta_i \tag{4-54}$$

式中　$\nu_i(t)$——锁相环的输入电压信号，V；

V_i——输入电压信号的幅值，V；

θ_i——输入电压信号的角度，rad。

重构的输入信号为

$$\nu_o(t) = V_o \sin\theta_o \tag{4-55}$$

式中　$\nu_o(t)$——重构的输入电压信号，V；

V_o——重构的输入电压信号幅值，V；

θ_o——重构的输入电压信号角度，rad。

偏差信号为

$$\varepsilon(t) = V_i \sin\theta_i - V_o \sin\theta_o \tag{4-56}$$

式中　$\varepsilon(t)$——输入信号与重构的输入信号的偏差，V。

鉴相器的输出为

$$\varepsilon_d(t) = \varepsilon(t)\cos\theta_o = \frac{V_i}{2}\sin(\theta_i + \theta_o) + \frac{V_i}{2}\sin(\theta_i - \theta_o) - \frac{V_o}{2}\sin 2\theta_o \tag{4-57}$$

式中　$\varepsilon_d(t)$——鉴相器的输出，V。

考虑到 $\theta_i = \omega_i t + \phi_i$ 和 $\theta_o = \omega_o t + \phi_o$，当 EPLL 环路锁定时，可以约定 $\omega_o = \omega_i$，则有

$$\varepsilon_d(t) = \frac{V_i}{2}\sin(2\omega_i t + \phi_i + \phi_o) + \frac{V_i}{2}\sin(\phi_i - \phi_o) - \frac{V_o}{2}\sin(2\omega_i t + 2\phi_o) \tag{4-58}$$

式中　ω_i——输入电压信号的角频率，rad/s；

ω_o——重构的输入电压信号角频率，rad/s。

与基本的 PLL 类似，鉴相器输出由一个直流分量和一个两倍频分量组成。当幅值锁定时可以约定 $V_o \approx V_i$；当相角差很小，可以约定 $\phi_o \approx \phi_i$，此时，$V_i/2 \cdot \sin(2\omega_i t + \phi_i + \phi_o)$ 和 $V_o/2 \cdot \sin(2\omega_i t + 2\phi_o)$ 相互抵消，式（4-58）近似为

$$\varepsilon_d(t) = \frac{V_i}{2}(\phi_i - \phi_o) \tag{4-59}$$

式中　ϕ_i——输入电压信号的初相角，rad；

ϕ_o——重构的输入电压信号的初相角，rad。

鉴相器输出即为锁相环输入与输出的相角差。从式（4-59）可以推断出偏差信号中的倍频振荡分量只存在于暂态过程中，当系统接近它的稳态时，振荡分量由于抵消作用而逐渐消失。

显然，由于倍频纹波被抵消，可以合理选择 K_1 和 K_2，使基于自适应滤波理论的增强型锁相环具有较好的动态响应速度。从图 4-90 中，不难看出：即使重新构造的信号 v_o 没有谐波分量，只要输入信号 v_i 中含有谐波分量，偏差信号中就会含有相应的谐波分量，这些谐波分量会通过环路滤波器影响锁相环的输出相位 θ_o。如当输入信号中含有 3 次谐波分量时，其锁相环的相位输出信号中含有对应的 2 次谐波分量，因此，EPLL 对谐波分量较为敏感[102]。严格来说，幅值 V_o 通过积分环节跟踪 V_i 的过程中也会存在过冲，即使跟踪上，即有 $V_o = V_i$，

但只要 $\phi_o \neq \phi_i$，$V_i/2 \cdot \sin(2\omega_i t + \phi_i + \phi_o)$ 和 $V_i/2 \cdot \sin(2\omega_i t + 2\phi_o)$ 不能完全抵消，这些应该是 EPLL 过渡过程中的振荡比较剧烈[99]的原因。

4.4.4.4　基于两相（复数）鉴相的锁相环

图 4-91 给出了一个抵消倍频纹波的基于复数鉴相的锁相环方法[101]，可以获得一个相对较大的环路频率带宽。这样的纹波抵消方法在浮点计算能力较强的 DSP 中可以实现得比较好。输入信号通过正交信号发生器（Quadrature Signal Generator，QSG）后得到两个正交分量，分别加到各自的鉴相器上，压控振荡器输出通过适当的变换也得到两个正交分量，也各自加到对应鉴相器的另一个输入端上。这两个鉴相器都采用理想的乘法器，而且每一对正交信号有完全对称的幅值和完全正交的相位。

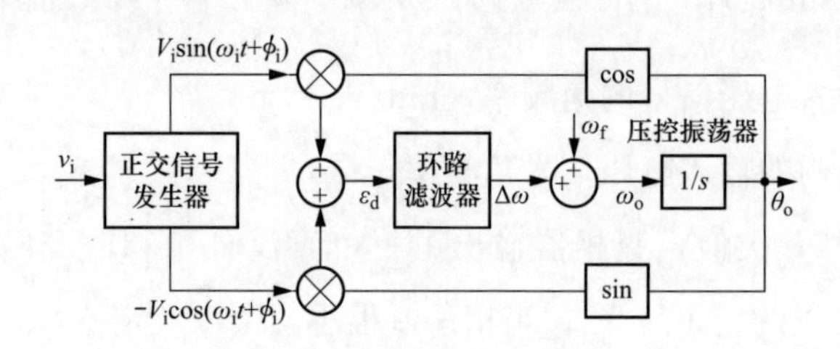

图 4-91　基于复数鉴相的锁相环

每个独立的鉴相器输出包含一个正比于相位偏差的直流分量，加上一个倍频纹波分量。但是，从一个鉴相器输出中减去另外一个鉴相器输出后，使直流分量加倍而使倍频纹波分量抵消，所以有

$$\begin{aligned}\varepsilon_d &= K_d V_i \sin(\omega_i t + \phi_i)\cos(\omega_o t + \phi_o) - K_d V_i \cos(\omega_i t + \phi_i)\sin(\omega_o t + \phi_o) \\ &= K_d V_i \sin[(\omega_i - \omega_o)t + (\phi_i - \phi_o)] = K_d V_i \sin(\phi_i - \phi_o) \end{aligned} \quad (4\text{-}60)$$

式中　ε_d——复数鉴相器的输出，V；

K_d——乘法鉴相器的增益系数；

V_i——每个乘法鉴相器输入电压信号的幅值，V；

ω_i——输入电压信号的角频率，rad/s；

ϕ_i——输入电压信号的初相角，rad；

ω_o——压控振荡器输出电压信号的角频率，rad/s；

ϕ_o——压控振荡器输出电压信号的初相角，rad。

如式（4-60）所示，在完全平衡的时候，倍频纹波可以被完全抑制。根本性的完全平衡在数字 PLL 中是可行的。

从式（4-60）中所示的三角表达式可以看出，这其实是派克（Park）变换的一部分。因此，图 4-91 中的示意图可以重画成图 4-92 中所示的形式，其中，$\alpha\beta$ 到 dq 的坐标变换对应下面的变换矩阵：

$$\begin{bmatrix} \nu_d \\ \nu_q \end{bmatrix} = \begin{bmatrix} \cos(\theta_o) & \sin(\theta_o) \\ -\sin(\theta_o) & \cos(\theta_o) \end{bmatrix} \begin{bmatrix} \nu_\alpha \\ \nu_\beta \end{bmatrix} \tag{4-61}$$

式中　ν_α、ν_β——输入电压信号在 $\alpha\beta$ 坐标中的对应量，V；

ν_d、ν_q——输入电压信号在 dq 坐标中的对应量，V；

θ_o——压控振荡器输出电压信号的角度，rad。

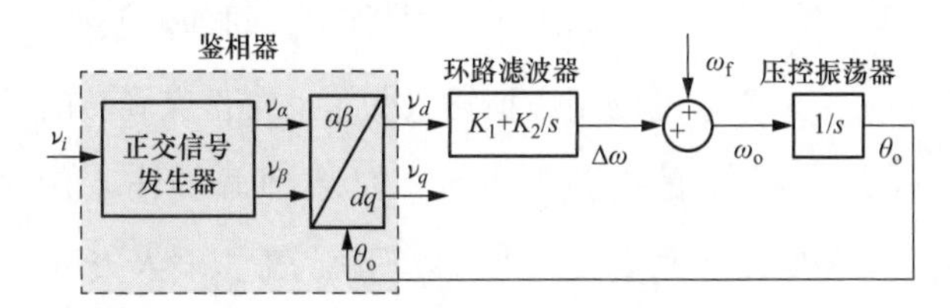

图 4-92　采用 ν_d 的锁相环

压控振荡器输出为派克变换中的正弦/余弦函数提供相角。正交信号发生器和派克变换的组合可以视为一种同步相位鉴相器。

若 PLL 的输入信号为

$$\nu_i = V_i \sin(\theta_i) = V_i \sin(\omega_i t + \phi_i) \tag{4-62}$$

式中　ν_i——输入电压信号，V；

V_i——输入电压信号的幅值，V；

θ_i——输入电压信号的角度，rad；

ω_i——输入电压信号的角频率，rad/s；

ϕ_i——输入电压信号的初相角，rad。

则正交信号发生器（QSG）的输出信号能够表达成如下的电压矢量形式：

$$\nu_{(\alpha\beta)} = \begin{bmatrix} \nu_\alpha \\ \nu_\beta \end{bmatrix} = V \begin{bmatrix} \sin\theta_i \\ -\cos\theta_i \end{bmatrix} \tag{4-63}$$

式中　$\nu_{\alpha\beta}$——输入电压信号在 $\alpha\beta$ 在坐标中的对应矢量，V。

因此，将式（4-63）代入式（4-61）中，图 4-92 中同步鉴相器的输出就可以写成式（4-64）中所示的电压矢量形式。当 PLL 调整到输入频率时，即当

$\omega_o=\omega_i$ 时，按式（4-60）可得，同步相位鉴相器的输出中将不含波动分量，即有式（4-64）

$$\nu_{(dq)}=\begin{bmatrix}\nu_d\\ \nu_q\end{bmatrix}=V\begin{bmatrix}\sin(\theta_i-\theta_o)\\ -\cos(\theta_i-\theta_o)\end{bmatrix} \tag{4-64}$$

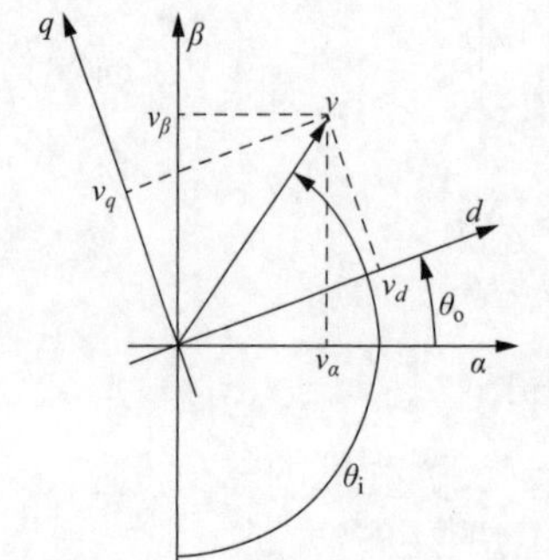

图 4-93　正交信号发生器输出信号的矢量表示

式中　ν_{dq}——输入电压信号在 dq 在坐标中的对应矢量，V。

可以采用矢量方式来进一步理解图 4-92。式（4-63）的正交信号发生器输出信号用正交的 $\alpha\beta$ 轴静止参考坐标系上一个虚拟输入矢量 ν 来表示，如图 4-93 中所示。同理，派克变换的输出信号可以用虚拟输入矢量 ν 在正交旋转的 dq 轴坐标系中的投影来表示。如果 PLL 的输入信号按式（4-62）来定义，则可以理解为虚拟输入矢量 ν 在静止 α 轴上的投影。另一方面，dq 旋转参考坐标系的角度位置 θ_o 可以由 PLL 给出。当 PLL 调整到输入频率（$\omega_o=\omega_i$）时，虚拟输入矢量 ν 和 dq 参考坐标就有相同的角频率。

当 PLL 实现锁相时，对于图 4-92，即环路滤波器与鉴相器输出的 v_d 相连，有 $\nu_d=0$，这就意味着虚拟输入矢量 ν 会正交于旋转参考坐标系的 d 轴进行旋转。如图 4-94 所示，当环路滤波器和鉴相器输出的 ν_q 相连时，虚拟输入矢量 ν 会进行旋转，并在稳态时与 dq 旋转参考坐标系的 d 轴相重叠。此时，ν_d 信号提供了输入信号的幅值，而 PLL 检测到的相角会与虚拟输入矢量 ν 同相，这表明检测到的相角会滞后于正弦输入信号的相角 90°，即有 $\theta_o=\theta_i-\pi/2$。锁相环通常用于跟踪线路电压，环路滤波器和鉴相器输出的 ν_q 相连在各种文献中较为常见，因为这样一来，与电网同步的 dq 旋转坐标系 d 轴上的电流矢量负责和电网交换有功功率，而 q 轴上的电流矢量负责和电网交换无功功率。

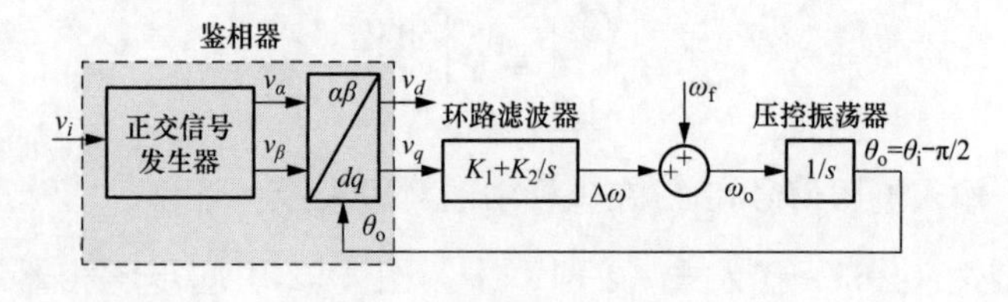

图 4-94　采用 ν_q 的锁相环

接下来，问题的关键在于针对输入信号的虚拟正交信号的快速获得。虚拟正交信号的获得主要有 90°延迟法、希尔伯特变换法（Hilbert transform）、派克反变换法和二阶广义积分器法等。

图 4-95 给出了采用延迟法获得正交信号的基于复数鉴相的锁相环[102]。输入信号为 ν_α，通过 90°延迟得到 ν_β。

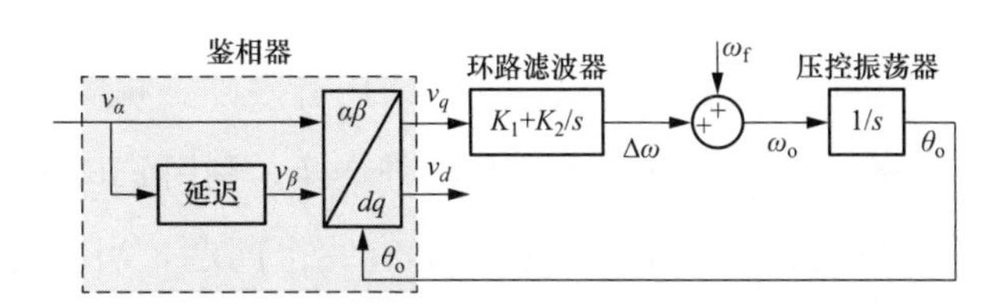

图 4-95　采用延迟法获得正交信号的锁相环

约定 T 为电网基波分量的周期，延时 $T/4$ 即能产生 90°相移，这是实现两相正交分量较为直接的方法。延时会降低锁相环的响应速度，尤其是对输入信号的幅值发生突变以及相位突变等情况。从延时单元的设计角度来看，若要实现延迟 90°，就要延时 $T/4$，显然要实现正弦信号准确延迟 90°的前提是已知正弦信号的周期 T 或频率，而锁相环调整的目的本身就是跟踪未知的输入频率。因此，当频率变化时，严格来说是无法准确实现延迟 90°。如果输入信号中有谐波分量，对于不同频率的分量，90°相移对应的延时时间也不同。此时，输入信号的每一个频率分量都被延时了基波的 1/4 周期，这样就无法得到相应的正交信号，因此，这些谐波分量会影响锁相环的输出相位 θ_o。

图 4-95 中的延迟环节可以用希尔伯特（Hilbert）变换来替换[104]，如图 4-96 所示。希尔伯特变换是一种幅频特性为 1，负频率分量作＋90°相移、正频率分量作－90°相移的线性变换。给定一连续的输入信号 $\nu(t)$，其希尔伯特变换 $H(t)$ 的时域表达式如下：

$$H(t)=\frac{1}{\pi}\int_{-\infty}^{\infty}\frac{\nu(\tau)}{t-\tau}\mathrm{d}\tau=\frac{1}{\pi}\int_{-\infty}^{\infty}\frac{\nu(t-\tau)}{\tau}\mathrm{d}\tau=\frac{1}{\pi t}\nu(t) \tag{4-65}$$

式中　$\nu(t)$——连续的输入信号；

$H(t)$——输入信号 $\nu(t)$ 的希尔伯特变换。

式（4-65）为函数 $h(t)=1/\pi t$ 和输入信号 $\nu(t)$ 的卷积。由希尔伯特变换的性质可得，$\nu(t)$ 和 $H(t)$ 是正交的。离散时间输入信号 $\nu(n)$ 和其希尔伯特变换 $H(n)$ 也是正交的，这是比延迟法优越的地方。

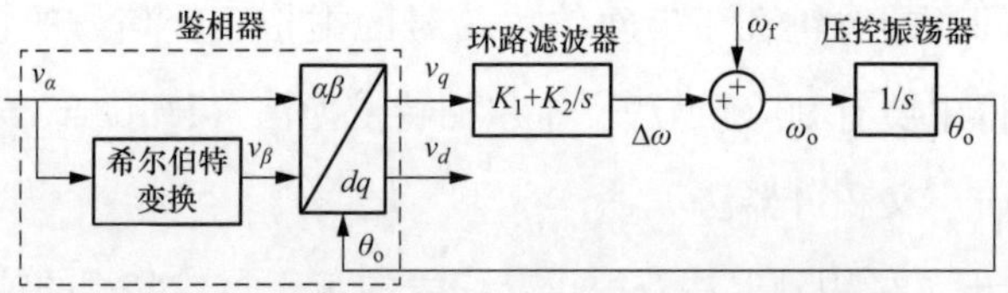

图 4-96　采用希尔伯特变换获得正交信号的锁相环

式（4-65）中所定义的为严格的希尔伯特变换，通常会导致一个非因果系统的产生，实际中是不能实现的，所以，通常采用有限冲击响应数字滤波器（Finite Impulse Response，FIR）来近似实现这种变换。利用FIR滤波来产生90°相移，从而得到两相正交信号。但是，这样就有一个问题，当 FIR 阶数较低时，输入信号的畸变将给 PLL 输出带来很大的影响，使其不能准确地跟踪到输入信号的相位和频率，而当FIR 阶数较高时，其带来的时延又太大，不能用于实时在线场合[105]。

图 4-97 给出了采用派克反变换获得正交信号的基于复数鉴相的锁相环[106]。输入信号 ν_α 和内部变换产生的信号 ν'_β 作为派克变换的输入信号。为了提高锁相环的稳定性，将派克变换后的 dq 分量 ν_d 和 ν_q 先进行滤波，再将滤波器输出的 dq 分量 $\overline{\nu}_d$ 和 $\overline{\nu}_q$，作为派克反变换的输入信号，以获得 ν'_β。

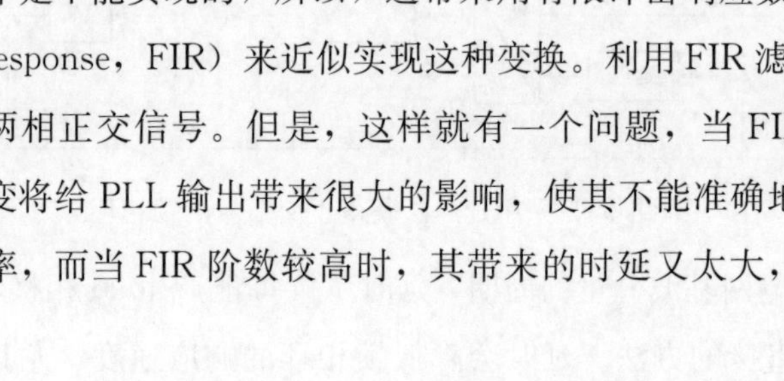

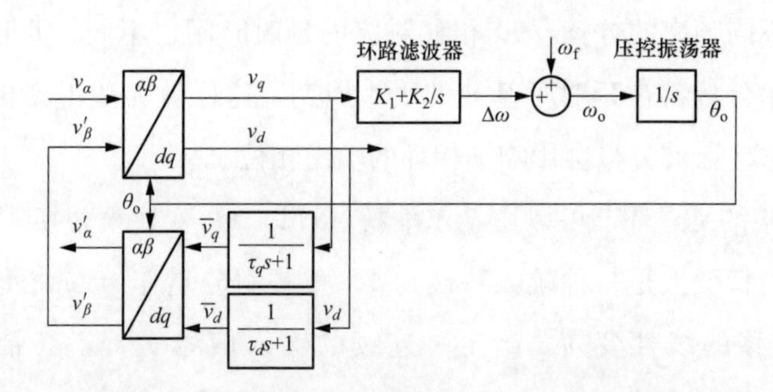

图 4-97　采用派克反变换获得正交信号的锁相环

上述派克变换对应式（4-61）中所示的变换矩阵。派克反变换可以表示为

$$\begin{bmatrix} \nu'_\alpha \\ \nu'_\beta \end{bmatrix} = \begin{bmatrix} \cos\theta_o & -\sin\theta_o \\ \sin\theta_o & \cos\theta_o \end{bmatrix} \begin{bmatrix} \overline{\nu}_d \\ \overline{\nu}_q \end{bmatrix} \tag{4-66}$$

式中　ν'_α 和 ν'_β——派克反变换后的输出信号，V；

$\overline{\nu}_d$ 和 $\overline{\nu}_q$——派克变换后的 ν_d 和 ν_q 的滤波输出信号，V；

θ_o——锁相环输出相位，rad。

如对 ν_d 和 ν_q 信号的滤波采用一阶滤波器，则有

$$\overline{\nu}_d(s)=\frac{\nu_d(s)}{\tau_d s+1} \tag{4-67}$$

式中　τ_d——d 轴一阶滤波器时间常数，s。

$$\overline{\nu}_q(s)=\frac{\nu_q(s)}{\tau_q s+1} \tag{4-68}$$

式中　τ_q——q 轴一阶滤波器时间常数，s。

从控制的角度来看，图 4-97 中有两个环，内环用于调整 ν_β'，外环用于调整 θ_o，显然内环调整 ν_β'的响应速度应该比外环调整 θ_o 的要快许多，也就是说在调整 θ_o 的过程中，ν_β'应该是基本稳定的[106]。

当频率锁定时，如果 ν_α 和 ν_β'不处于正交，则经派克变换后得到的 ν_d 和 ν_q 将会出现振荡[100]，而一阶低通滤波器能对这种振荡起到一定的抑制作用，这也是采用低通滤波器的原因。为保证对称性，这两个低通滤波器所选用的参数通常一致，即 $\tau_q=\tau_d=\tau$。

虽然，这种方法看起来易于实现，但环路滤波器中的 PI 参数和一阶低通滤波器的参数选择和调节比较困难，主要是因为这一方法中存在两个相互依赖的非线性环路[99]。考虑到动态性能的快速响应要求，可以使 $1/\tau\approx 2\omega$，即一阶低通滤波器的截止频率约为电网频率的 2 倍[102]。

采用派克反变换获得正交信号的锁相环在相角阶跃和频率阶跃时表现出较好的性能，但它不能较好地应对幅值阶跃场合[99]。只要输入信号 ν_α 中含有谐波分量，偏差信号中就会有相应的谐波分量，这些谐波分量会通过环路滤波器影响锁相环的输出相位，因此，采用派克反变换的锁相环也对谐波分量较为敏感[102]。

4.4.4.5　基于二阶广义积分器的锁相环

可以利用二阶广义积分器（SOGI）来构造虚拟正交信号。与 4.4.4.4 中所述的延迟法、希尔伯特变换法、派克反变换法等相比较，基于 SOGI 的锁相环具有较好的滤波特性和较强的鲁棒性[107]。

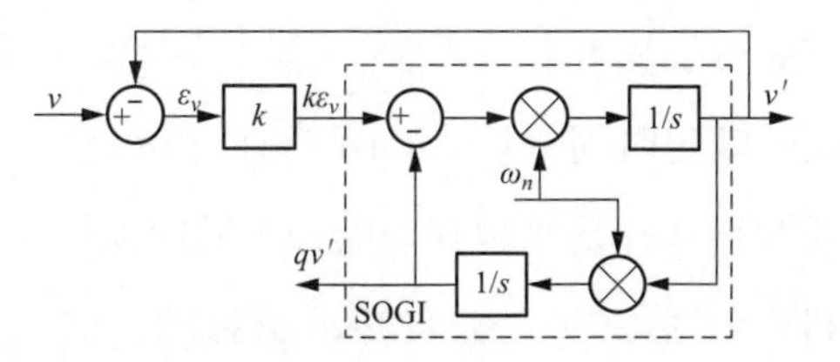

图 4-98　利用二阶广义积分器产生两相正交信号示意图

利用 SOGI 产生两相正交信号（SOGI-QSG）的示意如图 4-98 所示，

其中虚线框内部分即为 SOGI 的结构，其传递函数为

$$\mathrm{SOGI}(s)=\frac{\nu'}{k\varepsilon_\nu}(s)=\frac{\omega_n s}{s^2+\omega_n^2} \tag{4-69}$$

式中 SOGI(*s*)——二阶广义积分器的传递函数；

ν'——SOGI 重构的、并与输入信号基波分量同相位的信号，V；

k——偏差放大系数，SOGI-QSG 的增益；

ε_ν——输入电压信号和重构的同相位信号的偏差，V；

ω_n——SOGI 的谐振频率，rad/s。

图 4-98 的闭环传递函数为

$$D(s)=\frac{\nu'}{\nu}(s)=\frac{k\omega_n s}{s^2+k\omega_n s+\omega_n^2} \tag{4-70}$$

式中 $D(s)$——重构的同相位信号 ν' 和输入电压信号 ν 之间的闭环传递函数；

ν——SOGI 的输入电压信号，V。

$$Q(s)=\frac{q\nu'}{\nu}(s)=\frac{k\omega_n^2}{s^2+k\omega_n s+\omega_n^2} \tag{4-71}$$

式中 $Q(s)$——重构的有 90°相位差的电压信号 $q\nu'$ 和输入电压信号 ν 之间的闭环传递函数；

$q\nu'$——重构的信号，并与 ν' 有 90°相位差，V。

闭环传递函数的 Bode 图如图 4-99 所示，且以 SOGI 的谐振频率 ω_n 归一化的。由图 4-99（a）可知，$D(s)$ 为一个二阶带通滤波器，其带宽由参数 k 决定，且与锁相环的中心频率无关，通过调节参数 k 即可调节系统的滤波性能。从图 4-99（a）中可以看出，k 值较小的时候滤波性能较佳，但滤波性能变好的同时响应速度相应会变慢。对于 50Hz 系统，$k=\sqrt{2}$ 意味着阻尼系数为 $\zeta=1/\sqrt{2}$，此时镇定时间（settling time）和动态响应超调之间的关系最优[100]。镇定时间通常指从开始时刻到响应处于其阶跃输入的稳态响应±1%偏差以内所需要的时间。由图 4-99（b）可知，$Q(s)$ 为一个低通滤波器，其滤波性能也与 k 值有关。从 Bode 图可以看出，当 $\omega/\omega_n=1$ 时，带通滤波器的相移为 0°，而低通滤波器的相移为−90°，负号表示滞后。

图 4-98 中所示的基于 SOGI 的滤波结构比较适用于正交信号的产生，因此，该系统也被称为 SOGI-QSG。

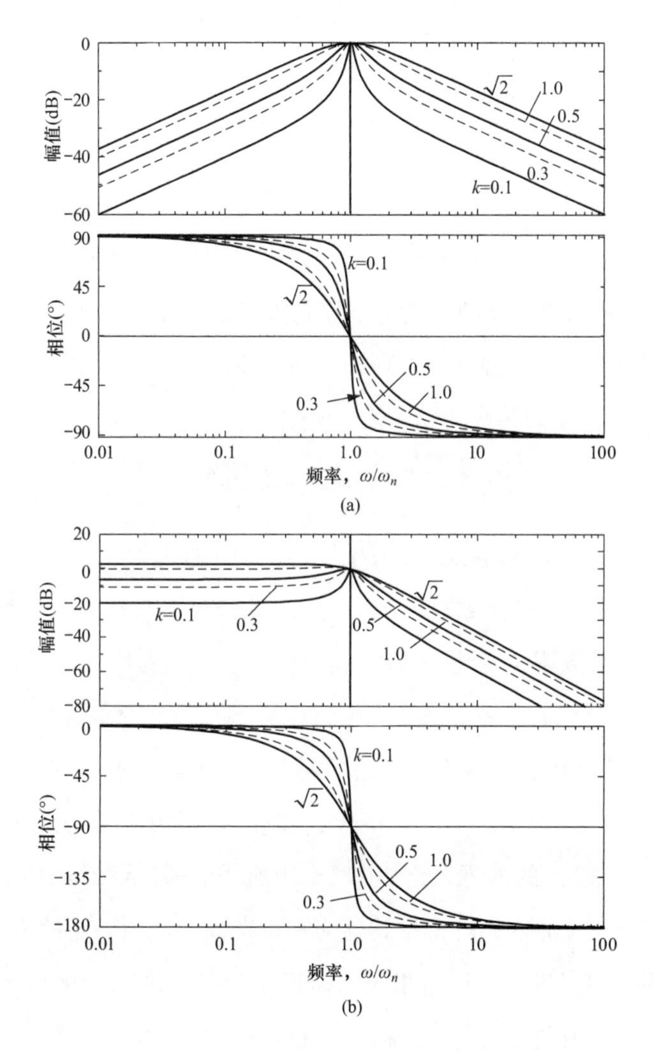

图 4-99　SOGI 闭环传递函数的 Bode 图

(a) k 值变化时 $D(s)$的 Bode 图；(b) k 值变化时 $Q(s)$的 Bode 图

如果只利用图 4-98 所示的结构来产生正交两相信号，剩余的部分与图 4-94 中类似，则构成 SOGI-PLL，如图 4-100 所示[100]。SOGI-PLL 有许多优点，如易于实现、可以实现无相移的滤波等。因其谐振频率 ω_n 来自锁相环输出频率 ω_o 的反馈，当电网频率波动时，其谐振频率可以在线动态调整，实现电网频率的自适应跟踪。

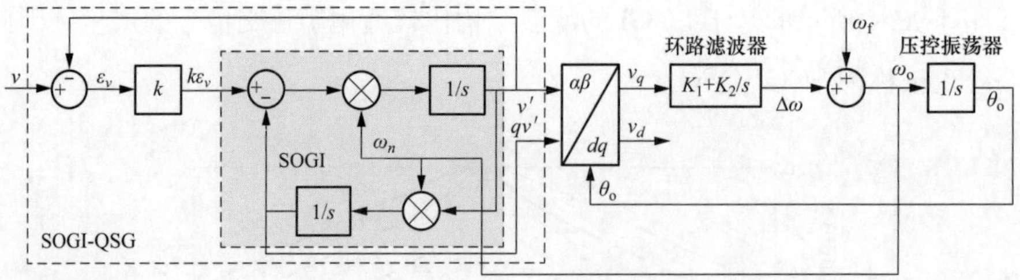

图 4-100 基于 SOGI 的 PLL

SOGI 内部谐振的特点使其本身可以作为一个电压控制振荡器来工作，考虑到这一点，可以直接利用 SOGI 的电压控制振荡器的特点来直接跟踪输入信号的频率，这样就可以进一步提高锁相环的动态特性。

从图 4-98 不难得到相应的偏差传递函数：

$$E(s)=\frac{\varepsilon_\nu}{\nu}(s)=\frac{s^2+\omega_n^2}{s^2+k\omega_n s+\omega_n^2} \tag{4-72}$$

式中 $E(s)$——偏差 ε_ν 和输入电压信号 ν 之间的传递函数。

式（4-72）中的传递函数对应于一个二阶陷波器，其在中心频率处的增益为零。当输入信号的频率 ω 从比 SOGI 中心频率 ω_n 低变为比其高时，输出信号的相角会发生一个 180°的跳变。图 4-101 给出了 SOGI 中传递函数 $E(s)$ 和 $D(s)$ 的 Bode 图，不难看出，当输入频率比 SOGI 谐振频率低时（$\omega<\omega_n$），信号 ε_ν 和 $q\nu'$是同相的；反之，但 $\omega>\omega_n$ 时，信号 ε_ν 和 $q\nu'$是反相的。因此，频率偏差变量 ε_f 可以定义为 $q\nu'$和 ε_ν 的乘积。正如图 4-101 所示的那样，当 $\omega<\omega_n$ 时，ε_f 的平均值大于零；当 $\omega=\omega_n$ 时，ε_f 的平均值为零；当 $\omega>\omega_n$ 时，ε_f 的平均值小于零。可利用该频率偏差变量，设计出相应的锁频环[108]，如图 4-102 所示。在这个环路中，利用一个带有负增益 $-\gamma$ 的积分控制器将 SOGI 的中心频率 ω_n 调整到与输入频率 ω 相一致，可以使得 ε_f 的平均值等于零。此外，如图 4-102 所示，电网频率额定值 ω_f 作为一个前馈变量添加到锁频环（FLL）的输出，以加快初始的同步过程。

如图 4-102 中所示，将 SOGI 和 FLL 相结合，其中，FLL 顾名思义是作为锁定频率用的，它可以快速跟踪锁定输入信号的基波频率，然后将锁定到的频率信号传递给 SOGI，作为 SOGI 谐振频率，从而使 SOGI 能有效地滤除掉输入信号基波以外的部分。当输入信号频率变化时，FLL 也能马上跟踪到这种变化，

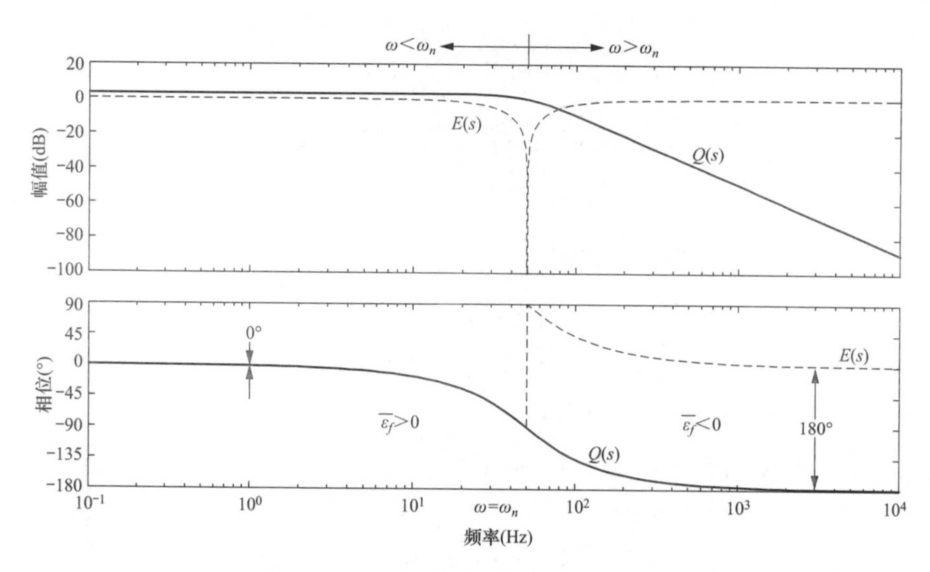

图 4-101　SOGI 中 $E(s)$和 $Q(s)$的 Bode 图

从而使 SOGI 谐振频率跟着变化。因此，这一环节相当于一个中心频率能跟随电网频率变化的带通滤波器，不仅能产生两相正交信号，而且可以自适应滤波。

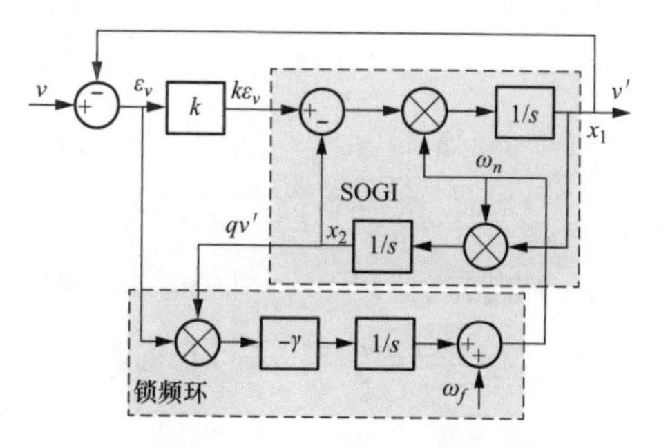

图 4-102　SOGI-FLL 的结构图

根据图 4-102 所示的 SOGI-FLL 框图，可以写出如下的状态方程：

$$\dot{x}=\begin{bmatrix}\dot{x}_1\\ \dot{x}_2\end{bmatrix}=\begin{bmatrix}-k\omega_n & -\omega_n\\ \omega_n & 0\end{bmatrix}\begin{bmatrix}x_1\\ x_2\end{bmatrix}+\begin{bmatrix}k\omega_n\\ 0\end{bmatrix}v \tag{4-73}$$

$$y=\begin{bmatrix}v'\\ qv'\end{bmatrix}=\begin{bmatrix}1 & 0\\ 0 & 1\end{bmatrix}\begin{bmatrix}x_1\\ x_2\end{bmatrix} \tag{4-74}$$

$$\dot{\omega}_n=-\gamma x_2(v-x_1) \tag{4-75}$$

式中　$x=[x_1,x_2]^T$——SOGI-QSG 的状态向量；

$y=[v',qv']^T$——SOGI-QSG 的输出向量；

γ——FLL 的增益。

式（4-75）给出了描述 FLL 特性的状态方程。

当系统稳定运行且 FLL 调整良好时，可以约定，$\dot{\omega}_n=0$，$\omega_n=\omega$，$x_1=v$。其中，ω 为输入信号 v 的频率。由此，可以得到稳态时的状态向量为

$$\dot{\bar{x}}=\begin{bmatrix}\dot{\bar{x}}_1\\ \dot{\bar{x}}_2\end{bmatrix}=\begin{bmatrix}0 & -\omega_n\\ \omega_n & 0\end{bmatrix}\begin{bmatrix}\bar{x}_1\\ \bar{x}_2\end{bmatrix} \tag{4-76}$$

式中　$\bar{x}=[\bar{x}_1, \bar{x}_2]^T$——SOGI-QSG 稳态时的状态向量。

由式（4-76）得到的雅可比矩阵的特征值为$\pm j\omega_n$，表明稳态响应为频率为ω_n的周期分量。对一个给定的正弦输入信号$v=V\sin(\omega t+\phi)$，则可求得输出向量为

$$y=\begin{bmatrix}v'\\ qv'\end{bmatrix}=V\begin{bmatrix}\sin(\omega t+\phi)\\ -\cos(\omega t+\phi)\end{bmatrix} \tag{4-77}$$

式中　V——输入信号的幅值，V；

ω——输入信号的角频率，rad/s；

ϕ——输入信号的初角，red。

当$\omega\neq\omega_n$时，FLL 会有一个动态过程，锁定状态下可以推导出[108]

$$\dot{\bar{\omega}}_n=-\frac{\gamma V^2}{k\omega_n}(\bar{\omega}_n-\omega) \tag{4-78}$$

式中　$\bar{\omega}_n$——SOGI-QSG 稳态时的谐振频率，rad/s。

式（4-78）揭示了 FLL 的动态响应、SOGI-QSG 增益和输入信号参数之间的关系。根据式（4-79），可将γ归一化。该线性化系统既不依赖电网变量，也不依赖 SOGI-QSG 增益，并且它的时间响应不会发生变化，保持为常数，并且可以用增益Γ来定义。FLL 跟踪频率的镇定时间可用式（4-80）进行粗略地计算。

$$\gamma=\frac{k\omega_n}{V^2}\Gamma \tag{4-79}$$

$$t_{s(\mathrm{FLL})}\approx\frac{4.6}{\Gamma} \tag{4-80}$$

式中　Γ——FLL 的增益；

$t_{s(\mathrm{FLL})}$——FLL 跟踪频率的镇定时间，s。

FLL 锁定的频率除了提供给 SOGI 作为谐振频率外，还提供给后面的锁相环节。对基本的锁相环，由于偏差信号v_q经过调节之后，要再通过积分（压控振荡器）才能反映到输出相位上，响应速度会受到影响，而频率不会直接影响锁相环的运行，因此，可以将v_q经环路滤波器的输出作为相位的偏差信号直接加到 FLL 锁定的角频率积分的结果上，从而改善其动态性能。整个锁相环的结构图如图 4-103 所示。

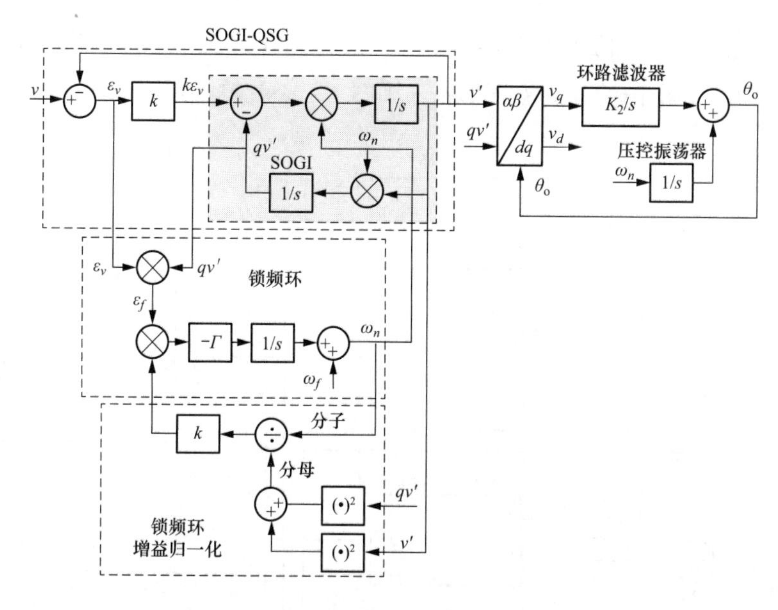

图 4-103　归一化后的 SOGI-FLL 结构图

若输入信号中含有次同步分量，采用锁相环可明显抑制过零点的时间偏差，从对过零点偏差的抑制效果来看，SOGI-PLL 最差，EPLL 其次，SOGI-FLL 最优；若输入信号中含有谐波分量，采用锁相环能有效抑制谐波引起的过零点时间偏差，以 SOGI-PLL 对谐波的抑制效果最好，SOGI-FLL 其次，且优于 EPLL；若输入信号有相位跃变，SOGI-FLL 动态响应性能最好，EPLL 次之，SOGI-PLL 最差；若输入信号有频率跃变，EPLL 在频率阶跃的振荡过程中较剧烈，无稳态误差，SOGI-PLL 过渡过程中产生一定的超调，而 SOGI-FLL 在频率跟踪过程中无振荡，且跟踪速度较快，无稳态误差，综合比较可知，SOGI-FLL 的频率阶跃性能较好；若输入信号幅值有跃变，在过渡过程中，这三种锁相环均会产生不同程度的振荡，EPLL 与 SOGI-PLL 的振荡较为剧烈，SOGI-FLL 的振荡幅度较小，进入稳态的速度也更快[99]。

如还想进一步抑制谐波、低频和次频等分量带来的影响，可采用多重 SOGI-FLL，相应的结构框图如图 4-104 所示[108]。图 4-104 中的锁频环指图 4-103 中的锁频环和锁频环增益归一化这两部分的组合。SOGI-QSG-1 和图 4-103 中的 SOGI-QSG 相同。SOGI-QSG-h 类似图 4-103 中的 SOGI-QSG，不过谐振频率为 $h\times\omega_n$，其中，h 值大于 1.0，表示高于 ω_n 频率分量，可以是 2 次谐波分量、3 次谐波分量等；同理，SOGI-QSG-l 类似图 4-103 中的 SOGI-QSG，不过谐振频

率为 $l\times\omega_n$，其中，l 值小于 1.0，表示低于 ω_n 频率分量，可以是次频分量或低频分量。如有多个谐波分量需要抑制，则图 4-104 就需要有多个 SOGI-QSG-h。

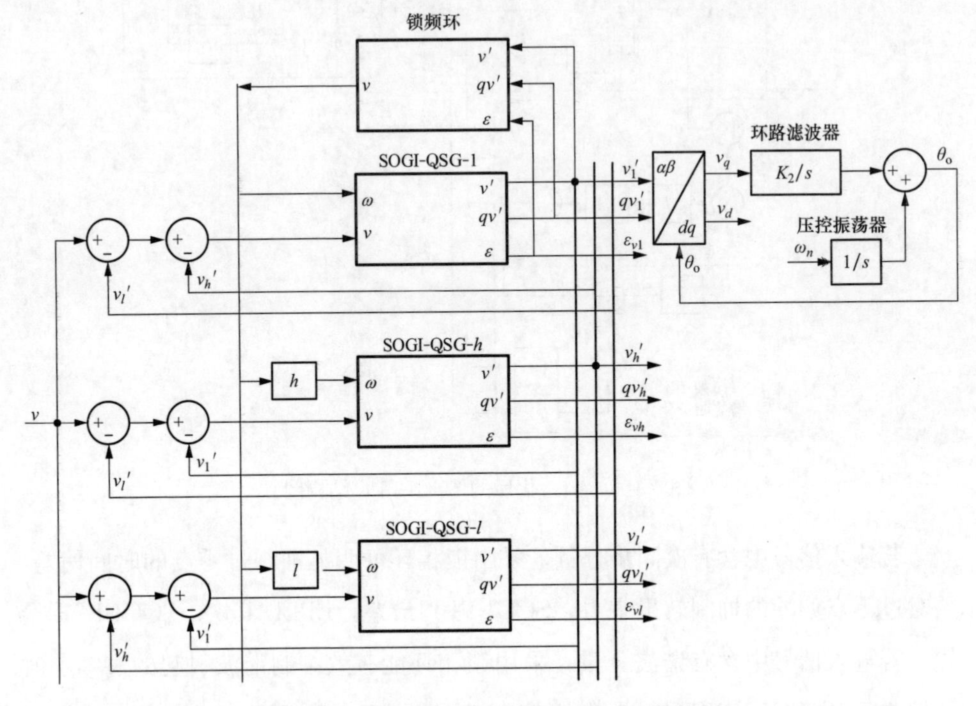

图 4-104　归一化后的多重 SOGI-FLL 结构图

从图 4-104 中，经过适当的推导，可以得到

$$\nu'_1 = D_1(s)\left(\nu - \sum_{i\neq 1}^{n} \nu'_i\right) \tag{4-81}$$

式中　ν'_1——多重 SOGI-FLL 重构的并与输入信号基波分量同相位的信号，V；

ν'_i——多重 SOGI-FLL 重构的并与输入信号 i 次分量同相位的信号，V；

ν——多重 SOGI-FLL 的输入电压信号，V；

n——多重 SOGI-FLL 的重数；

$D_1(s)$——SOGI-QSG-1 的同相位信号 ν' 和输入电压信号 ν 之间的闭环传递函数。

经过适当的推导和简化，可以得到

$$\nu'_1 = \left[D_1(s)\prod_{i\neq 1}^{n}\left(\frac{1-D_i(s)}{1-D_1(s)D_i(s)}\right)\right]\nu \tag{4-82}$$

式中　$D_i(s)$——SOGI-QSG-i 的同相位信号 ν' 和输入电压信号 ν 之间的闭环传递函数。

作为一个算例，约定比谐振频率 ω_n 高的只需要抑制 3 次谐波分量，即 $h=3$，比谐振频率 ω_n 低的只抑制频率为 10Hz 的次频分量，根据式（4-82）可以画出相应的幅值频率响应图，如图 4-105 所示，其中，虚线是按式（4-70）画出的没有对 3 次谐波、10Hz 次频分量进行抑制的幅值频率响应曲线。

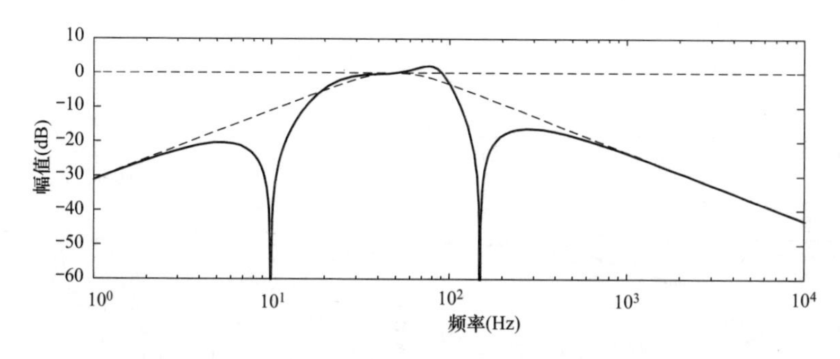

图 4-105　多重 SOGI-FLL 中 v_1' 的幅值频率响应

图 4-106 给出了多重 SOGI-FLL 中 v_1' 的阶跃响应，其中，图中 SOGI 指式（4-70）的阶跃响应；SOGI-3-10 指在 SOGI 的基础上，有抑制 3 次谐波分量和 10Hz 分量环节的阶跃响应；SOGI-3 指在 SOGI 的基础上，只有抑制 3 次谐波分量环节的阶跃响应；SOGI-10 指在 SOGI 的基础上，只有抑制 10Hz 分量环节的阶跃响应。从图 4-106 不难看出，SOGI 的响应速度最快，增加 3 次谐波分量和 10Hz 分量的抑制环节都会降低响应速度，当然，增加抑制低频分量环节比增加抑制谐波分量环节，对响应速度的影响更大。

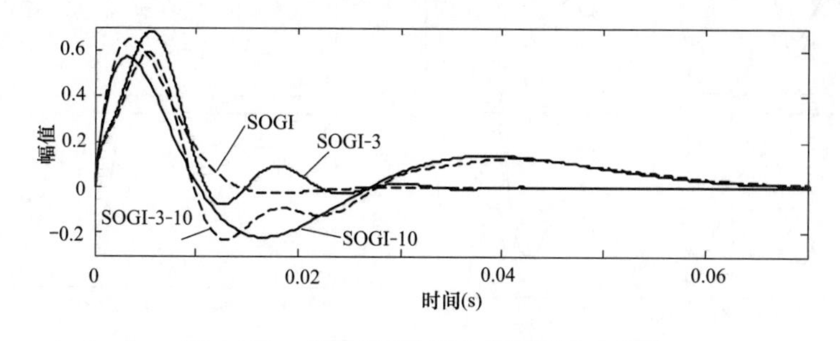

图 4-106　多重 SOGI-FLL 的阶跃响应曲线

图 4-107 给出了 SOGI-FLL 和多重 SOGI-FLL 的锁频环输出频率和相角差的响应曲线。其中，SOGI-FLL 锁频环输出频率和相角差分别指图 4-103 中的 ω_n 和 v_q。多重 SOGI-FLL 锁相环输出频率指图 4-104 中 SOGI-QSG-1 中的谐振频率，相角差为图 4-104 中的 v_q。

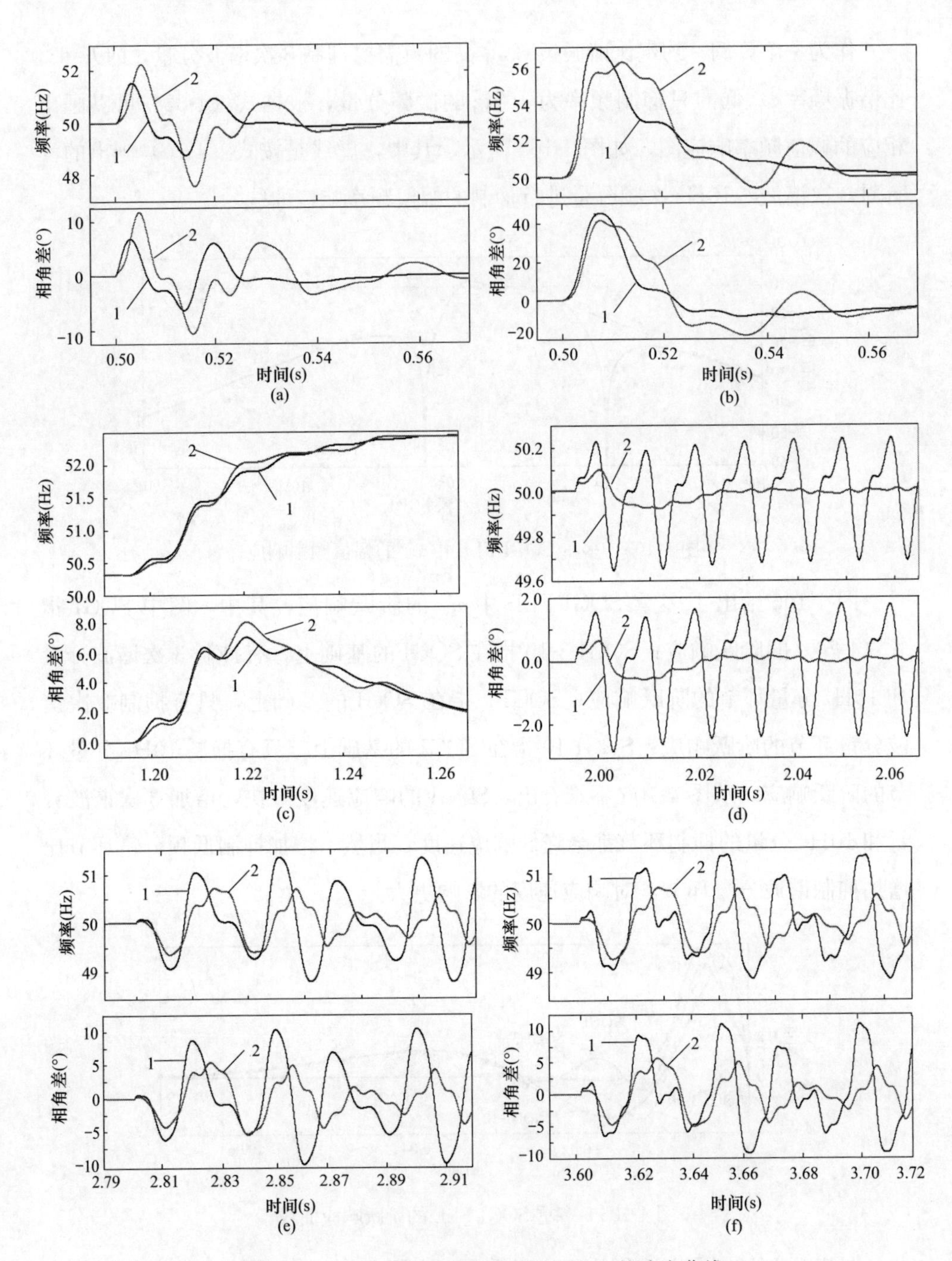

图 4-107 SOGI-FLL 和多重 SOGI-FLL 的响应曲线

(a) 幅值从 50 突降到 10；(b) 相角突增 45°；(c) 频率从 50Hz 突升到 52Hz；(d) 三次谐波幅值从基波幅值的 0%突升到 10%；(e) 10Hz 分量从基波幅值的 0%突升到 10%；(f) 10Hz 和 3 次谐波分量从基波幅值的 0%突升到 10%

1—SOGI-FLL 响应曲线；2—多重 SOGI-FLL 响应曲线

从图4-107（a）～图4-107（c）中不难看出，多重SOGI-FLL无论在频率跟踪还是在相位跟踪的变化过程中，都要比SOGI-FLL更加剧烈些。幅值突变和相角突变，SOGI-FLL都要比多重SOGI-FLL更平稳、更快地达到稳态值。频率突变时，这两者的性能差别要小些。

图4-105中的Bode图显示出，多重SOGI-FLL的10Hz和150Hz分量的幅值都有比较大的衰减。对比图4-107（d）和图4-107（e）不难看出，对谐波的抑制性能要好于对低频或次频的抑制性能，即频率和相角差的波动范围要小些。当10Hz和3次谐波分量同时出现时，情况和只有10Hz分量时的结果差别不大，如图4-107（e）和（f）所示。在此需要指出的是：尽管锁频环输出信号频率是有波动的，但是，其平均值调整到与输入信号频率的平均值完全一样，即锁频环是锁定的。

4.5 特高压可控串联补偿装置的支路并联技术

4.5.1 特高压可控串联补偿装置的工作条件

目前，可控串联补偿装置的最高电压等级为500kV，尚无在1000kV特高压电网中的应用。以表4-7中所示的1000kV晋东南（长治）—南阳—荆门特高压交流试验示范工程扩建工程长治—南阳Ⅰ线的线路参数为基础，对特高压可控串联电容补偿装置晶闸管阀进行相应的估算。

表4-7　　1000kV长治—南阳Ⅰ线特高压输电线路参数

线路名称	线路长度（km）	正序电阻（Ω/km）	正序电抗（Ω/km）	正序电容（μF/km）
长治—南阳Ⅰ线	358.5	0.009 389	0.270 20	0.013 792

约定需要加装可控串联电容补偿装置的1000kV特高压交流线路长度为354km，TCSC装置串补度为10%，额定电流为5080A，即沿用首套特高压固定串联电容补偿装置的参数。据此计算可得，串联电容器组的额定容抗为9.56508Ω，电容值为333μF。约定λ为2.3，按第3章式（3-3）可计算出阀控电抗器的电感值为5.75mH。约定TCSC额定提升系数为1.2，通过仿真分析可得串联电容器组的电流为6.222kA。当TCSC运行在容性微调模式时，串联电容器组电流要比线路电流大些。在此需要补充的是：串联电容器组的额定电流通常也选为6.222kA。

按电力行业标准的要求[12]，1000kV串补装置串联电容器组应满足表4-8所示的过负荷能力要求：1.1倍额定电流条件下持续运行8h；1.2倍额定电流条件下持续运行2h；1.35倍额定电流下持续运行30min；1.50倍额定电流下持续运行10min。

表 4-8　　1000kV 串补装置串联电容器组的过负荷能力要求

电流	典型的持续时间	典型的过负荷值（p.u.）
额定电流	连续	1.00
1.10×额定电流	每 12h 中 8h	1.10
1.20×额定电流	每 8h 中 2h	1.20
1.35×额定电流	每 6h 中 30min	1.35
1.50×额定电流	每 2h 中 10min	1.50
摇摆电流	1.0～10s	1.70～2.0

串联电容器组的额定电流为 6.222kA，表 4-8 中的摇摆电流按 1.8 倍额定电流条件下持续运行 10s 来考虑，串联电容器组应满足表 4-9 所示的过负荷能力要求，即 1.8 倍额定电流条件下，11.1996kA 持续运行 10s。

表 4-9　　1000kV 特高压 TCSC 的过负荷能力要求

电流	持续时间	过负荷值（p.u.）	线路电流（kA）	电容器电流（kA）
额定电流	连续	1.00	5.080	6.2220
1.10×额定电流	每 12h 中 8h	1.10	5.588	6.8442
1.20×额定电流	每 8h 中 2h	1.20	6.096	7.4664
1.35×额定电流	每 6h 中 30min	1.35	6.858	8.3997
1.50×额定电流	每 2h 中 10min	1.50	7.620	9.3330
摇摆电流	10s	1.80	9.144	11.1996

约定 TCSC 最大提升系数为 3.0，以 TCSC 串联电容器组的过负荷能力为限制条件，提升系数分别为 1.2 和 3.0 时，根据第 3 章式（3-8）～式（3-11）计算出容性微调模式下的晶闸管电气应力，结果如表 4-10 所示。对于晶闸管旁路模式，根据第 3 章式（3-12）～式（3-14）计算出相应的晶闸管电气应力，也列入表 4-10 中。通过仿真分析，计算了提升系数分别为 1.2 和 3.0 时的晶闸管电气应力，也列入表 4-10 中。采用公式计算时约定晶闸管是理想的。仿真分析中，晶闸管的导通和截止分别是用小电阻和大电阻来模拟的；时域仿真分析时，仿真步长不能无限小，从而导致晶闸管的触发角度、导通角等有些偏差。这两点都会导致仿真分析结果和公式计算结果存在小差别，不过这些小差别是可以忽略的，可以认为两者是相符合的、相互验证的。

根据仿真分析结果可知，当提升系数为 3.0、线路电流为 1.802624kA 时，串联电容器组电流为 6.221995kA，约等于串联电容器组的额定电流 6.2220kA，TCSC 装置可以长期运行。当提升系数为 3.0、线路电流为 3.244723kA 时，串联电容器组电流为11.199590kA，近似为表4-9中摇摆电流对应的11.1996kA，此时，TCSC装置可以持续运行10s。

表4-10　　1000kV特高压TCSC的工作条件预估结果

	工作条件	提升系数(p.u.)	线路电流(kA)	电容电流(kA)	晶闸管电压峰值(kV)	晶闸管电流有效值(kA)	晶闸管电流平均值(kA)	晶闸管电流峰值(kA)
公式计算	容性微调长期	1.2	5.080		79.627136	1.132779	0.364780	4.426744
		3.0	1.802624		64.000692	3.340870	1.319757	10.728157
	容性微调8h	1.2	5.588		87.589849	1.246057	0.401258	4.869418
		3.0	1.982886		70.400747	3.674956	1.451733	11.800970
	容性微调2h	1.2	6.096		95.552563	1.359334	0.437736	5.312092
		3.0	2.163149		76.800838	4.009044	1.583709	12.873789
	容性微调30min	1.2	6.858		107.496633	1.529251	0.492453	5.976104
		3.0	2.433542		86.400920	4.510173	1.781672	14.483009
	容性微调10min	1.2	7.620		119.440704	1.699168	0.547170	6.640115
		3.0	2.703936		96.001038	5.011304	1.979636	16.092235
	容性微调10s	1.2	9.144		143.328844	2.039002	0.656604	7.968139
		3.0	3.244723		115.201239	6.013565	2.375563	19.310681
	晶闸管旁路长期	−0.233013	5.080	1.183704	—	4.429107	2.819657	8.858215
	晶闸管旁路8h	−0.233013	5.588	1.302074	—	4.872018	3.101623	9.744036
	晶闸管旁路2h	−0.233013	6.096	1.420445	—	5.314929	3.383589	10.629858
	晶闸管旁路30min	−0.233013	6.858	1.598000	—	5.979295	3.806537	11.958590
	晶闸管旁路10min	−0.233013	7.620	1.775556	—	6.643661	4.229486	13.287322
	晶闸管旁路10s	−0.233013	9.144	2.130667	—	7.972393	5.075383	15.944787
仿真计算	容性微调长期	1.200327	5.080	6.222099	79.644391	1.134332	0.365177	4.432006
	容性微调长期	3.005027	1.802624	6.221995	64.101805	3.348977	1.323361	10.752894
	容性微调10s	1.200327	9.144	11.199778	143.359893	2.041798	0.657319	7.977600
	容性微调10s	3.005027	3.244723	11.199590	115.383275	6.028159	2.382050	19.354992

晶闸管阀是TCSC装置的关键设备之一，必须满足TCSC装置在各种暂稳态条件下对其电压、电流强度的要求。在容性微调运行模式下，晶闸管阀电压

峰值的最大值为 143.328844kV，此时提升系数为 1.2，线路电流为 9.144kA；在容性微调运行模式下，晶闸管阀电流有效值、平均值和峰值的最大值分别为 6.013565kA、2.375563kA 和 19.310681kA，此时提升系数为 3.0，线路电流为 3.244723kA。在晶闸管旁路运行模式下，晶闸管阀电流有效值、平均值和峰值的最大值分别为 7.972393kA、5.075383kA 和 15.944787kA，此时线路电流为 9.144kA。综合容性微调和晶闸管旁路这两种运行模式的计算结果，晶闸管阀需耐受 143.328844kV 的电压应力和有效值为 7.972393kA、平均值为 5.075383kA、峰值为 19.310681kA 的电流应力。

4.5.2 晶闸管的适用性分析

表 4-11 列出国内外现有容量较大的晶闸管型号及其关键参数。这里以中国中车普通晶闸管中通流能力最大的 KP_E 7000-52 为例进行较为简略的分析。实际工程应用，情况要复杂多，还需要考虑如晶闸管的电压变化率、电流变化率等约束。

表 4-11　　若干现有晶闸管型号及其关键参数

晶闸管型号	制造商	I_{TAV}(A)	V_{DRM}(V)	I_{TSM}(kA)	最大直径/台面直径（mm）
KP_D 2400-85	中国中车	2400	8500	40.0	172/110
KP_D 2800-80	中国中车	2810	8000	65.0	172/110
KP_E 5000-65	中国中车	5000	6500	95.0	190/134
KP_E 7000-52	**中国中车**	**7000**	**5200**	**105.0**	**190/134**
5STP 38Q4200	ABB	4275	4200	64.5	150/100
5STP 52U5200	ABB	5120	5200	99.0	172/110
5STP 42U6500	ABB	4250	6500	86.0	172/110
5STP 48Y7200	ABB	4840	7200	92.0	192/138
5STP 45Y8500	ABB	4240	8500	90.0	192/138

4.5.2.1 耐压能力分析

TCSC 额定电压 U_N 可以用式（4-83）进行计算。

$$U_N = k_{BN} I_N X_C = k_{BN} I_N/(\omega C) \tag{4-83}$$

式中 U_N——TCSC 额定电压，V 或 kV；

k_{BN}——TCSC 额定提升系数；

I_N——TCSC 额定电流，A；

X_C——串联电容器组的工频容抗值，Ω；

ω——TCSC 所在电网的角频率，rad/s；

C——串联电容器组的电容值，F。

TCSC额定提升系数通常为1.1或1.2。TCSC晶闸管阀需要能耐受不低于保护水平U_{PL}的暂态电压。TCSC保护水平U_{PL}可以用式（4-84）进行计算。

$$U_{PL}=\sqrt{2}K_1U_N \quad (4-84)$$

式中 U_{PL}——TCSC保护水平，V或kV；

K_1——保护水平系数。

K_1通常为2.0～2.5。本算例中，约定K_1为2.3，TCSC保护水平约为189.536862kV，明显大于表4-10中容性微调模式下持续10s所对应的143.328844kV。

KP_E7000-52的断态重复峰值电压V_{DRM}为5200V，按照70%的电压利用率来计算，大致需要52个晶闸管串联才能耐受大小为189.536862kV的暂态电压。这个串联数不算太大，因此，KP_E 7000-52应该是适用的。当然，如果晶闸管的断态重复峰值电压值大些，需要串联的个数会相应减少。

4.5.2.2 通流能力分析

实际工程应用中几乎没有晶闸管并联，因此，在此仅考虑单个晶闸管是否能够满足通流能力的要求。

（1）对于正弦半波，当壳温度为55°C时，KP_E 7000-52的通态平均电流$I_{T(AV)}$为7000A，大于晶闸管旁路模式下持续10s所对应的5.075383kA，也大于容性微调模式下提升系数为3.0、持续10s所对应的2.375563kA。晶闸管旁路模式下，通态平均电流略大，晶闸管利用率约为0.725(5.075383/7.0)，乐观估计，KP_E 7000-52应该是适用的。

（2）当壳温度为55°C时，KP_E 7000-52的通态电流有效值$I_{T(RMS)}$为10990A，大于晶闸管旁路模式下持续10s所对应的7.972393kA，也大于容性微调模式下提升系数为3.0、持续10s所对应的6.013565kA。晶闸管旁路模式下，通态电流有效值略大，晶闸管利用率约为0.725(7.972393/10.99)，乐观估计，KP_E 7000-52应该是适用的。

（3）当晶闸管的结温为115°C，对于50Hz的正弦半波，KP_E 7000-52的通态不重复浪涌电流I_{TSM}为105kA（峰值），远大于晶闸管旁路模式下持续10s所对应的15.944787kA，也大于容性微调模式下提升系数为3.0、持续10s所对应的 19.310681kA。当然，此时还不能判断 KP_E 7000-52 是适用的。KP_E 7000-52 通态浪涌电流与 50Hz 周波数之间的关系如图 4-108（a）中所示。当周波数为 100，即持续时间长达 2s(100×0.02s）时，通态浪涌电流约为 24kA。如配以足够的散热措施，周波数大于 100 后，通态浪涌电流与周波数的曲线应该会更加平坦，因此，乐观估计应该可以做到大于 16kA 持续 10s。对于容性微调模式下的 19.310681kA 持续 10s，参照表 4-10 中相关数据，从晶闸管散热角度来看，应该不如晶闸管旁路时 15.944787kA 持续 10s 工况严酷。因此，乐观估计，KP_E7000-52 应该是适用的。

（4）KP_E 7000-52 最大通态功率损耗与通态平均电流之间的关系如图 4-108（b）所示。根据式（4-85）可以计算晶闸管的通态功率损耗。

$$P_{Tav}=V_{TO}I_{av}+r_TI_{rms}^2 \tag{4-85}$$

式中 V_{TO}——晶闸管的门槛电压，V；

r_T——晶闸管的斜率电阻，Ω；

I_{av}——晶闸管通态电流的平均值，A；

I_{rms}——晶闸管通态电流的有效值，A。

当晶闸管的结温为 115℃时，KP_E 7000-52 的门槛电压最大为 0.95V，斜率电阻最大值为 0.11mΩ。

对于表 4-10 中的容性微调模式提升系数为 3.0、线路电流为 3.244723kA 运行工况，按式（4-85）可得通态功率损耗为 6.234711kW。按照图 4-108（b）中的导通角为 30°来估算，30°曲线显示的最大通态功率损耗约为 10000W，大于 6.234711kW，因此，乐观估计，KP_E 7000-52 应该是适用的。

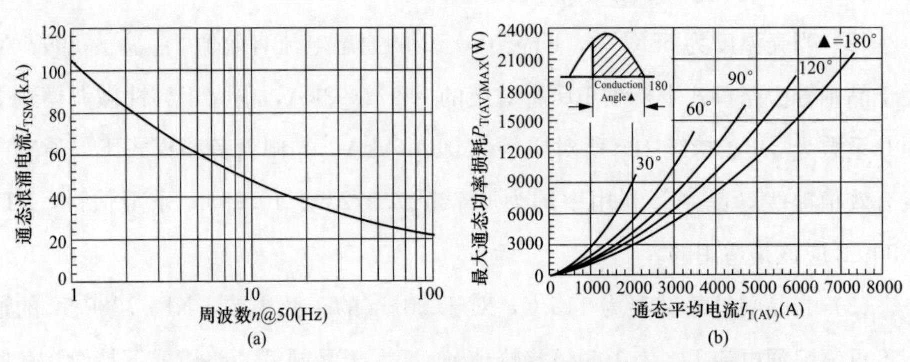

图 4-108　KP_E 7000-52 的通态浪涌电流和最大通态功率损耗

（a）通态浪涌电流；（b）最大通态功率损耗

对于表4-10中的晶闸管旁路模式、线路电流为9.144kA运行工况，按式(4-85)可得通态功率损耗为11.813109kW。按照图4-108(b)中的导通角为180°来估算，180°曲线显示的最大通态功率损耗约为22000W，远大于11.813109kW，因此，乐观估计，KP_E 7000-52应该也是适用的。

(5)对于线路故障，情况比较复杂，很难直接判断晶闸管是否适用，需要结合具体的工程应用实际情况进行综合判断。对于区外故障，流过TCSC的电流幅值相对较小，而且TCSC晶闸管阀可不旁路，因此，对晶闸管的电气应力要求通常略低。对于区内故障，流过TCSC的电流幅值相对较大，而且TCSC晶闸管阀通常会旁路串联电容器组，因此，对晶闸管的电气应力要求通常略高。如TCSC旁路开关能够顺利合闸或旁路开关合闸失灵但线路断路器能顺利分闸，则线路发生短路故障后，晶闸管阀处于旁路状态的持续时间应小于100ms，也就是说区内故障时，晶闸管耐受浪涌电流的持续时间应小于100ms。当然，晶闸管需要耐受的浪涌电流为线路短路故障电流和串联电容器组放电电流的组合。从图4-108(a)可知，当周波数为5，即持续时间为100ms时，通态浪涌电流达60kA，对应的线路电流有效值为42.43kA。特高压交流线路断路器的额定短路开断电流为63kA，可以约定短路电流最大为63kA，流过线路的故障电流必然小于短路电流，如果流过装有TCSC线路故障电流小于42.43kA，可以粗略估计KP_E 7000-52是适用的。

综上所述，尽管相关参数的裕度不大且还存在一些不确定因素，乐观估计KP_E 7000-52通流能力大致能满足额定电流为5080A的TCSC晶闸管阀的要求。当然，如果额定电流大于5080A、流过TCSC所在线路的故障电流略大、需要同时考虑TCSC旁路开关拒合且线路断路器拒动等情况，KP_E 7000-52通流能力就可能不满足要求。显然，从技术上来讲，TCSC要实现在特高压交流中的应用，首要难点在于晶闸管通流能力的不足。

4.5.3　双TCR支路可控串联电容补偿装置

4.5.3.1　概念的提出

如图4-109所示[109]，采用双TCR支路的并联，使得流过每条TCR支路上晶闸管的电流近似减半，从而解决晶闸管通流能力不足的问题。当然，如果通态平均电流I_{TAV}较小的晶闸管的价格优势很明显，则采用双TCR支路并联方案也能降低整个 TCSC 装置的成本。

两条 TCR 支路并联后，尽管这两条 TCR 支路所承受的电压相等，也会存在流过这两条 TCR 支路的电流不均匀问题。TCR 支路电流的不均匀大致原因如下：

（1）晶闸管的触发时刻不一致；

（2）阀控电抗器的特性不一致，如电抗器的电感值、品质因数等不一致；

（3）晶闸管的特性不一致，如晶闸管的门槛电压 V_{TO}、斜率电阻 r_T 等不一致；

（4）晶闸管的辅助电路特性不一致，如图 4-110 所示的晶闸管动态均压电阻、动态均压电容和直流均压电阻等不一致。

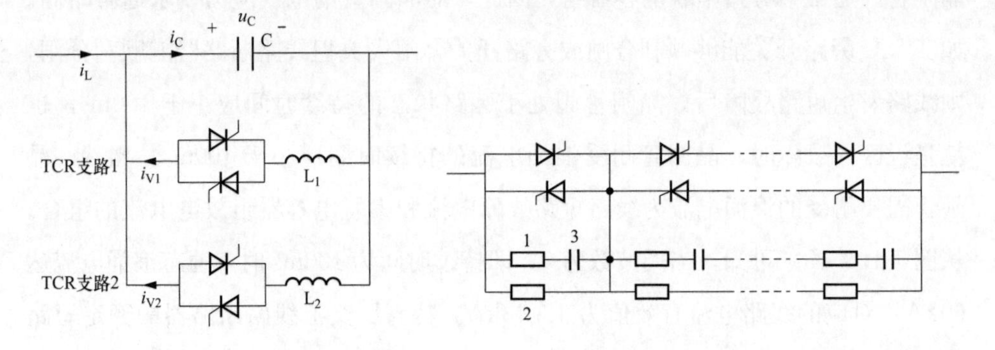

图 4-109 双 TCR 支路并联的 TCSC

图 4-110 晶闸管的均压电路

1—动态均压电阻；2—直流均压电阻；3—动态均压电容

4.5.3.2 双 TCR 支路可控串联电容补偿装置的控制

如果晶闸管阀及其触发电路、阀控电抗器等一致性比较好，TCR 支路电流不均匀的程度应可以忽略，则晶闸管阀可采用相对较为简便的同时触发控制方式，即可以省去 TCR 支路的均流控制环节。图 4-111（a）给出了同时触发控制方式下两条 TCR 支路的稳态电流波形。

如果晶闸管阀及其触发电路、阀控电抗器等一致性相对较差，TCR 支路电流不均匀的程度通常不能忽略，则晶闸管阀应增加 TCR 支路的均流控制环节。图 4-111（b）给出了非同时触发控制方式下两条 TCR 支路的稳态电流波形，此时，电流的峰值相等。

从 TCR 支路均流控制的目标来看，大致可以有以下几个目标：

（1）流过 TCR 支路电流峰值的绝对值相同[109]，如图 4-111（b）所示；

（2）流过 TCR 支路电流的有效值相同[110]；

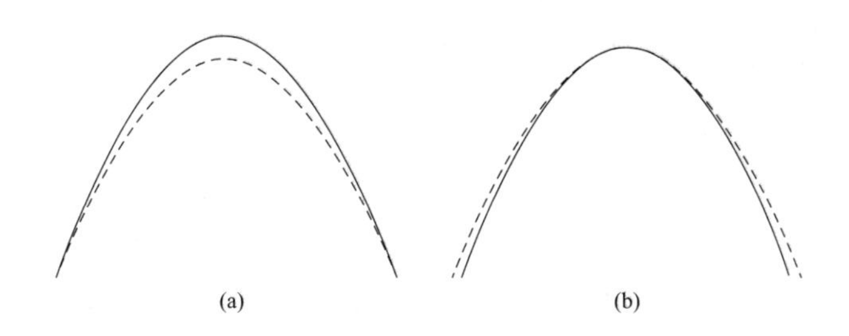

图 4-111　双 TCR 支路 TCSC 的触发控制方式
(a) 同时触发控制方式；(b) 非同时触发控制方式

(3) 流过 TCR 支路的通态平均电流相同；

(4) 晶闸管通态功率损耗相同，可按式 (4-85) 进行计算。

为说明问题方便起见，在此约定仅阀控电抗器的电感值不同，TCR 支路的其他特性，如晶闸管及其辅助电路的特性等都相同。不妨设图 4-109 中双 TCR 支路的 L_1 小于 L_2。采用同时触发控制方式，两条 TCR 支路近似为简单的并联，流过这两条 TCR 支路的电流按电抗器的电感值大小呈自然分配关系，即流过 L_2 的 TCR 支路电流会小些，而流过 L_1 的 TCR 支路电流会大些。如图 4-111 (a) 所示，虚线为流过 L_2 的 TCR 支路电流，相对小些。

下面仅以流过 TCR 支路电流峰值的绝对值相同为 TCR 支路均流控制的目标，来说明相应的控制方式，即采用不同时触发控制方式，L_2 所在的 TCR 支路先导通，L_1 所在的 TCR 支路后导通，并使得 TCR 支路电流峰值的绝对值相同。

如图 4-112 所示，为了确保两条 TCR 支路电流峰值的绝对值相同，TCR 支路 2 的晶闸管触发角 α_2 将减少，TCR 支路 2 电流将增加，对电容电压的提升作用将增强，也就是说，TCSC 基波电抗将增大。可见，TCSC 基波电抗控制和 TCR 支路均流控制是相互关联的，控制环节设计时尤其需要注意这一点。

TCSC 基波电抗的控制目标是使 TCSC 基波电抗等于指令电抗。TCR 支路均流控制的目标是使两条 TCR 支路电流尽可能一致，在此约定为 TCR 支路电流峰值的绝对值相同。根据是否有相应的反馈控制环节，大致有以下四种方式：

(1) 电抗开环控制、均流开环控制，即没有相应的反馈控制环节；

(2) 电抗开环控制、均流闭环控制，即仅均流控制有相应的反馈环节；

(3) 电抗闭环控制、均流开环控制，即仅电抗控制有相应的反馈环节；

(4) 电抗闭环控制、均流闭环控制，即都有相应的反馈环节。

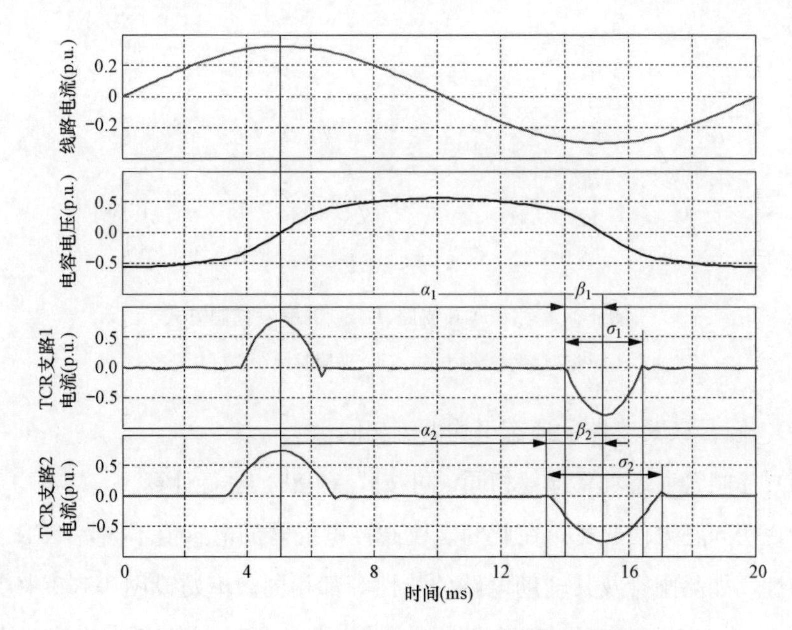

图 4-112　双 TCR 支路的 TCSC 稳态运行波形

TCSC 基波电抗开环控制的响应速度通常较慢，且存在控制偏差，适用于对 TCSC 基波电抗的响应速度要求不高，且允许存在稳态偏差的场合。如果 TCR 支路的不一致相对固定，即不随运行工况变化而改变，则可以采用两张不同的表格来反应晶闸管触发角和 TCSC 基波电抗对应关系的差异，从而实现 TCR 支路的均流。图 4-113 给出了较为直接的 TCSC 基波电抗开环、TCR 支路均流开环的控制框图。由于阀控电抗器的电感值不相同，容性微调模式下晶闸管的触发角 α_1 与 α_2 和 TCSC 基波电抗对应关系也不同，如图 4-114 所示。对于 TCR 支路 1，需要查表 1，即图 4-114 中的标记有 L_1 的曲线所对应的表格，得到晶闸管的触发角 α_1；对于 TCR 支路 2，需要查表 2，得到晶闸管的触发角 α_2。由于 L_1 小于 L_2，触发角 α_1 略大于触发角 α_2。

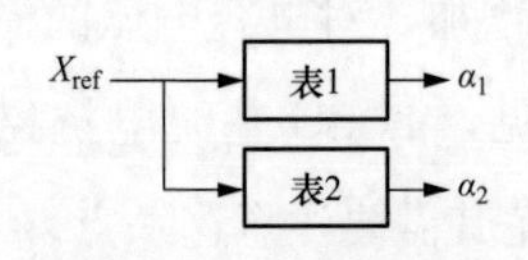

图 4-113　TCSC 基波电抗开环、TCR 支路均流开环的控制框图

显然，TCSC 基波电抗开环、TCR 支路均流开环控制的关键在于表 1 和表 2 的建立。对于 TCR 支路电流峰值绝对值相同的控制方式，通过较为烦琐的公式推导，可以应用解析法近似得到图 4-113 中的表 1 和表 2[109]。对于 TCR 支路电流的有效值相同、通态平均电流相同或更为复杂的晶闸管通态功率损耗相同等控制方式，很难应用解析法得到图 4-113 中的表 1 和表 2，但可以用数值计算法得到。

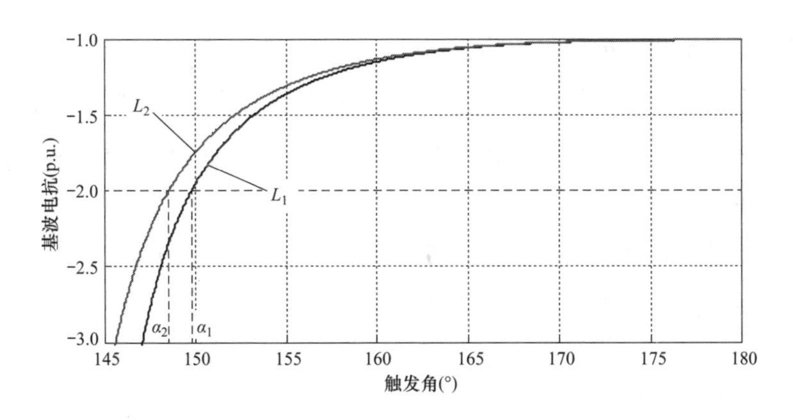

图 4-114　双 TCR 支路的 TCSC 基波电抗曲线

反馈量不同、控制环节不同，闭环控制的反馈方式也就不同。由于 TCSC 基波电抗控制与 TCR 支路均流控制会相互影响，在此约定通过控制晶闸管触发角 α_1 来跟踪 TCSC 基波电抗的指令值，通过控制晶闸管触发角 α_2 来实现 TCR 支路的均流，最终使得 TCSC 既满足基波电抗的控制要求，又尽可能地实现了 TCR 支路的均流。

对于 TCR 支路电流峰值的绝对值相同的控制方式，图 4-115 给出了 TCSC 基波电抗开环、TCR 支路均流闭环的控制框图，在指令电抗 X_{ref} 和晶闸管触发角 α_2 之间引入 TCR 支路 2 电流峰值绝对值的指令 i_{V2pk_ref}。图 4-115 中的表 1 和图 4-113 中的表 1 相同，图 4-115 中的表 2 表征了 TCSC 基波电抗和 TCR 支路 2 电流峰值的绝对值 i_{V2pk} 之间的对应关系，表 3 表征了 i_{V2pk} 与晶闸管触发角 α_2 之间的对应关系。显然，晶闸管的触发角 α_1 仅与电抗控制的指令值 X_{ref} 相关。对于 i_{V1pk} 和 i_{V2pk} 的差 Δi_V，图 4-115 采用相对较为简单的 PI 控制环节，相应的控制输出只用于确定晶闸管的触发角 α_2。容性微调模式下，由于 TCSC 基波电抗和 i_{V2pk} 之间可以近似为线性关系，PI 控制环节的参数设计相对来说会容易些。在此需要补充说明的是：i_{V2pk} 和 i_{V2pk} 都采用以线路电流 i_L 为基准的标幺值，这样一来，PI 控制环节的参数可以尽可能地适用不同的运行方式和工况。图 4-115 中的反馈设计试图弱化电抗控制和均流控制之间的耦合关系。不可否认，TCR 支路均流闭环的控制参数对 TCSC 基波电抗的阶跃性能还是存在一定的影响。

图 4-116 给出了 TCSC 基波电抗闭环、TCR 支路均流开环的控制框图，表 1 和表 2 与图 4-113 中的表 1 和表 2 相同。TCSC 基波电抗采用闭环控制通常是为

了提高 TCSC 基波电抗控制的响应速度，实现基波电抗的无差控制。显然，在得到表 1 和表 2 的过程中，已经计及了 TCSC 基波电抗与 TCR 支路均流之间的耦合关系。X_m 为 TCSC 基波电抗的测量值，ΔX 为 TCSC 基波电抗的指令值 X_{ref} 和 X_m 的差，图 4-116 采用了经典的 PID 或 PI 控制环节。若电抗偏差量 ΔX 不为零，则通过 PID、PI 环节或其他控制环节后，形成一个电抗反馈修正量对指令电抗 X_{ref} 进行修正，以加快控制响应速度，直至测量电抗 X_m 等于指令电抗 X_{ref}。

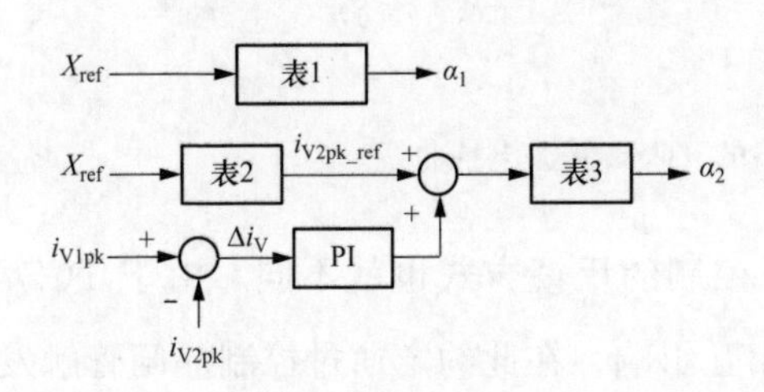

图 4-115　TCSC 基波电抗开环、TCR 支路均流闭环的控制框图

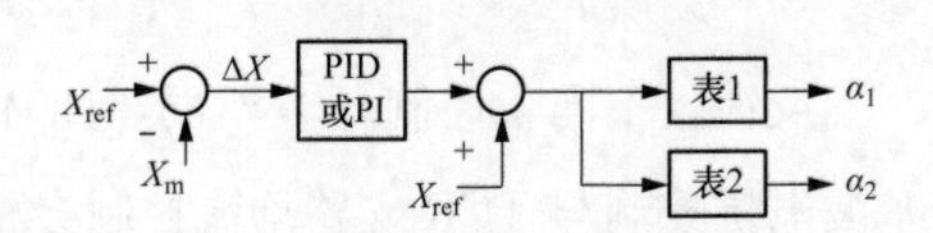

图 4-116　TCSC 基波电抗闭环、TCR 支路均流开环的控制框图

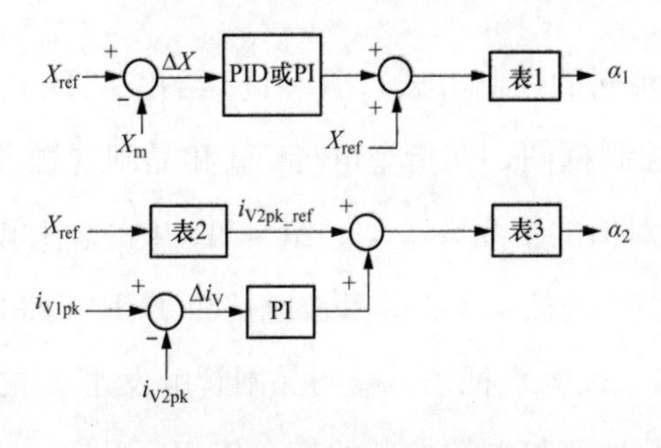

图 4-117　TCSC 基波电抗闭环、TCR 支路均流闭环的控制框图

图 4-117 给出了 TCSC 基波电抗闭环、TCR 支路均流闭环的控制框图，表 1、表 2 和表 3 与图 4-115 中的对应表格相同。显然，晶闸管的触发角 α_1 和 TCSC 基波电抗的指令值 X_{ref} 与电抗偏差量 ΔX 密切相关，和 TCR 支路均流控制的偏差量 Δi_V 没有直接关系。晶闸管的触发角 α_2 和 TCSC 基波电抗的偏差量 ΔX 没有直接关系，和 TCSC 基波电抗的指令值 X_{ref} 与偏差量 Δi_V 密切相关。与图 4-115 的类似，图 4-117 中的反馈设计也同样试图弱化电抗控制和均流控制之间的耦合关系。

4.5.3.3　双 TCR 支路可控串联电容补偿装置的保护

和固定串联电容补偿装置相比较，通常，可控串联电容补偿装置通常有下列保护功能[2]：

（1）阀过载保护；

（2）阀拒触发保护；

（3）阀不对称触发保护（需要时）；

（4）阀裕度不足保护（需要时）；

（5）冷却系统保护。

毫无疑问，双 TCR 支路 TCSC 也宜实现这些保护功能，还要兼顾双 TCR 支路的特点增加一些保护。所以，双 TCR 支路 TCSC 宜实现下列的保护功能：

（1）阀过载保护；

（2）TCR 支路 1 阀拒触发保护；

（3）TCR 支路 2 阀拒触发保护；

（4）TCR 支路 1 阀不对称触发保护（需要时）；

（5）TCR 支路 2 阀不对称触发保护（需要时）；

（6）TCR 支路 1 阀裕度不足保护（需要时）；

（7）TCR 支路 2 阀裕度不足保护（需要时）；

（8）TCR 支路不一致保护；

（9）冷却系统保护。

可以约定 TCR 支路 1 和 TCR 支路 2 是基本一致的，阀过载保护使 TCSC 具有了因阀过载而限制基波电抗或提升系数的功能。

如果 TCR 支路电流存在较为严重的不一致，很大可能是阀控电抗器等出现了故障，因此，TCSC 应具有反应 TCR 支路电流严重不一致的 TCR 支路不一致保护，相应的动作出口主要有：

（1）TCR 支路不一致保护动作事件记录；

（2）启动录波；

（3）合旁路开关，永久闭锁；

（4）永久闭锁晶闸管阀。

4.5.3.4　双 TCR 支路可控串联电容补偿装置的算例分析

图 4-118 给出了双 TCR 支路的 TCSC 等值算例，其中，特高压交流线路的长度为 354km，单位长度的线路参数如表 4-7 所示。TCSC 安装在特高压交流线路的送端，TCSC 装置的额定电流为 5080A，串联电容器组的电容值为 333μF。对于传统 TCSC，经计算可得 TCSC 阀控电抗器的电感值 L 为 5.75mH。对于双 TCR 支路 TCSC，约定两个阀控电抗器的电感值与额定值之间分别存在－5%和

+5%的制造偏差，可以计算得到 TCR 支路 1 阀控电抗器的电感值 L_1 为 10.9mH，TCR 支路 2 上阀控电抗器的电感值 L_2 为 12.1mH。仿真分析时，电抗器和晶闸管均选用理想模型，送端电源和受端电网都采用恒压源来等值。与实际工程一致，选用线路电流信号作为晶闸管阀触发同步信号，此时晶闸管的触发角与第 3 章图 3-7 中以电容电压为基准定义的晶闸管触发角 σ 相差 90°，需要进行相应的换算。

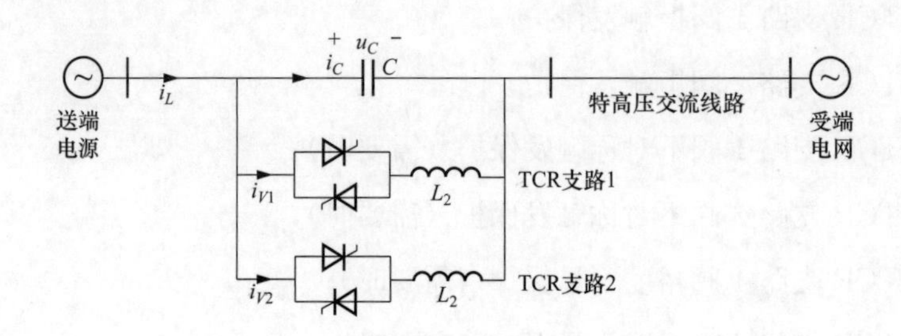

图 4-118　双 TCR 支路 TCSC 的等值算例

电抗调节能力是 TCSC 发挥作用的基础，这里仅将双 TCR 支路的 TCSC 基波电抗阶跃特性与传统 TCSC 基波电抗阶跃特性进行仿真比较。双 TCR 支路的 TCSC 基波电抗开环控制策略如图 4-115 所示，传统 TCSC 电抗开环控制策略如图 3-10 所示。图 4-119 给出了双 TCR 支路 TCSC 基波电抗向上阶跃 1.2～3.0p.u. 及向下阶跃 3.0～1.2p.u. 的仿真结果，其中，线路电流、电容电压、TCR 支路电流的正方向如图 4-118 所示。在 0.3s 时刻接到基波电抗向上阶跃指令，1.2s 时刻接到基波电抗向下阶跃指令。

从图 4-119 所示的仿真结果可以看出，TCSC 基波电抗在向下阶跃过程中 TCR 支路电流差相对较大，略小于 TCR 支路平均电流的 10%，之后，图 4-115 中的均流控制快速起作用，减小了 TCR 支路电流差，最终实现了两条 TCR 支路的均流。实际工程应用时，阀控电抗器的电感值不会相差 10%这样大，可以做到相差 2%以内，因此，TCR 支路的电流差也会随之减少。尽管两条 TCR 支路的特性一致是降低 TCR 支路电流差的根本，除此之外，还可以从下列三个方面来减少 TCR 支路电流差：

（1）增加图 4-115 中表 2 的数据量，使 TCSC 基波电抗和 TCR 支路 2 电流峰值的绝对值之间的对应关系更加准确。

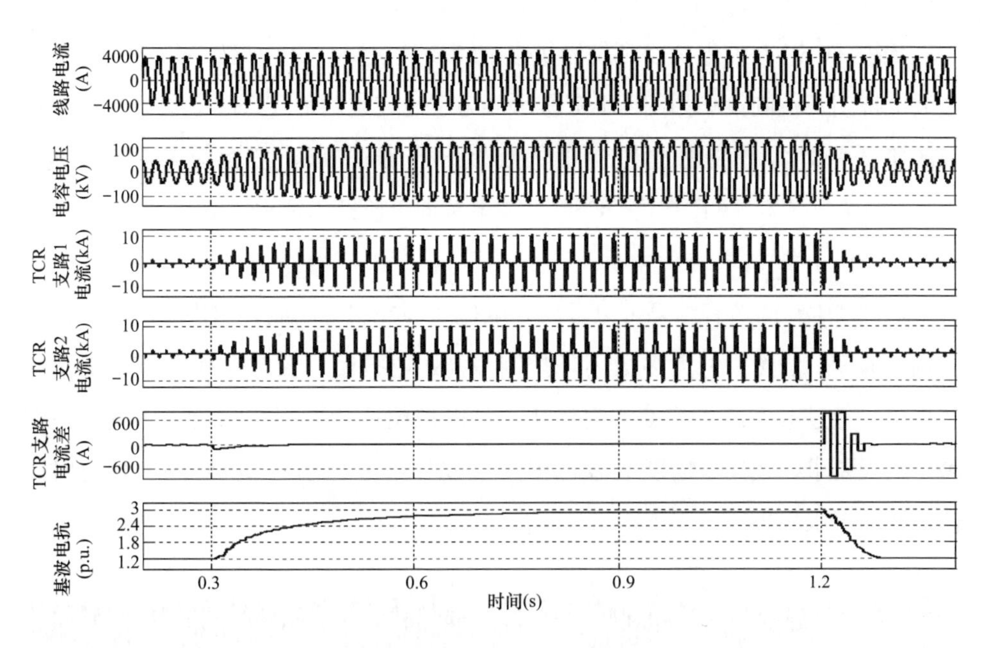

图 4-119　TCSC 基波电抗开环、TCR 支路均流闭环的阶跃响应

（2）改进 TCR 支路电流峰值的绝对值的获取方法。在电容电压过零时刻锁存 TCR 支路电流值的方法仅适用于稳态工况[109]，在 TCSC 基波电抗阶跃等暂态过程中会有明显偏差。

（3）在 TCSC 基波电抗的指令值有比较大幅度变化时，可对图 4-115 中的 PI 控制环节中积分项设置相应的初始值。

表 4-12 给出了两种 TCSC 基波电抗开环控制的仿真结果。向上阶跃时，阶跃时间是指由低值基波电抗的 1.05 倍上升到高值基波电抗的 0.95 倍所用的时间；向下阶跃时，阶跃时间是指由高值基波电抗的 0.95 倍下降到低值基波电抗的 1.05 倍所用的时间。可以看出，在基波电抗开环控制模式下，两种 TCSC 的基波电抗阶跃特性相仿。向上阶跃时，双 TCR 支路 TCSC 基波电抗阶跃时间略大于传统 TCSC 基波电抗阶跃时间，但这两个阶跃时间的差值在一个周波之内，故开环控制下，双 TCR 支路 TCSC 应能够满足工程应用要求。向下阶跃时，也有同样的结论。

表 4-12　两种 TCSC 基波电抗开环控制的仿真结果

提升系数（p.u.）	传统 TCSC		双 TCR 支路型 TCSC	
	阶跃时间（ms）	稳态阻抗（p.u.）	阶跃时间（ms）	稳态阻抗（p.u.）
1.2～3.0	342	2.96	353	2.95
3.0～1.2	65	1.20	72	1.20

传统TCSC基波电抗闭环控制策略如图3-10（b）所示，双TCR支路TCSC基波电抗闭环控制策略如图4-117所示。为了比较这两种TCSC基波电抗闭环控制的阶跃特性，基波电抗控制中的反馈环节都选PI，且相应参数都相同。图4-120给出了双TCR支路TCSC基波电抗向上阶跃1.2～3.0p.u.及向下阶跃3.0～1.2p.u.的仿真结果。

从图4-120的仿真结果可以看出，电抗闭环控制可以显著加快TCSC基波电抗响应速度。当然，同大多数闭环控制一样，电抗闭环控制会存在基波电抗超调现象。通过对反馈环节参数的优化，可以把超调量控制在一定范围内，使之满足工程要求。在向下阶跃到较低提升系数时，为了防止晶闸管阀出现短时闭锁，增加了限幅环节。

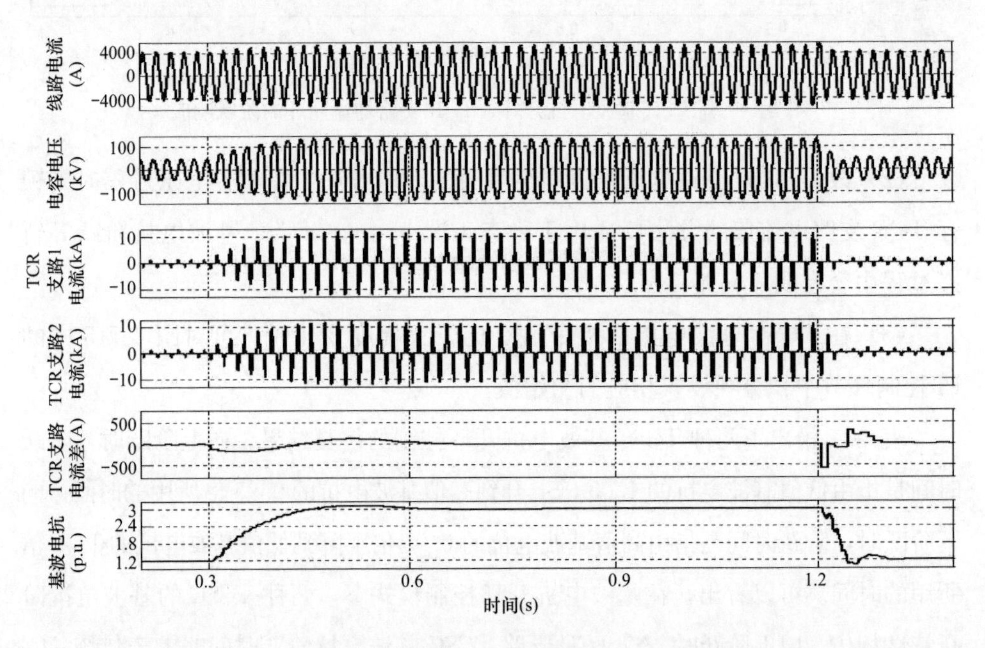

图4-120　TCSC基波电抗闭环、TCR支路均流闭环的阶跃响应

对于均流控制，在TCSC基波电抗阶跃等暂态过程中确实存在TCR支路电流差，但在电抗进入稳态后，电流差也快速衰减至零。与图4-119中的仿真结果相比较，TCSC基波电抗在向下阶跃过程中TCR支路电流差明显减少。

表4-13列出了电抗闭环控制下阶跃响应的仿真结果。向上阶跃时间由开环控制的350ms左右下降到闭环控制的104ms，向下阶跃时间由开环控制的70ms左右下降到闭环控制的34ms，响应速度提升效果比较显著。可以认为，基波电

抗闭环控制时，TCSC 阶跃响应速度都较快，不超过 6 个周波，稳态时均能实现基波电抗的无差控制。超调量是指阶跃过程中 TCSC 基波电抗最大值与指令值之间偏差的百分比。不难看出，两种 TCSC 在向上阶跃过程中的超调量均不超过 10%，在向下阶跃过程中的超调量略大，但都不超过 20%。

表 4-13　　两种 TCSC 基波电抗闭环控制的仿真结果

提升系数（p. u.）	常规 TCSC			双 TCR 支路型 TCSC		
	阶跃时间（ms）	稳态阻抗（p. u.）	超调量（%）	阶跃时间（ms）	稳态阻抗（p. u.）	超调量（%）
1.2～3.0	104	3.00	5.82	104	3.00	5.36
3.0～1.2	34	1.20	16.3	34	1.20	16.5

综上所述，无论是基波电抗开环控制还是闭环控制，双 TCR 支路 TCSC 基波电抗阶跃特性和传统 TCSC 基波电抗阶跃特性基本类似，阶跃时间之差都不超过一个工频周波，通过闭环控制都可以实现基波电抗的无差控制，因此，双 TCR 支路 TCSC 基波电抗响应能力应能满足工程应用的要求。

第5章 串联电容补偿装置的应用

5.1 固定串联电容补偿装置的应用

5.1.1 固定串联电容补偿装置在特高压电网中的应用

为提高晋东南（长治）—南阳—荆门特高压交流线路的输送能力和华中电网的安全稳定水平，充分发挥特高压大容量、远距离输电的优势，在1000kV晋东南（长治）—南阳Ⅰ线（全长为358.5km）及南阳—荆门Ⅰ线（全长为281.3km）上加装40%串补度的串补装置。其中，晋东南（长治）—南阳Ⅰ线串补装置采用分组布置，按20%串补度分为两组，分别装设在长治变电站和南阳变电站，用以改善沿线电压分布；南阳—荆门Ⅰ线串补装置采用集中布置，装设在南阳变电站，分为两段，每段串补度为20%，用以降低对串补装置主设备的要求；将串补装置安装在高压并联电抗器的线路侧，用以改善沿线和母线电压分布[77]。晋东南（长治）—南阳—荆门1000kV串补装置工程接线如图5-1所示。

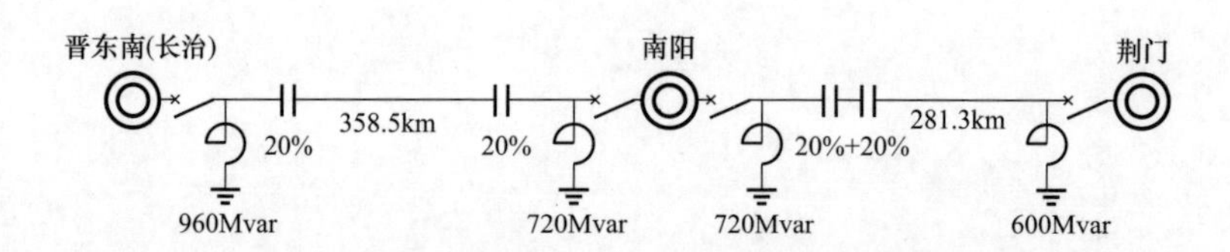

图5-1 晋东南（长治）—南阳—荆门1000kV串补装置工程接线图

2011年12月16日，晋东南（长治）—南阳—荆门1000kV串补装置工程投入运行，由中国电科院和中电普瑞科技有限公司设计研制，是世界首套1000kV电压等级的串补装置，其中，南阳和长治1000kV变电站串补装置工程照片分别如图5-2和图5-3所示。晋东南（长治）—南阳—荆门特高压交流试验示范工程扩建工程投运后，达到预期设计效果，晋东南（长治）—南阳—荆门1000kV线路输送能力从4480MW提高到了5600MW。

图 5-2　南阳 1000kV 变电站串补装置工程

图 5-3　长治 1000kV 变电站串补装置工程

晋东南（长治）—南阳—荆门 1000kV 串补装置工程过电压保护均采用 MOV 与间隙及旁路开关的保护方式（可参见第 4 章 4.2.1 节中的相关阐述），额定容量分别为 1500Mvar 和 2×1144Mvar，三套装置的总容量为 3788Mvar，主要技术参数如表 5-1 所示，动作时序要求可参见第 2 章中的表 2-2～表 2-5。

表 5-1　晋东南—南阳—荆门 1000kV 串补装置主要技术参数

项目	单位	南阳站长南线	南阳站南荆线
装置套数	套	1	2
单套装置额定容量	Mvar	1500	1144
额定容抗	Ω	19.38	14.77
串补度	%	20	20
额定电流	A，rms	5080	5080
额定电压	kV，rms	98.4	75.0
MOV 能量	MJ/相	83	70

与超高压串补装置相比较，特高压串补装置具有补偿容量大、额定电流大、电压等级高、可靠性要求高等特点。特高压串补装置在系统分析、一次主设备、电容器平台、控制保护系统等诸多方面都取得了显著的改进。图 5-4 给出了串补装置设备在特高压电容器平台上的布置方案，与图 2-11 所示的 500kV 电容器平台布置方案相比，显得更加紧凑。

1. 系统分析

国内超高压串补装置通常按所在线路热稳电流来选择串补装置额定电流，由于特高压线路热稳电流达 6～7kA，如仍沿用超高压串补装置惯例来确定特高压串补装置额定电流，将使串补装置容量过度冗余，且过多的电容器单元对整套串补装置可靠性也不利。根据近远景电网规划，确定电网正常及故障后方式下的输送容量，并合理利用串联电容器组的过负荷能力来适应故障、异常时应急功率输送的需求，综合确定串联电容器组的额定电流为 5.08kA[77]，如表 5-1 所示。同时，提出了 1.2 倍额定电流、持续时间为 2h 的过负荷要求来满足系统故障后应急功率输送的要求，作为对第 2 章表 2-1 的补充。

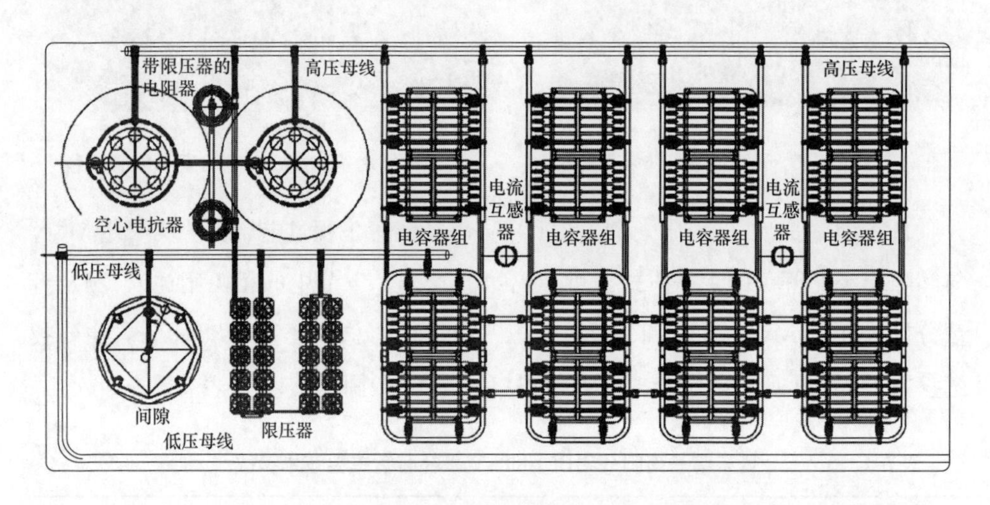

图 5-4　特高压电容器平台上设备布置

通过设定 MOV 能量保护的整定值和 MOV 过电流保护的整定值分别大于各种区外故障过程中 MOV 能量和电流的最大值，并考虑一定的裕度，从而实现区外故障时不允许旁路开关旁路串联电容器组、区内故障时允许旁路开关旁路串联电容器组。为了限制潜供电流的暂态分量、提高线路单相重合闸成功的概率、降低对两侧线路断路器的瞬态恢复电压，采用保护联动措施，即线路的继电保护发出线路断路器跳闸信号的同时，按相给该线路串补装置发旁路开关合闸指令。这一保护联动措施与区内故障时允许旁路开关旁路串联电容器组是相符的。

2. 一次主设备

特高压串补装置采用内熔丝电容器单元，电容器组的不平衡保护采用双桥差流保护（如图 5-4 所示），电容器单元采用花式接线，相关内容可参见第 4 章 4.1 中的相关阐述。鉴于电容器电极间的绝缘材料会不断发展，再考虑到不同厂商的绝缘薄膜性能也会有所差异，因此，在国家标准或行业标准中不宜对电容器的设计场强做出具体数值的限定。

特高压串补装置 MOV 中的非线性金属氧化物电阻片沿用额定电压较高的 QE36 型非线性电阻片[77]，其直流 1.0mA 参考电压约为 8.0kV，单位体积的能量吸收能力达 300J/cm³。由于串联电容器组的电压升高，需要重新研制 MOV 元件的结构。MOV 元件的外绝缘结构有瓷外套和硅橡胶复合外套两种形式。与瓷外套 MOV 相比，硅橡胶复合外套 MOV 具有重量轻、占用面积少、耐污秽性能好以及防爆性能好等优点。但是，瓷外套 MOV 的制造工艺相对成熟、运行经验也较为丰富，因而在特高压串补装置中率先得到应用。瓷外套 MOV 的高度为 2200mm，防爆机构设计满足 63kA 大电流下的压力释放能力要求。

特高压串补装置采用双主间隙串联结构的间隙，可参见第 4 章 4.2.1 中的相关阐述。通过各种改进和优化，使每个主间隙承受的工作电压提高到 60kV，通流能力提高到 63kA/0.5s、试验电流的第一个峰值为 170kA。间隙的触发放电时延，即间隙在触发允许电压下，从接收到触发间隙指令的时刻至主间隙导通时刻的时间差仍保持为不大于 1.0ms。

特高压串补装置阻尼装置采用电抗与带限压器的电阻型，可参见第 2 章 2.1.1.4 中的相关阐述。阻尼装置的额定电流为 6.3kA、动稳定电流为 170kA，幅值相对较大，实际工程实施时，采用两套阻尼装置的并联来满足这些要求，如图 5-4 所示。当旁路开关合闸后，阻尼装置中的空心电抗器和串联电容器组就组成并联电路，在空心电抗器参数设计时，应使这一并联电路的固有频率避开电网中比较容易出现的低次谐波和高压直流输电注入交流侧的特征谐波。

特高压旁路开关采用 T 形整体结构，额定电流为 6.3kA。特高压旁路开关采用了灭弧室和分流支路并联的结构来实现大的额定通流能力，分流支路触头先于灭弧室触头 3ms±1ms 分闸，后于灭弧室触头 2ms±1ms 合闸[77]。分流支路触头较灭弧室触头后合先开，没有开断和关合要求，结构简单，通流能力强。灭弧室通流能力为 3465A、分流支路通流能力为 4000A 时，通过合理地调整分流支路的电阻可以调节与灭弧室的电流分配，从而使特高压旁路开关满足 6300A 的通流能力。常规断路器操动机构分闸功率大、分闸速度快，将常规断路器操作机构的合、分闸输出倒置用于旁路开关，利用操动机构的分闸操作实现旁路开关的合闸，可以大幅提高旁路开关的合闸速度。特高压旁路开关的合闸时间最小做到了 30ms，满足技术条件中要求合闸时间小于等于 35ms 的要求[77]。

特高压旁路隔离开关的转换电流开合参数：转换电压为7.0kV，转换电流为6.3kA，开合次数为100次合分操作循环[77]。常规敞开式隔离开关转换电流开合能力仅为转换电压为400V，转换电流为1.6kA，不能满足要求。图5-5给出了通过加装真空断路器来大幅提高隔离开关转换电流开合能力的方法示意[111]。旁路隔离开关合闸操作时，在主导电杆操作下，通过辅助触头合闸→真空断路器合闸→主触头合闸→辅助触头分闸，完成合闸操作。旁路隔离开关分闸操作时，在主导电杆操作下，通过辅助触头合闸→主触头分闸→真空断路器分闸→辅助触头分闸，完成分闸操作。旁路隔离开关主导电杆联动多触头机械结构的操作要严格保证辅助触头、真空断路器和主触头的上述动作时序，使转换电流实际由真空断路器开合，从而大幅提高隔离开关的转换电流开合能力。

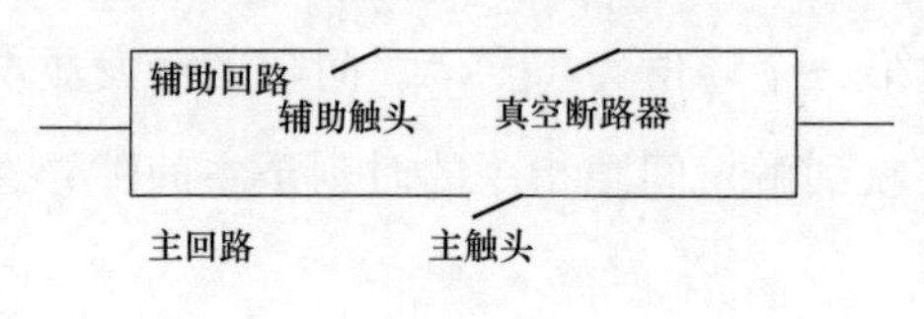

图5-5　提高转换电流开合能力的方法示意

特高压光线柱沿用了将光纤置于空心绝缘子内并在其内部填充绝缘膏脂的工艺结构。特高压光纤柱长度为10.8m，爬电距离不小于27.5m。光纤柱的光纤都是完整的，未经过熔接或转接，平均光损约为0.3dB，最大光损不超过0.6dB[77]。光纤柱的光纤和地面控制保护的光缆光纤采用了熔接方式进行连接。

特高压串补装置用电流互感器采用穿心式结构的铁芯电流互感器，额定电流比为5000A/1A。当线路正常运行时，线路电流通常远小于串补装置额定电流，此时电流互感器的偏差通常比额定电流下的偏差要大。为了保证测量精度，电流互感器的准确级应满足0.2级的要求。当线路发生短路故障时，短路电流高达串补装置额定电流的10多倍，甚至几十倍。此时，电流互感器应要避免饱和，以保证测量精度，电流互感器的准确级应满足5P30的要求。电流互感器设计最高运行电压为3.6kV（有效值），操作冲击耐受电压为30kV（峰值），雷电冲击耐受电压为60kV（峰值）。

3. 电容器平台

特高压电容器平台的尺寸为27m×12.5m、承重为120t、离地高度为

12m。特高压电容器平台及支撑系统具有高度高、荷载重量大、结构布置不对称等特点，是一种典型的“头重脚轻”结构。按照惯例，设备在长期荷载和短时荷载作用下的安全系数应分别高于 2.5 和 1.67。将大风作用和地震荷载分别视为长期荷载作用和短时荷载作用，在 7 度抗震设防烈度[112]、0.65s 场地特征周期地震荷载及风荷载和重力荷载组合作用下，力学数值仿真分析的结果表明：特高压串补装置最小安全系数分别为 2.75 和 2.28，满足前述行业标准要求[77]。

特高压电容器平台的相间 1000μs 长波前时间操作冲击放电特性试验结果表明：当相间距离达到 13m 以上时，受离地高度（12m）的影响，操作冲击 50% 放电电压 U_{50} 随相间距离的增加，放电电压的饱和程度比较明显。根据《1000kV 特高压交流输变电工程过电压和绝缘配合》（GB/T 24842—2018）推荐的方法进行绝缘配合计算，特高压电容器平台最小相间距离要求值为 10.0m[77]。综合考虑裕度等因素后，工程实际的相间距离为 14m。

考虑到海拔修正、空气湿度、金属表面光洁度等影响，特高压变电站设备均压环、屏蔽环及连接金具表面的设计场强按不大于 1.5kV/mm 控制（最高运行电压下，峰值）；跨线及母线绝缘子串的均压环、屏蔽环及金具的表面场强按不大于 2.0kV/mm 控制（最高运行电压下，峰值）。应用有限元三维仿真分析方法对特高压串补装置电气设备与导体及金具连接方式进行电场分析计算。特高压串补装置电气设备上均压环表面场强绝大部分在 1.5kV/mm 以下，位于拐角和终端处的支柱绝缘子均压环上场强略高，在 1.6kV/mm 左右，设备与管母间的伸缩线夹上电场强度最高在 2.1kV/mm 左右，远小于金属发生电晕的 3.0kV/mm 经验值，基本满足场强控制要求。电容器平台外设置围栏，除了满足标准规定的围栏至平台带电部分的安全净距不小于 17.5m 的要求之外[12]，还应满足电场强度的控制要求，即满足距离地面 1.5m 处的大部分区域不超过 10kV/m，局部区域不超过 15kV/m 的电场强度控制要求。

作为电容器主要噪声源的静电力振动与所施加在电容器上的电压/电流成正比，噪声的频率为外施电压/电流频率的 2 倍。串联电容器组在正常工作状态下仅流过 50Hz 电流，所以电容器单元外壳仅受到 100Hz 静电力的激励，辐射的噪声也是单频率 100Hz。使用 Sysnoise 软件对特高压串补装置噪声声场分布进行仿真[113]。仿真结果表明：声场分布整体上呈现出随距离增大而衰减的趋势，且具有对称性和方向差异性。声场还具有明显的干涉特征，使得有些方向上声场分布不满足衰减规律。特高压串补装置在距地面1.7m的高度上声压较低，小于52.5dB（A），不需要对噪声问题进行专门设计或采取特殊措施。

电容器平台上的暂态过电压和电磁干扰是影响平台测控装置可靠性的重要因素。间隙触发导通使大容量电容器组放电时，在放电回路中流过约百千安的瞬态电流，进而在电容器平台上感应出幅值高达几百千伏、频率约为10MHz的特快速暂态过电压。该过电压通过电气传导（以连接引线及平台构件为通道）、空间电磁场耦合等途径，给平台设备施加了宽频带瞬态电磁干扰。隔离开关操作过程也会在电容器平台上产生类似快速暂态过电压，耦合到平台测控装置[114]。基于部分单元等效电路（Partial Element Equivalent Circuit，PEEC）理论[115]，针对特高压电容器平台可以建立相应的复杂多导体系统仿真模型，仿真分析得到电容器平台上的快速暂态过电压分布规律。在电容器平台上的敏感区域加装避雷器和并联电容器，可使敏感区域的暂态过电压从近200kV降至30kV以下，消除特快速暂态过电压对平台设备威胁。

4. 控制保护系统

特高压串补装置控制保护系统实现了测控设备和保护设备在装置级独立，提高了装置的可靠性。保护采用双冗余配置，AB对等方式运行，可参见第2章2.1.2节中的相关阐述。基于基尔霍夫电流定律，实现了无旁路开关电流时的电流测量冗余校验，可参见第4章4.3.4中的相关章节。特高压固定串联电容补偿装置中又额外配置了独立的故障录波，在此需要着重指出的是：配置独立的故障录波并不是为了提高故障录波的可靠性。除了2.3中所列的13种保护之外，特高压串补装置还配置了SSR保护和电厂SSR联动串补装置保护，以应对可能存在的次同步谐振风险。

特高压平台测量箱及连接电缆所处的电磁环境比较恶劣，为确保整套串补装置安全可靠运行，需要严格考核强电磁场情况下平台测量箱的各项电气性能指标。通过电磁屏蔽效能工程计算公式，可评估计算平台测量箱体的工频电磁屏蔽效能。平台测量箱大电流试验[116]可用来模拟实际工况下的强工频电磁环境，测试和验证平台测量箱体的工频电磁屏蔽效能和改进措施的效果。

5.1.2　固定串联电容补偿装置在超高压电网中的应用

5.1.2.1　基于晶闸管阀的保护方案

2000年4月15日，美国南加州爱迪生电力公司在洛杉矶北面的500kV文森特变电站投运了世界上第一套基于晶闸管阀保护的串补装置（TPSC），如图5-6所示[92]。基于晶闸管阀的保护方案可参见第4章4.2.3中的相关阐述。2001年7月和2002年5月，又在文森特变电站投运了两套TPSC。之后，又在巴顿威洛（PG&E's Buttonwillow）附近的美德威（Midway）变电站先后投运了两套TPSC。这样一来，文森特和美德威之间的三回500kV线路中的6套串补装置中5套被改造成了TPSC。这5套TPSC都是用于提高线路的动态稳定性和输送能力，除了最后两套TPSC的Simadyn D控制保护系统有些小改进之外，其他都是相同的。串补度约为35%，额定电流为2.4kA，三相容量为401Mvar，额定阻抗为23.23Ω，保护水平为2.3p.u.。2009年12月在华东电网瓶窑—杭北单回线上安装并投运一台8.0Ω、额定电流为2.0kA的基于TPSC的故障电流限制器[88]。至今为止，最多也就6套TPSC工程，应用数量相对较少。

图5-6　文森特TPSC

5.1.2.2　基于快速保护装置的保护方案

现阶段，ABB公司主推基于快速保护装置的保护方案。

1. 在加拿大电网

2003年，第一代快速保护装置（FPD）在加拿大的卡穆拉斯卡（Kamouraska）变电站内的315kV串补装置一相上得到试验应用，如图5-7所示[117]。FPD与

图 5-7　FPD装置的工程应用现场

传统间隙并联运行 2 年多。在此运行期间，由于该线路的 FPD 所在相没有发生短路故障，因此，FPD 也就没有动作过。几年后，新一代 FPD 在加拿大的德斯·赫翠斯（Des Hêtres）变电站的 230kV 串补装置得到应用。采用 FPD 并不是为了满足电网降低瞬态恢复电压（TRV）的要求，而是串补装置厂家对常规空气间隙的技术升级替代。FPD 采用密闭结构，受外界环境影响小，能适应加拿大的低温环境，解决了常规间隙的误触发问题。从 2007～2015 年期间，发生过 1 次区内故障，FPD 正确动作，旁路了串联电容器组[74]。

2. 在中国的华北电网

汗海—沽源—平安城双回 500kV 线路是蒙西电网向华北电网送电的第二回通道，沽源开关站加装 4 套 500kV 串补装置，用以提高蒙西向华北电网的送电容量，确保张家口坝上风电电力的可靠送出。汗海—沽源双回线路上串补装置串补度为 40%，容量为 2×417Mvar；沽源—平安城双回线路上串补装置串补度为 45%，容量为 2×663Mvar。汗海—沽源双回线路的串补装置都采用 FPD。从 2010 年 9 月 15 日投运以来，FPD 共发生两次故障，都与 FPD 晶闸管控制单元（TCU）的供能变压器相关[74,118]。第一次故障于 2010 年 11 月 17 日发生在汗海—沽源Ⅱ线的串补装置上，第二次故障于 2010 年 11 月 19 日发生在汗海—沽源Ⅰ线的串补装置上。这两次故障都使串补装置被旁路。

监控单元（OSU）分别监视 A、B 双套 TCU 充电回路。TCU 充电回路的正常工作电压为 340V。当其中一套（A 或 B）电源工作电压持续 120s 降到 200V 以下时，OSU 即发出“TCU 充电回路故障”告警。当双套电源工作电压同时降至 200V 以下并持续 2s 时，串补装置控制保护系统判断出 TCU 充电回路不能正常工作，合旁路开关。通过对串补装置进行现场检查发现，供能用的降压变压器发生故障，串补装置控制保护系统判断开普托无法正常工作，合上旁路开关，导致串补装置被旁路。更换供能用的降压变压器，并调整了安装方式[119]，故障再没有发生过。作为一种新型的过电压保护设备，FPD 首次应用到中国电网，在设备初始运行阶段遇到一些问题都属于正常的现象。

3. 在非洲的南非电网

总共有 6 套串补装置安装在南非国家电网的 765kV 输电线路上，用以加强西开普（Western Cape）地区的输电网络。串补装置额定电流都为 3150A，容量最大的为 1340Mvar，最小的也有 446Mvar[120]。在南非电网的应用中，电气主接线如图 5-8 所示，串补装置阻尼装置和串联电容器组是串联的。之所以采用这样接线的原因有两点，一是降低对旁路隔离开关的转换电流开合能力要求，二是降低线路断路器的 TRV。

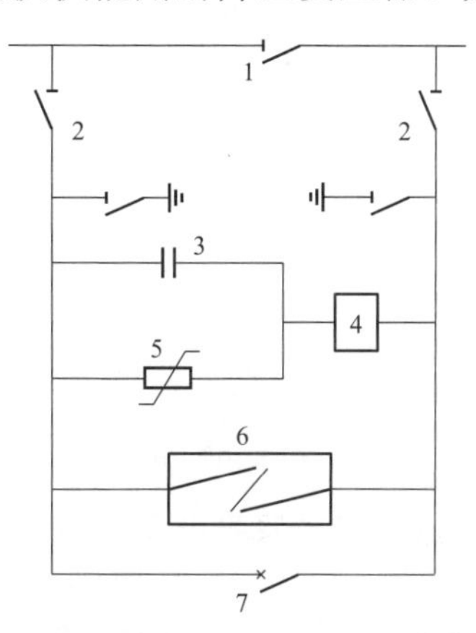

图 5-8　阻尼装置和电容器组串联的电气主接线图

1—旁路隔离开关；2—串联隔离开关；3—串联电容器组；4—阻尼装置；5—金属氧化物限压器；6—FPD；7—旁路开关

5.2　可控串联电容补偿装置的应用

5.2.1　冯屯 500kV 变电站可控串联电容补偿装置工程

冯屯 500kV 变电站是伊敏电厂向黑龙江省 500kV 电网送电的枢纽点，西北侧以两回 500kV 线路接入伊敏电厂，东南侧以三回 500kV 线路接入大庆 500kV 变电站。为满足伊敏等电厂的电力送出，避免新建交流线路穿越大兴安岭原始林区，同时降低系统发生次同步谐振的风险，故在伊敏—冯屯双回 500kV 线路的冯屯侧装设串补装置。500kV 伊敏—冯屯双回路甲乙线每回长度为 378km（其中 190km 线路采用同塔双回架设），两回线路末端分别有 2×150Mvar 高压并联电抗器和 1×150Mvar 高压并联电抗器，如图 5-9 所示。冯屯串补装置由补偿度为 30%的固定串联电容补偿装置和补偿度为 15%的 TCSC 组成。

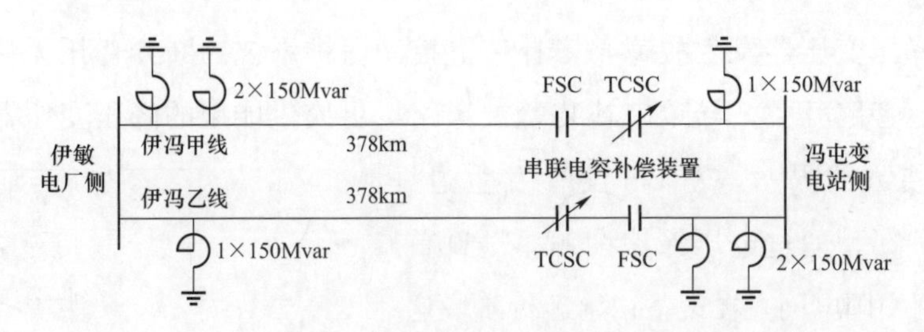

图 5-9 冯屯变电站 500kV 串补装置工程接线图

冯屯串补装置主要技术参数如表 5-2 所示。TCSC 晶闸管阀的额定参数如表 5-3 所示，每相晶闸管阀由 46 对反并联的 5 英寸晶闸管串联而成。冯屯 TCSC 的动作时序要求可参见第 3 章表 3-1～表 3-4。

表 5-2　　冯屯变电站 500kV 串补装置主要技术参数表

参数名称	单位	FSC	TCSC
系统最高运行电压	kV	550	550
额定电流	kA	2.33	2.33
额定电压	kV	77.86	46.72
额定容量（单回三相）	Mvar	544.3	326.6
串补度		30%	15%
电容器组容抗	Ω/相	33.4	16.71
MOV 能量	MJ/相	40	33
过电压保护水平	p.u.	2.25	2.35
额定提升系数		/	1.2
连续运行的容性电抗标称值（1.2p.u.）	Ω/相	/	20.05
最大提升系数		/	3.0
最大容许容抗	Ω/相	/	50.19

表 5-3　　TCSC 晶闸管阀的额定参数

运行方式	电流（kA，峰值）	电压（kV，峰值）
最大冲击电流/短时冲击电压	60.0	151.3
15s 工作电流/电压	8.51	115.9
8h 工作电流/电压	5.65	71.2
长期连续运行工作电流/电压	5.13	64.6

冯屯串补装置工程是世界上补偿容量最大的可控串补装置工程，于 2007 年 10 月投入运行，如图 5-10 所示。该工程投运后提高了呼伦贝尔送出系统的暂态稳定性，改善了呼伦贝尔送出系统的阻尼，使伊敏—冯屯线输送能力提高了 22.7%，满足了送出的需要，避免了新建一回横穿大兴安岭林区的 500kV 交流

线路，保护了大兴安岭原始林区的生态环境。同时，该工程在抑制次同步谐振、阻尼低频功率振荡、调节线路潮流等方面发挥了积极作用。

图 5-10　冯屯变电站 500kV 串补装置工程

图 5-11 给出了冯屯 500kV TCSC 的功率控制框图，主要由阻尼低频振荡环节、暂态稳定控制环节以及保护限幅环节等组成，其中，P_{L0} 为 TCSC 所在输电线路输送功率的参考值，P_L 为 TCSC 所在输电线路输送功率的测量值，X_{TCSC0} 为 TCSC 的目标阻抗，是电网对 TCSC 串联补偿容量的要求[121]。在此需要说明的是，为了减少双回线上 TCSC 不利的相互影响，两套 TCSC 控制保护采用相同的 P_{L0} 和 P_L，即都采用 TCSC 所在双回线路输送功率的参考值和测量值，而不是各自所在线路输送功率的参考值和测量值。

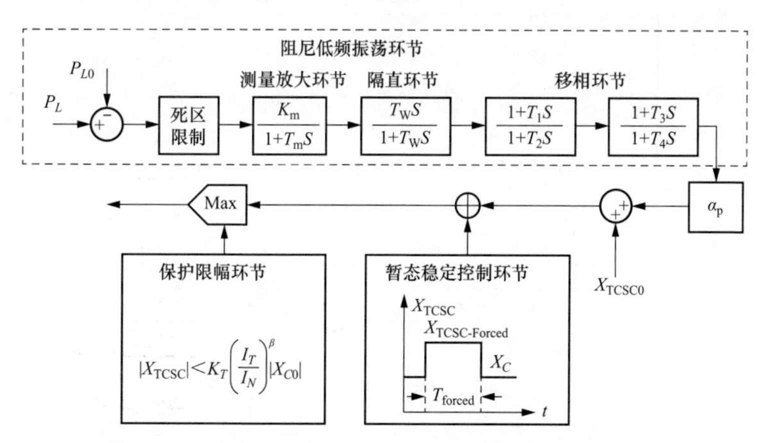

图 5-11　冯屯 500kV TCSC 的功率控制框图

TCSC 阻尼低频振荡环节由死区限制、测量放大环节、隔直环节和移相环节构成。其中，死区限制可避免 TCSC 在较小的随机扰动下经常动作，其大小可根据现场经验和要求来设定，也可以为零。测量放大环节从特性上近似为一个一阶惯性环节，其时间常数反映实际测量装置的特性。隔直环节与电力系统稳定器中隔直环节的作用相似，为一高通滤波器。隔直环节的主要作用是避免大故障后 TCSC 控制输入信号中可能产生的较大直流分量对 TCSC 控制效果的影响。移相环节是阻尼低频振荡环节中的主要部分，其作用是使 TCSC 基波电抗随着控制输入信号的变化而产生一个与控制输入信号之间有一定相位差的变化，TCSC 基波电抗变化将在振荡发电机群中产生一与转速偏差相位相近的附加转矩，从而有效地阻尼系统低频振荡。

暂态稳定控制环节用于提高电力系统的暂态稳定性，为一开环强补环节。其工作原理为：在电力系统暂态过程中，首先是暂态稳定控制环节动作，在电力系统短路故障清除后，立即将 TCSC 基波电抗快速调到给定值 $X_{TCSC\text{-}Forced}$（冯屯 TCSC 工程 $X_{TCSC\text{-}Forced}$选最大提升系数 3.0p.u.），提供强补功能，并持续一段时间 T_{forced}（冯屯 TCSC 工程 T_{forced}选 1.0s），以缩短送受端的电气距离，提高系统暂态稳定性；经过预先设定的持续时间 T_{forced}后，取消强补，即暂态稳定控制环节退出，转移到阻尼低频振荡环节，由阻尼低频振荡环节主导控制。

冯屯 TCSC 的运行范围如图 5-12 所示。显然，在暂态稳定控制和阻尼低频振荡过程中，不能把 TCSC 假定为可任意调节的可变串联电容器。

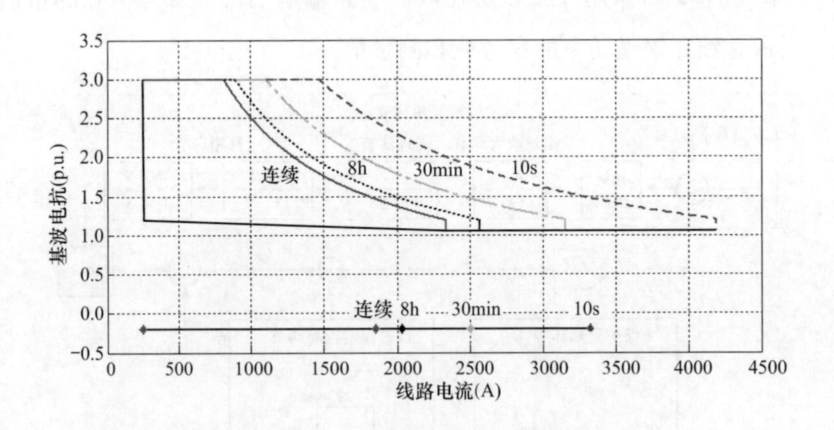

图 5-12　冯屯 TCSC 的运行范围

在旁路模式下，线路允许电流及其持续时间由晶闸管及阀控电抗器的参数决定，如晶闸管阀电流有效值不超过容性微调模式下晶闸管阀电流有效值。

当晶闸管阀电压和电流非常小时，不能可靠触发晶闸管阀，因此，TCSC 运行范围总是不能延伸到线路电流为零。晶闸管阀有一个最小电压，如果小于该电压，则没有办法实现阀触发和监控。另外，当线路电流较小时，有些晶闸管阀触发电路的取能会对晶闸管触发附加约束条件。因此，容性运行范围取决于最小线路电流和提升系数。线路电流较小时，串联补偿的作用受限，这可能会影响 TCSC 的运行范围和应用场合。次同步谐振会是一个考虑因素，在线路电流小于容性运行范围时，则应旁路串联电容器组。

5.2.2　瑞典斯多德 400kV 变电站可控串联电容补偿装置工程

瑞典斯多德（Stöde）400kV 串补装置最早是在 1974 年建成的。在 20 世纪 90 年代初期，采用非多氯联苯浸渍的电容器单元进行了改造，并调整了串联补偿度。1994 年，串补装置重新投入后，在瑞典中部福什马克（Forsmark）核电站的次同步电流保护经常动作，Stöde 串联电容器组被旁路。次同步谐振研究结果表明：在一定条件下，电网可能会发生次同步谐振。将容量为 493Mvar、串补度为 70％的 Stöde 400kV 串补装置改造为两段，即串补度为 49％的固定串联电容补偿装置和串补度为 21％的 TCSC，如图 5-13 所示，并于 1997 年成功投运[122]，相应的工程现场照片如图 5-14 所示。

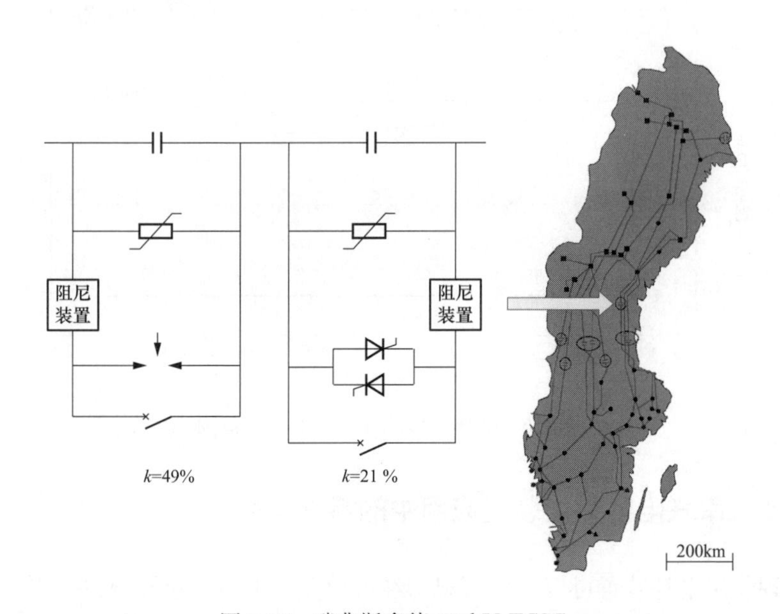

图 5-13　瑞典斯多德 400kV TCSC

TCSC 没有采用间隙，输电线路故障时，晶闸管阀可以快速旁路串联电容器组，从而减少了 MOV 能量。斯多德 TCSC 只用来降低次同步谐振的风险，提升系数为 1.2，可以近似认为 TCSC 的基波电抗不能调节。与图 5-12 相比较，TCSC 运行范围相当要小得多，串联电容器组的容抗为 18.25Ω，提升系数为 1.2 时的基波电抗为 21.9Ω，TCSC 额定电流为 1500A，短时过载能力为 2025A/30min 和 2250A/10min，如图 5-15 所示。斯多德 400kV TCSC 投运后，降低了电网发生次同步谐振的风险。

图 5-14　瑞典斯多德 400kV TCSC 工程现场照片

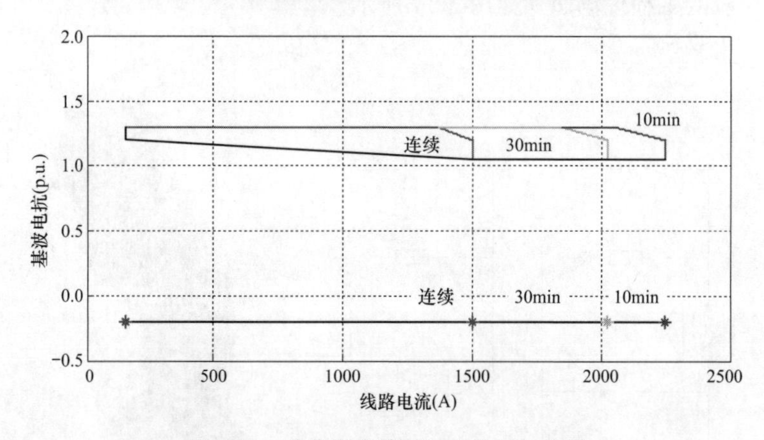

图 5-15　瑞典斯多德 TCSC 的运行范围

5.3　串联电容补偿装置应用中的特殊问题

合理使用串补装置可以产生可观的经济效益，但也可能出现一些特殊问题，如次同步谐振、铁磁谐振、电动机自激、潜供电流和线路断路器瞬态恢复电压的增加、对线路继电保护的影响等[10]。铁磁谐振和电动机自激可参见第 6 章中 6.4 和 6.5 节中的相关阐述。

5.3.1　次同步谐振

大型多级汽轮发电机组轴系在低于额定频率范围内一般有 4～5 个自振频率，容易发生次同步谐振。如次同步谐振比较严重，则能在短时内将发电机轴扭断，如次同步谐振较轻，也可能会消耗轴的机械寿命。

在设计、规划串补装置时应考虑避免次同步谐振风险的可行措施，必要时，可根据系统分析结果，并进行详细的分析和比较后，采用下列一种或多种抑制措施：

（1）设计串补装置时，将避免产生次同步谐振作为选择串联补偿度的原则。

（2）采用次同步谐振保护，在开始发生次同步谐振时合串补装置旁路开关。

（3）在发电机组升压变压器的出线上，根据机组轴系的自然扭振频率加装阻塞滤波器，阻挡可能引起次同步谐振的几个次谐波电流进入发电机内。

（4）同步电机采用附加励磁阻尼控制器来抑制次同步谐振。

（5）采用静止无功补偿装置或静止同步补偿器抑制次同步谐振。

（6）采用 TCSC 或次同步谐振阻尼器（Narain G. Hingorani Sub Synchronous Resonance，NGH-SSR）抑制次同步谐振。用 TCSC 降低次同步谐振风险可参见第 3 章 3.1 节中的相关阐述。

5.3.2　潜供电流

对于超/特高压输电线路，通常在高压并联电抗器中性点加装小电抗的方法来抑制潜供电流。线路加装串补装置后，由高压并联电抗器、串联电容器组到线路短路点形成的振荡回路，在原来的潜供电流上叠加一个相当大的暂态分量，可能导致潜供电弧难以熄灭。当间隙导通或旁路开关合闸后，这个暂态分量会很快衰减，一般不会影响单相重合闸的成功率。如果串补装置所在线路比较长或系统小方式运行时，短路故障可能不触发间隙，必要时可采用线路保护联动串补装置保护来提高线路断路器重合闸的成功率。

5.3.3　瞬态恢复电压

当串补装置所在线路比较长或系统小方式运行时，短路故障可能不触发间隙，串联电容器组没有被旁路，由于串联电容器组残压的作用，线路断路器跳闸瞬间其断口瞬态恢复电压会增加，严重时可能造成断路器重燃等问题。采用线路保护联动串补装置保护来触发间隙，随后旁路开关合闸，能显著降低瞬态回复电压的总体水平。

第 6 章　串联电容补偿装置在低压配电网应用的特殊性

6.1　配电网与串联电容补偿装置

中国按照《标准电压》（GB/T 156—2017）进行电网电压等级的划分。按电网电压等级，配电网可划分为高压配电网（35～110kV）、中压配电网 10（20、6）和低压配电网（220V/380V），在负荷较大的特大型城市，220kV 电网也有配电功能。

诚然，配电网低电压的原因各种各样，低电压治理措施更是不胜枚举。配电网串补装置通常被认为是解决长距离供电带来的低电压问题经济有效的措施[123,124]，还可以应对大容量电机起动带来的电压暂降、冲击性负荷带来的电压波动、长距离应急供电带来的低电压和小水电接入的电压质量等问题。

（1）长距离供电存在低电压问题的场合有跨越山区、负荷重或存在大型工业负荷的农村配电网线路，距降压变电所较远的油田、煤矿、锯木厂的供电线路，通过配电网串补装置可以经济有效地提高线路电压。

（2）电气化铁道接触网单位长度阻抗大，当供电臂较长、机车负荷较大时，在接触网末端往往会造成电压水平过低，严重时会造成作为辅机的三相异步电机定子电流过大而烧损，可以用串补装置提高线路的供电能力，较好地解决接触网末端电压偏低影响运输能力的问题[125]。对于动车/高铁等现代化高速列车，供电系统的设计更为合理，应用串补装置的需求大为减少。

（3）大容量电动机起动时，不但电流大而且功率因数偏低，通常会给配电网带来持续几秒的电压暂降，也可能因此而带来电压闪变问题。采用配电网串补装置能经济有效地减少线路电压暂降程度，进而解决电压闪变问题[126]。有现场经验表明：当电动机的额定功率小于安装点短路容量的 0.75%时通常没有电压闪变问题[127]。

（4）电弧炉、电焊机和由电动机驱动的破碎机/碎石机、轧机、电锯、电铲、挖掘机、电气化牵引等都属于冲击性负荷，往往会造成线路末端电压过低、电压波动剧烈等问题[127,128]。采用合适补偿度的配电网串补装置，在避免感应电动机自激的情况下，在较大的负荷范围内能提升线路末端电压，使电动机工作在额定状态，大幅减少由于冲击性负荷引起的电压波动[129]。这是因为串联电容器在线路中对电压波动的补偿作用是随着通过电容器的负荷而变化的，具有随负荷的变化而瞬时调节的性能，因此在负荷剧烈变化时，能自动维持负荷端的电压值，使电压的波动减少到较小值[4]。

（5）如变电站只有一路供电电源，当该路供电电源线路检修或故障停运时，该变电站将被迫倒至其他线路进行供电，此时可能存在供电半径过长的问题，变电所的母线电压可能会低于《电能质量 供电电压偏差》（GB/T 12325—2008）标准规定的下限值。此时，采用配电网串补装置是解决应急供电方案中低电压问题的经济快捷解决方案。

（6）小水电接入的配电网线路也是配电网串补装置一个重要应用场合。小水电的接入点通常在配电线路的末端区域，枯水期时，小水电基本上不发电，电压随线路长度的增加而降低，线路末端存在低电压问题；丰水期时，小水电发出的电能无法就地消纳，需要向电源端倒送，即线路的潮流方向发生了改变，此时如线路的负荷率较低，则末端电压会偏高。如小水电的装机容量相对较大，且配电网末端线路的线径较细，则小水电接入的配电网线路的高电压和低电压问题会比较突出。配电网串补装置能有效地解决小水电接入的配电网线路存在的季节性电压不合格问题[130]。

图 6-1 是配电网串补装置用于解决长距离供电带来的低电压问题的一个工程算例。最远处的负荷接入点距变压器（电源点）大于 15km，接近 18km。配电网串补装置安装在距变压器 4km 处。没有配电网串补装置时，10kV 线路末端的电压低于 8.8kV，加装配电网串补装置后，线路末端电压提升到大于 9.5kV，提升幅度达 0.7kV，可见治理效果显著。这不仅是因为配电网串补装置在 4km 处补偿了感性电压降落约 0.4kV，还因为是配电网串补装置提供的容性无功功率提高了功率因数，进而提高了配电网串补装置进线侧的电压约 0.3kV。

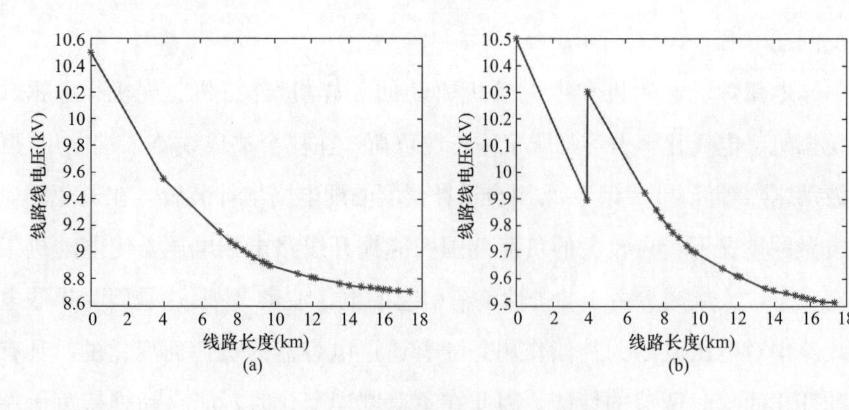

图 6-1 配电网串补装置工程算例

(a) 无配电网串补装置；(b) 有配电网串补装置

串补装置对线路电压提升通常应满足下面两个条件[131]：

1）线路的等值电抗等于或大于线路的等值电阻；

2）负荷功率因数相对较低。

高压配电网串补装置[132]和超/特高压串补装置较为接近，相关技术要求可参照《电力系统用串联电容器》（GB/T 6115）系列标准。该系列标准修改采用IEC 60143 系列标准，适用于每相容量为 10Mvar 以上的串补装置。中压配电网串补装置和超/特高压串补装置有较为明显的差异，通常要求简单、经济、快捷和有效，是本章的阐述重点。380V/220V 线路等值电阻导致的电压降落通常较大，宜采用有源补偿，才能得到较好的电压补偿效果。

6.2 安装点和容量

6.2.1 安装点

配电网串补装置安装点对补偿效果、建设费用和运行维护等都有很大的影响，因此，要从多方面加以综合考虑，应尽可能做到补偿效果好、建设费用少、运行管理方便，能适应电网的发展等。选择配电网串补装置在线路上的安装点时，宜考虑下面几个主要因素：

（1）确保沿线各负荷点或主要负荷点的电压水平；

（2）尽量减少各负荷点的电压对额定电压的偏差，使全线电压分布尽量均匀；

（3）减少短路电流对配电网串补装置冲击；

（4）兼顾地形、交通、维护、运行及巡视上的方便[133]。

若负荷全部集中在配电线路的末端，如跨越山区的农村负荷或远方矿山负荷，从改善受端电压水平的角度来看，配电网串补装置安装在线路上任何一点都是一样的。当然，此时配电网串补装置安装点的不同均不会改变流过配电网串补装置的电流大小，因此就不会影响配电网串补装置降低线路损耗的作用。但由于配电网线路发生短路故障的机会较多，为了减少短路电流对配电网串补装置冲击并便利于维护，优选位置则是线路的末端且紧靠负荷的电源侧，此时串联电容器承受的故障电气应力最小，可选择较为经济的串联电容器保护配置[4,128,134]。

沿配电线路接有若干个负荷时，在确保各负荷点（特别是线路末端）电压水平的前提下，可以这样选择配电网串补装置安装点：

（1）如送端电压基本上保持不变，同时又不希望沿线任意点的电压高于送端电压时，可将配电网串补装置安装在全线压降的 1/2 处[4,131]，并按配电网串补装置出线侧的第一个负荷点电压等于送端电压来选择串联电容器组的容抗 X_C。这样可使线路末端压降及电压波动减少一半，沿线其余各负荷点的电压水平也相应得到改善。

（2）如允许配电网串补装置出线侧的电压高于送端电压，那么将配电网串补装置安装于全线压降的 1/3 处，能使沿线各负荷点的电压偏差为最小，这时配电网串补装置补偿全线压降的 2/3，因而配电网串补装置出线侧第一个负荷点的电压比送端电压高出全线压降的 1/3，而末端压降仅为补偿前的 1/3[4]。

（3）如系统运行方式变化较大，单点补偿不能满足要求时，可以适当增加补偿点数，但这会相应增加投资和维护费用。通常多点补偿的效果要优于单点补偿，但总的补偿容量可能会略大些[135]。

当用户有较大容量的交流电动机时，串联电容器可能会引起电动机自激。如果有大容量电动机的负荷不在线路末端，则可适当改变配电网串补装置安装点的方法来避免电动机自激[136]。如图 6-2 所示，假定负荷点“2”有大容量电动机，若负荷点“2”的电压水平不需要补偿，则可将配电网串补装置安装在点“2”后面；若负荷点“2”的电压水平必须补偿，则可以将电容器分别安装在点“2”前后，即分设两套配电网串补装置，这样可以减少电动机发生自激的可能性。

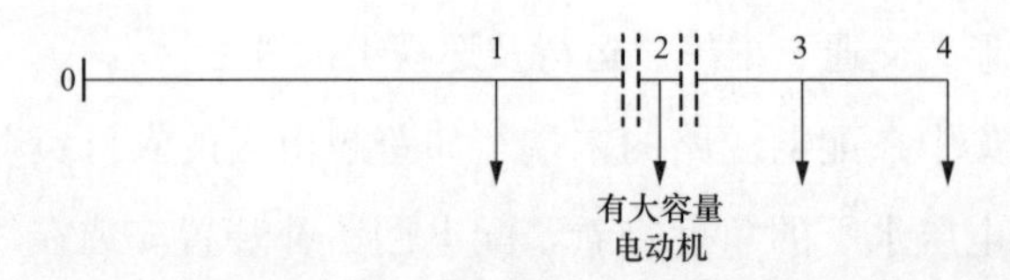

图 6-2　有大容量电动机时的配电网串补装置安装点的选择

综上所述，若线路沿线有多条分支馈线，为使整条线路的电压都得到改善，配电网串补装置宜选择在距离线路送端较近处，通常在最大负荷时电压偏差为全线电压偏差的 1/3～1/2 处。当然也有例外，如可选择在电力机车牵引变电所内的馈线侧[125]，以便于配电网串补装置运营维护和管理。

6.2.2　容量

配电网串补装置容量选择主要取决于补偿电压要求所决定的容抗 X_C 和通过配电网串补装置的最大负荷电流。最大负荷电流应考虑正常运行时各类极端情况时的最大负荷，并留有适当的裕度。尽管在线路上安装配电网串补装置会对线路继电保护产生相应的影响，但通常不宜通过限制配电网串补装置的容量或补偿度来保证线路故障时继电保护的正确动作。

配电网串补装置容量可根据补偿目标，采用简单的经验公式先进行估算。当然，配电网串补装置具体安装点和容量宜通过配电网线路的潮流分析、计算和校核，并结合实际情况来确定。当民用负荷和工业负荷通过同一条长距离线路进行供电时，配电网串补装置安装点和容量还要受电压闪变等条件的限制[123,124,126]，如需要，还应兼顾铁磁谐振和电动机自激等约束条件。在线路潮流计算基础上，可采用各种优化算法[137]对配电网串补装置安装位置和安装容量进行优化确定。这里确定的还仅仅是配电网串补装置的理论计算容量，其实际容量还需要根据计算所得到的串联电容器组的容抗和电流值，按照标准型号的电容器规格来具体选定。

6.3　串联补偿度

对于配电网，由于存在 T 接线路和分散负荷，线路串补度的计算公式（1-1）中的 X_L 不是确定的，无法照搬。如沿用串补度这个术语，但却赋予其新的含义，即为串联电容器组的容抗与系统和配电网串补装置安装点之间的总电抗之比[124,138]，由式（6-1）可知，这个总电抗包括系统的等值电抗、配电变压器的短路电抗和母线到配电网串补装置安装点的线路电抗。显然，这样定义的串补度是不确定的：

（1）由于系统的等值电抗是随着系统运行方式的不同而变化的，系统和配电网串补装置安装点之间的总电抗不是固定不变的。这样一来，虽然串联电容器组的容抗不变，但是配电网串补装置串补度会随着系统运行方式变化而改变。

（2）同样的补偿容量，在同样的配电网线路上，只要安装地点稍微有些差异，配电网串补装置串补度是不同的。

（3）当配电网线路上有多套配电网串补装置时，系统和配电网串补装置安装点之间的总电抗随着串联电容器组的投和退会有非常大的差别，从而会导致配电网串补装置串补度有剧烈的变化。

（4）对于用配电网串补装置来解决丰水期线路电压过高的场合[138]，配电网串补装置两侧都有电源，因此，系统和配电网串补装置安装点之间的总电抗更加不确定。

综合上述四点，这样定义的串联补偿度是值得商榷的。

$$k = 100(X_C/X_L)\% \tag{6-1}$$

式中　k——串补度；

X_C——串联电容器组的容抗，Ω；

X_L——系统和配电网串补装置安装点之间的正序电抗的总和，Ω。

没有 T 接线路时，第 1 章式（1-1）中的 X_L 是明确的，当然是指设有配电网串补装置的配电线路的正序感抗的总和，不包括负荷的等值电抗。如果线路中都是分散性的较小负荷，X_L 的含义可不变，又如线路上有若干负荷点 1、2、3、4 等（如图 6-3 所示），其中，以负荷 1 为最大，居主要地位，2、3、4 各点的负荷均可被看成是 1 处的附加负荷。鉴于串联补偿度 k 值应在一定程度上代表配电网串补装置运行特性，对于式（1-1）中的 X_L，有建议以线路 0～1 之间的正序电抗的总和 X_{0-1} 值为宜，不应取为 X_{0-4} 或其他[139]。显然，这一建议没有解决负荷点 1、2、3、4 基本上同等重要时，该怎样计算 X_L 值，也没有解决线路有 T 接时，又该怎样计算 X_L 值。

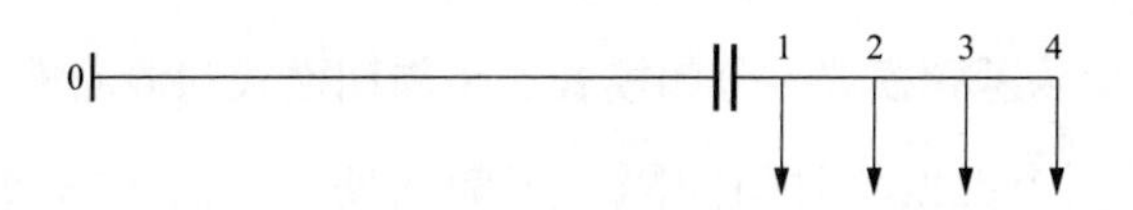

图 6-3　分散负荷示意图

鉴于配电网串补装置用于补偿线路的感性电压，《配电网串联电容器补偿装置技术规范》（DL/T 1832—2018）行业标准采用电压补偿度（voltage compensation degree）的概念，即串联电容器组额定电压的$\sqrt{3}$倍与所在线路的系统标称电压的比值，可以作为串联补偿度定义的补充。电压补偿度是确定的，不会随着系统运行方式变化而改变，也不受线路 T 接的影响。

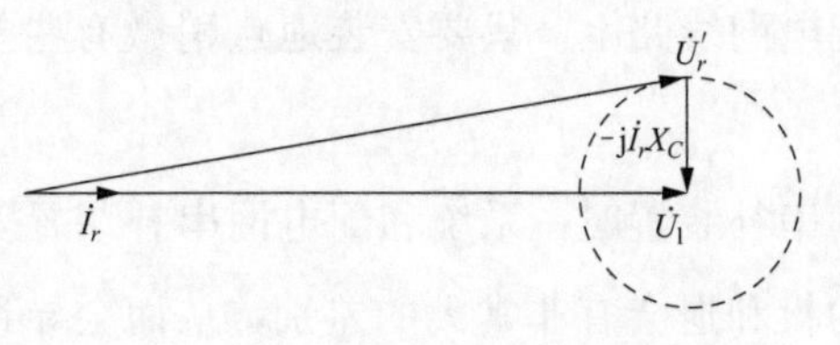

图 6-4　配电网串补装置补偿感性电压的向量图

约定配电网串补装置进线电压$\dot{U}_1$幅值不变，则配电网串补装置补偿感性电压的向量图如图 6-4 所示。以 10kV 配电网为例，约定配电的进线电压$\dot{U}_1$幅值为 GB/T 12325—2008 规定的下限，即比标称电压低 7%，出线电压$\dot{U}_r'$幅值为 GB/T 12325—2008 规定的上限，即比标称电压高 7%，线路电流$\dot{I}$幅值为配电网串补装置额定电流，并与电压$\dot{U}_1$同相位。不难计算得到：配电网串补装置提供的补偿电压幅值约为 0.5292，对应的电压补偿度也为 0.5292，补偿前的功率因数约为 0.87，补偿后的功率因数为 1.0。进一步可以约定配电网串补装置电压补偿度不宜超过 53%。当然，如电压$\dot{U}_1$或$\dot{U}_r'$幅值偏差允许更大些，或配电网串补装置额定电流选取时裕量较大，配电网串补装置电压补偿度会超过 53%。对于其他电压等级的配电网串补装置，也可以得到相应限值。

6.4　铁磁谐振

6.4.1　铁磁谐振的危害和谐振模式

铁磁谐振是一种复杂的非线性电磁谐振现象，泛指电力系统中由于铁芯饱和并与电容耦合而引起的长时间过电压和/或过电流振荡的现象[140]。铁磁谐振带来的危害主要有：过电压、过电流，波形畸变，破坏电力绝缘，损坏电力设备，致使保护等装置误动作，甚至造成系统崩溃事故等。如果没有得到较好解决，铁磁谐振往往会成为广泛应用配电网串补装置的一个技术障碍。铁磁谐振有多种模式，主要为基频模式、分频模式、类周期模式和混沌模式[140]，如图 6-5 所示。基频模式两个尖顶的时间间隔为工频周期 T，而 $1/N$ 次分频模式的两个尖顶波的时间间隔为工频周期的 N 倍。类周期模式有两个基本频率，尖顶波间隔不固定，但是分布较为稳定。混沌模式的尖顶波之间的时间间隔完全没有规律。

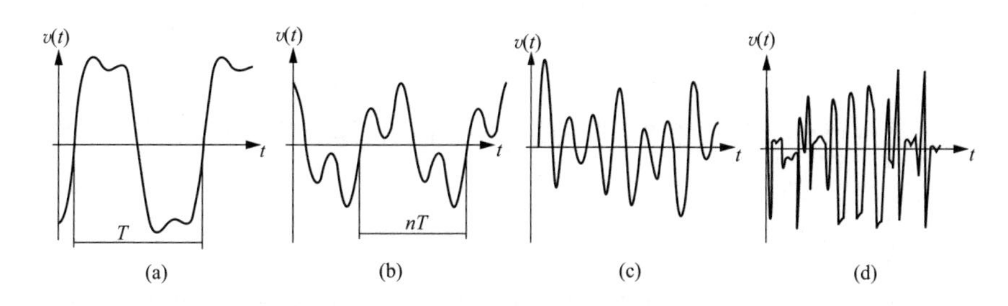

图 6-5　铁磁谐振的模式

（a）基频模式；（b）分频模式；（c）类周期模式；（d）混沌模式

6.4.2　串联电容器与铁磁谐振

变压器是电力系统中非线性电感的主要来源之一。在配电网串补装置出线侧的线路上带有空载变压器的情况下，投入配电网串补装置时，或者在配电网串补装置已经投入运行的情况下，投入空载变压器时，都有可能发生铁磁谐振。发生时，空载线路上的电流时大时小，在变压器和串联电容器组上将发生过电压，电灯一明一暗，变压器发出时大时小的吼声[139]。

为了说明铁磁谐振的基本规律，以配电网串补装置出线侧投入空载变压器为例，采用图 6-6 所示的串联谐振简化等值电路。严格来说，在带铁芯的电感两端施加交流正弦电压时，流过电感的电流不会是正弦电流；但这里只分析工频基波的谐振，因为基波是其主要成分。分析中，假设 $\dot{U}_L$ 和 $\dot{I}$ 都做正弦变化。这样，就可以利用交流电路中的向量方法，电压和电流均用有效值表示，与此同时，非线性电感的励磁特性用伏安特性表示。

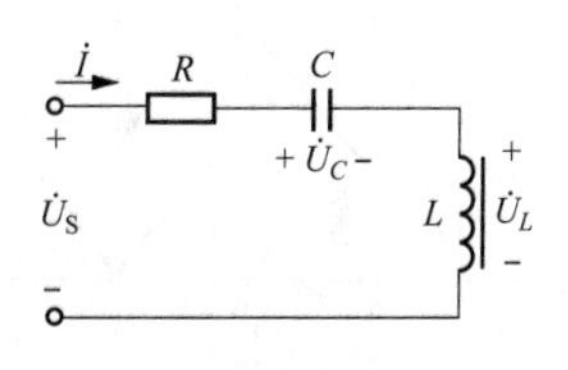

图 6-6　串联谐振的简化等值电路

约定 $R=0$，按照基尔霍夫电压定律，有

$$\dot{U}_S = \dot{U}_L + \dot{U}_C \tag{6-2}$$

如用绝对值表示，则有

$$U_L = U_C \pm U_S \tag{6-3}$$

正负号分别对应于感性电流状态和容性电流状态。用图解法，可作出图 6-7 所示的曲线[133]。图中 ΔU 是曲线 U_C 与曲线 U_L 之差的绝对值。图中 U_S 与 ΔU

曲线的交点就是式（6-3）的解。当U_S不是特别大时，通常有3个交点，也就是有3个运行点：

（1）运行点1：这是非铁磁谐振的稳定运行点，属于感性运行区，此时$U_L>U_C$，有$U_S=U_L-U_C$。

（2）运行点2：这是铁磁谐振的稳定运行点，属于容性运行区，此时$U_L<U_C$，有$U_S=U_C-U_L$。

（3）运行点3：这是一个非稳定运行点。

如要发生谐振，系统应事先受到足够强烈的冲击扰动，产生足够强烈的初始振荡，并使电流在这种扰动过程中达到临界值I_{Lj}，然后因铁芯电感的饱和效应而偏离临界值I_{Lj}点，最后达到稳定运行点2，激发起稳定的铁磁谐振现象。显然，这属于需要暂态扰动的铁磁谐振。

当然，如果U_S足够大或相应的电感感抗和电容容抗足够小时，不论系统的初始条件如何，均会自发地产生铁磁谐振。这属于不需要暂态扰动的铁磁谐振。

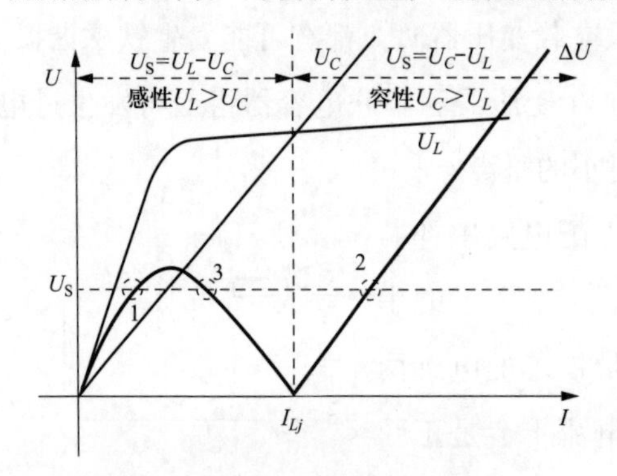

图6-7　串联铁磁谐振的伏安特性

当然，谐振回路中总有一定的电阻，即$R\neq0$。此时图6-7中ΔU应增加该电阻带来的电压降。显然，当回路电阻达到一定数值时，就不会产生铁磁谐振现象。

以上只是简要讨论了铁磁谐振发生在工频基波的情况。试验和运行经验表明，只要回路参数配合恰当，谐振频率也可能是外加电源频率（工频）的整数倍（高次谐波）或分数倍。配电网串补装置引起的铁磁谐振通常属于后者，即分频模式的铁磁谐振，因为这时配电网串补装置电容值较大，回路的自振频率小于工频，因此在暂态扰动外部条件下，总是激发起稳定的、分频次数的谐波谐振。一般来说，变压器容量越大，串联电容器组的容抗越大，电源电压越高，投入角越小，就越容易发生分频模式的铁磁谐振[4]。

6.4.3　铁磁谐振的对策

铁磁谐振的产生至少需要同时满足有电容、非线性电感、低电阻和暂态扰动这四个前提条件[141]。配电网串补装置和配电变压器铁芯的饱和电感分别提供了有电容和有非线性电感这两个前提条件。变压器的空载则满足了低电阻的前提条件。变压器的空载合闸、配电网串补装置的投入或外部故障切除后的电压恢复就提供了第四个前提条件，即暂态扰动。当然，铁磁谐振属于非线性谐振，还和许多因素相关，如暂态扰动发生时刻系统的初始条件、变压器铁芯的饱和特性、变压器铁芯的剩磁、变压器绕组的接线方式、铁磁谐振回路中的电容量、铁磁谐振回路的总损耗等[141]。因此，准确预测出铁磁谐振是相当复杂和困难的。通常认为串补度小于 1.0 并留有裕度，或线路等值电抗与等值电阻之比 X/R 小于 1.0 并留有裕度，则发生变压器铁磁谐振的风险较小，可用数字仿真来分析配电网串补装置的铁磁谐振[142]。

在确定配电网串补装置点和容量时，使串联电容器组出线侧接有负荷的线路电压小于线路额定电压的 105%[134,138]，可以降低给这些负荷供电的配电变压器产生铁磁谐振的概率。这就是针对铁磁谐振应该有非线性电感这个前提条件进行处理的。

配电网串补装置宜设置相应的保护[143]，当保护检测到谐振发生时，应及时旁路串联电容器组。这就是针对铁磁谐振应该有电容这个前提条件进行处理的。基于同样的道理，就不难理解：线路空载时，应闭锁串联电容器组投入；对于空载或轻载时投入变压器，可先将串联电容器组旁路，待配电变压器负荷增加到稳定值后，再投入串联电容器组。

如图 6-8 所示，可用并联饱和电抗器来阻尼铁磁谐振[142]。饱和电抗 L_C 和阻尼电阻 R_d 串联，然后再和串联电容器组 C 并联。饱和电抗并联支路给线路电流中的直流分量提供一条带阻尼的通路，这一点对避免铁磁谐振的产生是至关重要的。线路带负荷时，饱和电抗处于非饱和状态，电抗值比较大，只流过电抗器的励磁电流，对串联电容器组的运行几乎没有影响。线路发生铁磁谐振或短路故障时，饱和电抗进入饱和状态，电抗值变小，阻尼电阻接入线路中，从而阻尼铁磁谐振和保护串联电容器组。实际实施时，饱和电抗的拐点应该比较难以选择，既要保证正常运行时不饱和，又要保证铁磁谐振发生时饱和。

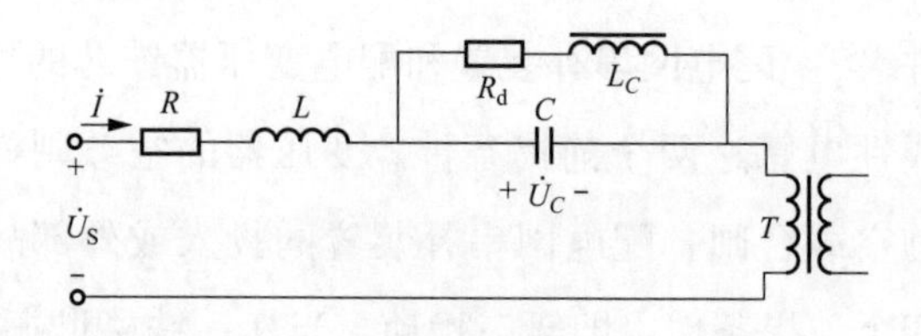

图 6-8　饱和电抗并联支路方案示意

从串补装置本身来说，通常是允许超/特高压线路带串补装置重投的。10kV配电网线路带有许多配电变压器，变压器空载合闸或外部故障切除后电压恢复时会产生较大的励磁涌流，其幅值可达变压器额定电流的 8～10 倍。配电网线路通常不带串补装置重投，而且还应躲过这一暂态过程，因此，建议所在线路带电 30s 后[124]或 60s 后[123]，才重投配电网串补装置。

限制配电网串补装置补偿度[138]和通过串补分段或分级来控制串联接入线路的电容值都属于改变电容电感参数的措施，使其远离铁磁谐振的匹配条件，从而不容易激发起谐振。采用并联电阻可以消耗谐振能量[138]，属于前面所述的改变低电阻这一前提条件，阻尼或消除谐振的发生。不过，并联电阻会带来额外的有功功率损耗。

在安装配电网串补装置之前，应根据线路参数及主要的大型变压器励磁特性，预先估计可能发生铁磁谐振的情况，并在实际装设配电网串补装置之后进行试验，以确定是否存在谐振过流，并确定可能的过电压倍数。进行此项试验时，一定要确保串联电容器的保护设备与之并联，否则有可能因铁磁谐振过电流产生的过电压而击穿全部电容器，带来严重的事故。

6.5　电动机自激

当配电网串补装置补偿度较高、电动机容量较大（单台电动机容量大于线路总负荷的 10%[131]）时，可能引起交流电动机（异步电动机和同步电动机）自激或自励磁[124,131]。自激主要发生在电动机起动过程中，也可能发生在电动机正常运行时突然投入串联电容器组的时候。当配电网串补装置出线侧的电动机总容量超过一定数值后，还可能发生整个系统自激的现象。这时，电动机达不到额定转速，电流大增，发出吼声，产生振动，使电动机无法工作，甚至损坏电动机。电流增大后，也可能引起保护动作、旁路串联电容器组[139]。异步电机机群的自激频率一般在40～45Hz范围内，单台电动机起动时的自激频率一般在10Hz以上[144]。对于6～10kV线路和负荷中有较大容量电动机的35kV线路，如果没有得到很好的解决，电动机自激往往会成为广泛应用配电网串补装置的一个技术障碍[144]。

理论分析时，可以引入自激区的概念[136]，自激区的存在与否只说明是否满足发生自激的条件，至于是否发生稳态自激，还需要考虑其他的一些因素，诸如负荷特性、发生自激的初始条件等，这两者既有联系，又有区别。

6.5.1 自激现象和危害

如果在电动机起动前投入串联电容器组，则在起动过程中可能发生电动机自激，并使电动机围绕着某一低转速而发生稳态自激振荡[145]。如果电动机在额定转速运行时突然投入串联电容器组，也可能发生自激，并使电动机退回到某一转速而发生稳态自激振荡。在某些特殊情况下，电动机也可能在起动过程中发生自激现象，但仍可越过自激区起动起来，并最后在额定转速下正常运行。

图6-9中给出了异步电动机起动时的波形[136]，其中，n为电动机的转速，i为电动机的定子电流，u_C为配电网串补装置电容电压。图6-9（a）是不发生自激的正常起动，电动机转速n由零升至额定值，电动机定子电流i在起动过程中变化不大，接近额定转速时快速地变小，配电网串补装置电容电压u_C在接近额定转速时快速地增大。图6-9（b）是电动机起动到高转速后自激，并被拉至低转速自激，定子电流i和配电网串补装置电容电压中出现低频自激分量。图6-9（c）是电动机在起动过程中停留在高转速自激。定子电流i和配电网串补装置电容电压出现低频自激分量，电动机达不到额定转速。

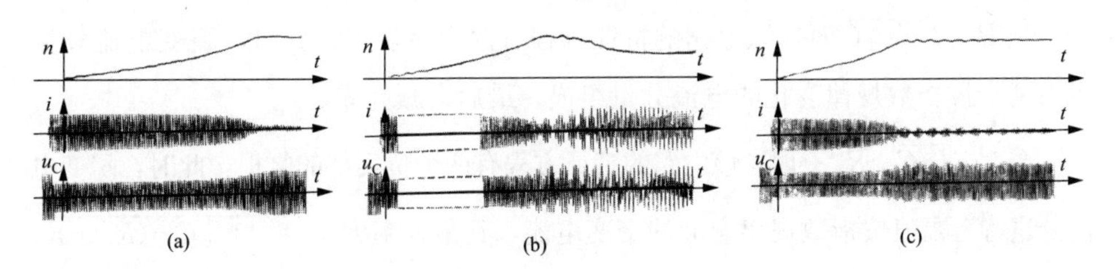

图6-9 异步电动机起动时的波形

（a）正常起动；（b）低转速自激；（c）高转速自激

电机自激后的主要现象如下：

（1）定子电流和转子电流中均出现两个频率的电流。定子电流中一个是

50Hz 工频电流，另一个是低频自激电流。

（2）达不到额定转速，因为此时低频自激电流产生了一个负的平均电磁转矩，抵消了一部分 50Hz 电流产生的转矩，使电机的平均电磁转矩减小。但电机总是能转动起来，因为自激总是在电机转动起来后才发生。

（3）电机有机械振动现象。基波电流和自激电流的旋转磁场的转速不同，它们之间产生了脉震转矩，使电机产生机械振动，并伴以异响，振动的大小和电机的自激程度及机械惯量的大小等有关。

（4）在串联电容器组上产生过电压。

电机自激的危害如下：

（1）电机达不到额定转速，使电机无法应用。

（2）电机定子中出现两个频率电流，相应地在转子中也有两个频率电流，而且它们的幅值较大，使定子和转子中的铜损和铁损都增加，温度升高，可能会损伤电机。

（3）配电网串补装置电容电压可能过高，因而有可能导致相应设备的损坏。

（4）线中的低频分量电流，导致线路保护跳闸。

6.5.2 自激的物理特征

图 6-10 为电阻 R、电感 L 和电容 C 的串联电路，将一个频率为 ω 的交流电压源 u_S 突然接到这一串联电路后，该电路电流由两个部分组成[146]，一部分是由交流电压源决定的稳态电流分量，另一部分由初始条件决定的瞬变电流分量。稳态电流分量与初始条件无关，只和电路的参数有关，而瞬变分量则不仅和电路的参数有关，而且也和初始条件有关。

当 $R>2\sqrt{L/C}$ 时，该电路的特征方程有两个负实根，此时，瞬变电流分量将由两个按指数规律变化的电流分量组成，最后衰减为零。

当 $2\sqrt{L/C}>R>0$ 时，该电路的特征方程有两个负实部的复根，此时，瞬变电流分量将为幅值按指数规律衰减的交变电流，其角频率为 $\omega_0=\sqrt{1/LC-(R/2L)^2}$，是该电路的自振荡频率。显然，这个自振荡频率 ω_0 只与电路的参数有关，和电源的频率 ω 无关。另外，这个交变的瞬变电流分量最后也将衰减为零。

当 $R=0$ 时，瞬变电流分量将为幅值不衰减的交变电流，其自振荡频率 ω_0 将和电路的串联谐振频率 $\sqrt{1/LC}$ 相同，也就是说，当 $R=0$ 时，电路中不仅有电源所决定的频率为 ω 的稳态强制电流分量，而且还有由电路参数所决定的频率为 $\omega_0=\sqrt{1/LC}$的稳态自激电流分量[146]。

从能量的观点来看，电感是储能元件，储存的磁场能量为 $W_L=Li^2/2$，电容器也是储能元件，它储存的电场能量为 $W_C=Cu_C^2/2$，电阻 R 则是电路中的耗能元件，当电阻 $R>0$ 时，电路中的能量在电感和电容之间交换，并逐渐消耗在电阻上。电阻越大，能量消耗的过程越快，过渡过程消逝得也就越快；电阻越小，能量消耗的过程越慢，过渡过程消逝得就越慢。当电阻为零时，没有耗能元件，因此，电感储存的磁能和电容储存的电能在交换过程中没有任何消耗，并使自激电流分量做等幅振荡而不衰减，也就是说，电路产生稳态等幅振荡的必要条件是回路总电阻为零。

由电机学可知，异步电机在稳态运行时的等值电路如图 6-11 所示，其中，R_1 和 X_1 为定子每相绕组的电阻和漏抗，R_2'和 X_2'为经绕组折算和频率折算后的转子每相绕组的电阻和漏抗。R_m 和 X_m 为励磁电阻和励磁电抗。s 为转差率。从外部看进去，异步电机可用一个等值阻抗 $R_1+R(s)+jX(s)$表示。

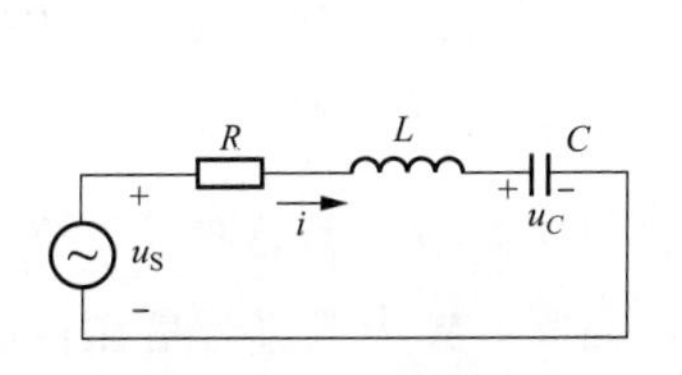

图 6-10　RLC 串联电路

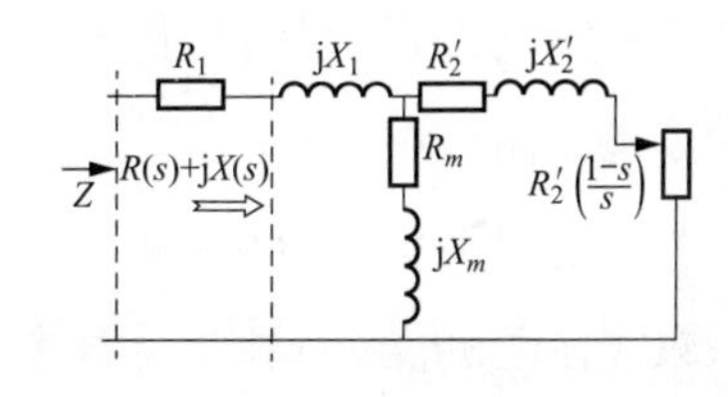

图 6-11　异步电机的 T 形等值电路

异步电机的等值电阻由两部分组成，其中一部分与转差率没有关系，这是定子电阻 R_1，还有一部分与转差率相关，那就是 $R(s)$。当异步电机工作在电动机状态时，转速差 s 为正，电磁转矩为正，异步电机将电能转换为机械能，$R(s)$ 为正。当异步电机工作在发电机状态时，转速差 s 为负，电磁转矩为负，异步电机将机械能转换为电能，$R(s)$ 为负。

异步电机和具有配电网串补装置的电网串联后，如图 6-12 所示，也形成一个 RLC 串联电路。异步电机的电阻及电抗和转差率有关，在起动过程中，它的电阻和电抗均是变化的。如前所述，当异步电机的转差率为负时，其等值电阻 $R(s)$ 为负。此时，图 6-12 中 RLC 串联电路的总电阻就有可能变为零。因此，当异步电机和具有串联电容器组的电网串联时，如果其参数配合不当，就有可能构成产生等幅振荡的条件，并造成异步电机自激。如前所述，RLC 电路发生稳态等幅振荡时，电路中不仅有电源所决定的频率为 ω 的稳态强制电流分量，还有由电路参数所决定的频率为 $\omega_0=\sqrt{1/LC}$ 的稳态自由电流分量。同样，异步电机自激时，定子电流中也有两个分量，一个是由电源决定的基频分量，一个是由电机和电网参数决定的频率为 $m\times50$Hz 的自由分量，对应地，在转子回路中，将有 $s\times50=(1-\omega_r)\times50$ 及 $n\times50=(m-\omega_r)\times50$Hz 两个电流分量，$n$ 为对应 m 频率自激电流的转速差。以极对数为 2 的异步电机为例，假定其自激时的转速为 750r/min，即 $\omega_r=0.5$，自激电流频率为 20Hz，即 $m=0.4$，则 $s=1-0.5=0.5$，$n=0.4-0.5=-0.1$。因此，异步电机自激时，对基波电流来讲，其转速差 s 为正，处于异步电动机状态；对自激电流来讲，其转速差 n 为负，处于异步发电机状态。

图 6-13 为异步电机稳态自激的示意图，其中，Z(j) 为工频电网阻抗，Z(jm) 为 m 频电网阻抗，L 为机械负荷，D 为电动机，F 为发电机。电机从工频电网吸收能量，大部分转换为机械能，其中一部分带动机械负荷 L，另一部分带动同轴的低频发电机 F，后者又将机械能转换为电能，并供给定子电阻损耗而使电机维持着稳态自激状态。发电机发送功率，可视为负电阻，而消耗功率的电阻为正电阻，当正电阻与负电阻相等时，电机即处于稳态自激状态。显然，这种能量转换关系只能在电机转动起来后才能实现；因此，异步电机总是在转动起来后才发生自激的[146]。图 6-14 给出相应的异步电动机和异步发电机的等值电路[4,146]。

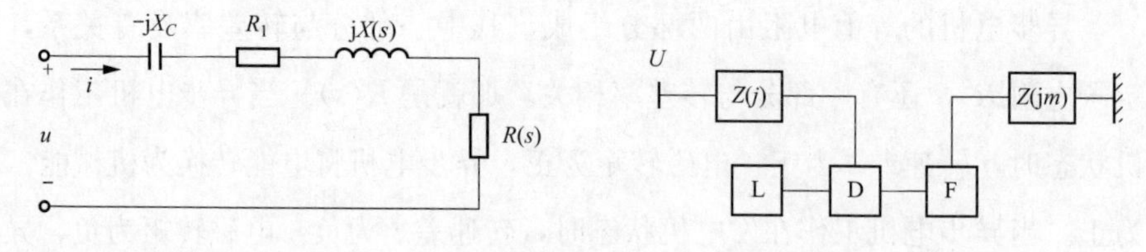

图 6-12　异步电机和配电网串补装置等值电路　　图 6-13　异步电机自激的示意

总之，异步电机的自激也是一种参数共振现象。它和 RLC 串联电路不同之处，一在于异步电机的阻抗是随着转速差或转速变化而变化的阻抗，二在于异步电机是机电能量转换的机械，它的自激还受到电机的机械参数的影响；因此，严格地说，它是一种机电参数共振现象。但当电机的惯性常数较大时，也可以近似认为是一种电磁参数共振现象[144]，而且构成这种共振条件的参数是电网和电机在自激频率 m 时的参数值，而不是在基频时的参数值。异步电机稳态自激时的平均电磁转矩由两部分组成：一部分是基频电路产生的平均电磁转矩，一部分是 m 频电流产生的平均电磁转矩，前者为电动机作用的正转矩，后者为发电机作用的负转矩，从而使电机的转矩特性具有下凹的形状，下凹的程度则与电机自激的程度有关。电机的平均电磁转矩 M 随着转速 ω_r 变化的曲线如图 6-15 所示。如不发生自激，其变化将如图 6-15 中的虚线所示，自激时将如图 6-15 中的实线所示。

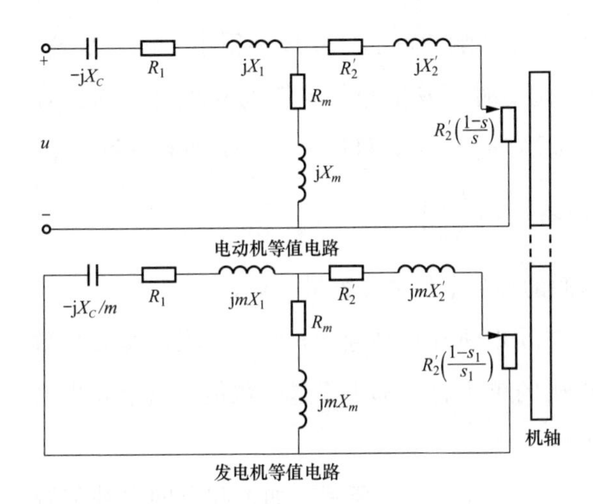

图 6-14　异步电动机和异步发电机的等值电路

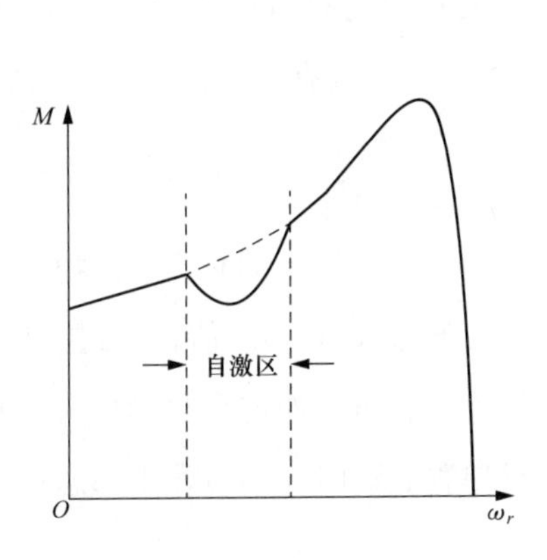

图 6-15　异步电机转矩-转速曲线

6.5.3　可能产生自激的临界容量估算

在装有串联电容补偿装置的电网中，异步电机的容量越大，就越容易发生自激。因为在串联电容器组的容抗相同条件下，异步电机的容量越大，它所表现的阻抗欧姆值越小，越容易和串联电容器组构成参数共振的条件，并形成自激。同样，两台异步电机同时起动时，发生自激的危险更大，因为等值地看，两台电机同时起动就相当于起动一台更大容量的电机。因此，在工程实际中，应尽量避免同时起动两台大容量的电机。以异步电机经变压器和串联电容补偿装置后和电源相连为例，如图 6-16 所示，异步电机起动时没有自激区的临界容量 S_1 可用式（6-4）进行初步估算。可以看出，当串联电容器组

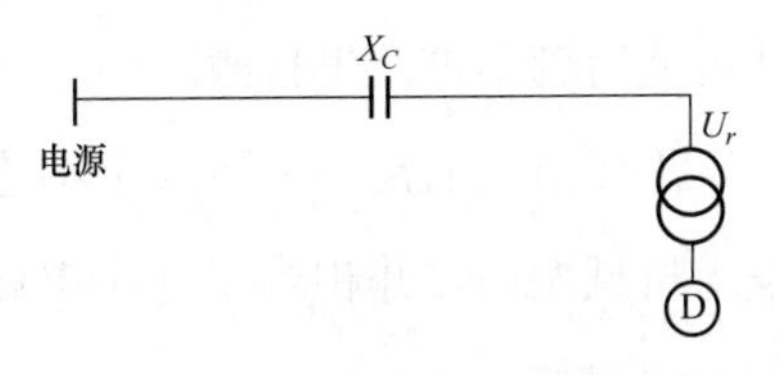

图 6-16　异步电机经串联电容补偿装置和电源串联

的容抗 X_C 不变时，无自激区的异步电机临界容量和线路电压有关，但和异步电机的端电压无关。

$$S_1 = \frac{1}{4000}\left(\frac{U_r^2}{X_C}\right) \tag{6-4}$$

式中 S_1——异步电机起动时没有自激区的临界容量，VA；

X_C——串联电容器组的容抗，Ω；

U_r——电网电压值，V。

按式（6-4）估算得到的数值通常较小，而实际经验又表明，若电机的自激区不太宽时，起动不起来并发生稳态自激的可能性一般都很小；也就是说，在装有配电网串补装置的电网中，起动时不发生稳态自激的异步电机临界容量 S_2 要比没有自激区的异步电机临界容量 S_1 大，可用式（6-5）进行估算。

$$S_2 = \frac{1}{500}\left(\frac{U_r^2}{X_C}\right) \tag{6-5}$$

式中 S_2——起动时不发生稳态自激的异步电机临界容量，VA。

通过式（6-5）估算得到的是，异步电机在单独起动过程中不发生稳态自激的临界容量。如这个电网中异步电机的单机容量都小于这一数值，每个异步电机单独起动时，不应发生稳态自激。

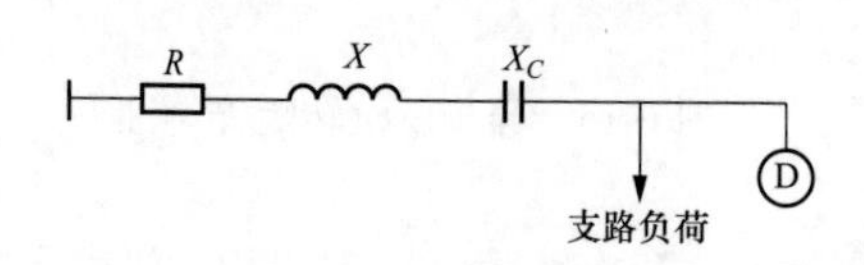

图 6-17　支路负荷接线示意

如图 6-17 所示，如把配电网串补装置出线侧的支路负荷控制到一定的数值后，其中的单机起动发生自激的大容量异步电机，就有可能不再发生自激，也就是说，串联电容补偿装置出线侧支路负荷起着抑制自激的作用，即使大于临界容量 S_2 的电机起动时，也不发生自激，这点可在实际工作中加以应用。具体来说，就是在起动可能发生自激的大容量异步电机之前，先起动一定数量的串联电容补偿装置出线侧的支路负荷中的小容量异步电机，然后再起动大容量的异步电机，即可使后者不再发生自激。

需要指出的是，上述这个结论是根据支路负荷中的电机惯性常数很大，不发生机械振荡，并相当于一个电磁参数组成的阻抗，且有很大的自激余量的假设下得出的。

如果电网中具有大量的小容量异步电机时，即使它们单独起动时不发生稳态自激，还可能由于其总量已达到很大的数值，近似地看，相当于一个等值的大容量电机，并在额定转速附近的自激余量很小，即在额定转速附近已很靠近自激区的边界线，这时，如新起动电机或有其他干扰，还可能使电网中出现稳态自激现象。一般说来，当串联电容器组的容抗 X_C 不变时，这个等值电机的容量 S_3 要比前述的单独起动一台电机发生稳态自激的临界容量 S_2 大得多。可用式（6-6）来估算电网不发生稳态自激时的最大等值电机容量。

$$S_3 = \frac{1}{k}\left(\frac{U_r^2}{X_C}\right) \tag{6-6}$$

式中，S_3——不发生稳态自激的最大等值电机临界容量，VA；

k——等值系数。

在不考虑电机惯性常数影响的前提下，即认为电机惯性常数为无限大时，k=10～15，如在实际电网中的交流电动机中，惯性常数很小的电机占很大的比例时，k=20。

当然，式（6-4）～式（6-6）都是相对粗略的经验公式[136]；所得到的结果，只能作为初步分析问题的参考数据。在实际工作中，还应在这一初步估算的基础上，对准备采用的方案进行较为准确和仔细的数字仿真分析。

6.5.4　应对异步电机自激的措施

根据电网的接线方式和运行方式等有关信息，可采用在串联电容器组两端并联电阻、并联电抗、并联阻抗，在配电网串补装置出线侧控制支路负荷，异步电机机端串联电阻或阻抗，突投串联电容器等措施，较为详细的分析和计算可以参考相应的资料[136,144]。

6.6　电气主接线

串联电容器组的过电压保护措施不同，配电网串补装置电气主接线也就不同。图 6-18 给出了国内配电网串补装置 6 种电气主接线。在铁路牵引用的串补装置中，集合式电容器得到相对较多的应用[18]。阻尼装置通常由阻尼电抗和阻尼电阻并联组成，也可以仅由阻尼电抗器组成[147]。对于图 6-18（b），晶闸管阀用于实现对串联电容器组的快速保护，旁路接触器用于旁路晶闸管支路。对于图 6-18（e），间隙作为串联电容器组的后备保护；对于图 6-18（f），间隙作为串联电容器组的快速保护，现阶段这两者都采用强制触发型间隙。

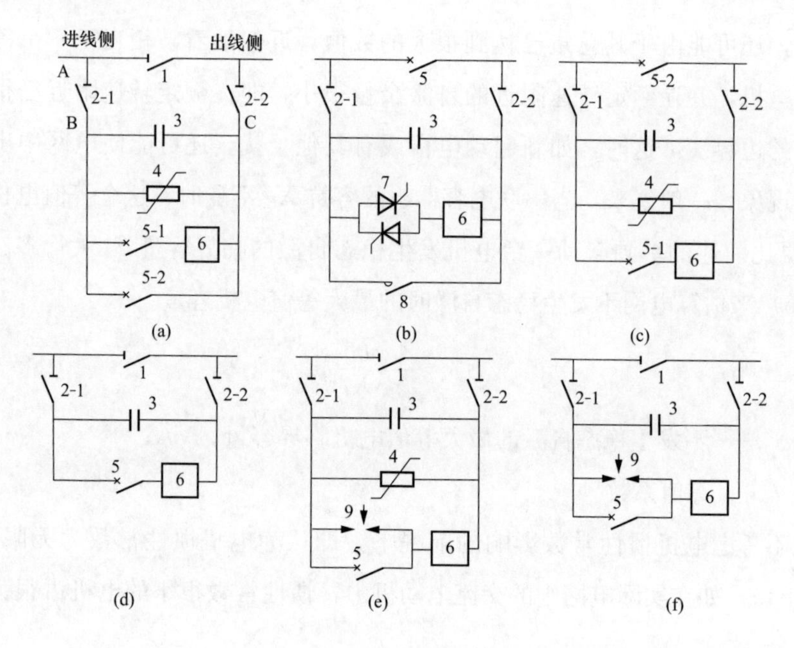

图 6-18　配电网串补装置电气主接线

(a) MOV 和双旁路开关；(b) 晶闸管阀和旁路开关；(c) MOV 和旁路开关；(d) 旁路开关；(e) 间隙和 MOV；(f) 间隙和旁路开关

1—旁路隔离开关；2-1、2-2—串联隔离开关；3—串联电容器组；4—金属氧化物限压器；5、5-1、5-2—旁路开关；6—阻尼装置；7—晶闸管阀；8—接触器；9—间隙

以图 6-18（a）为例，通过安装配电网串补装置后，线路电压需要提升的一侧约定为配电网串补装置出线侧，另外一侧约定为配电网串补装置进线侧。配电网串补装置电气主接线有下列要求：

（1）串联隔离开关 2-1 和串联隔离开关 2-2 之间不宜有联动；

（2）根据实际应用情况，串联隔离开关 2-1 和 2-2 可带接地开关；

（3）图 6-18（a）中的旁路开关 5-2、图 6-18（b）中的旁路接触器 8 和旁路开关 5、图 6-18（c）中的旁路开关 5-2 都应有防偷合和误合措施；

（4）串联电容器组可并联电压互感器，用于串联电容器组放电和电容电压的测量；

（5）以图 6-18（a）为例，可在 *A* 点、*B* 点或 *C* 点安装取能变压器或电压互感器，用于装置控制器的供电和线路电压的测量；

（6）以图 6-18（a）为例，可在 *B* 点或/*C* 点安装电流互感器；

（7）MOV 支路宜配置电流互感器；

(8) 由于铁磁谐振、电动机自激或其他原因导致存在振荡风险的应用场合，宜增加振荡阻尼支路，可以是电抗器[123,142]或实时投切的电阻器[148]。

下面结合图6-18，对各个电气主接线进行简要阐述。

(1) 如图6-18 (a) 所示，采用MOV和双旁路开关[149]。旁路开关5-1合闸速度通常要比旁路开关5-2略快。旁路开关5-1与阻尼装置一起旁路串联电容器组，然后又被旁路开关5-2旁路，阻尼装置的电气应力下降而减少其体积或占地。当阻尼装置减少的占地大于旁路开关5-2所增加的占地，则增加旁路开关5-2可使配电网串补装置占地减少。

(2) 如图6-18 (b) 所示，采用晶闸管和旁路开关[150]。当判断出配电网串补装置出线侧发生短路故障时，同时发晶闸管阀触发和旁路接触器合闸的指令。晶闸管阀导通起到快速旁路串联电容器组的作用，旁路接触器的合闸则避免晶闸管阀的过载。晶闸管阀触发和监控可采用自取能供电。当线路电流不小于配电网串补装置额定电流的10%时，自取能宜足以向晶闸管触发和监控供电。

(3) 如图6-18 (c) 所示，采用MOV和旁路开关[123,151]。当线路发生短路故障时，MOV限制串联电容器组的过电压，并在旁路开关快速合闸之前或线路保护切除故障之前始终承受过电压应力作用。MOV能量的确定是配电网串补装置设计的关键，MOV能量通常要比图6-18 (e) 中方案的要大[128]。过大的MOV能量冗余将带来配电网串补装置成本增加、多柱MOV筛选和配平等问题。

(4) 如图6-18 (d) 所示，当配电网发生相间或三相故障时，即使采用合闸时间约为10ms的高速型旁路开关并配合相应的故障信号快速识别[88]，还是存在幅值较大的短路电流流过串联电容器组的可能，这就要求串联电容器组的耐压相当大或者要求线路故障电流比较小。本电气主接线是否经济和安全需要结合实际安装点的电网情况进行充分论证。

(5) 如图6-18 (e) 所示，采用间隙和MOV[152]。现阶段基本都采用强制触发型间隙，和超/特高压串补装置差别不大。

(6) 如图6-18 (f) 所示，采用间隙和旁路开关，其中间隙是主保护。按照灭弧能力，间隙可分为非自灭弧型间隙和自灭弧型间隙。非自灭弧型间隙在击穿起弧后，间隙本身几乎没有灭弧能力，必须依靠外加措施才能灭弧，例如切断通过间隙的电流或将间隙旁路等[4]。自灭弧型间隙能在切除故障电流后自动熄灭负荷电流所维持的间隙电弧，使串联电容器组能在故障切除后立即投入。我国早期配电网串补装置采用较多的有环形间隙和螺旋形间隙，都属于自灭弧型磁吹间隙[4]。线路短路故障时，过电压使间隙击穿，电弧稳定燃烧使串联电容器组被旁路；当线路短路故障被切除后，间隙通常能自行熄灭，从而使串联电容器组自动重新投入。此时，旁路开关仅用来投切串联电容器组[139]。由于存在间隙放电电压分散性较大和间隙重燃导致的多次放电带来过电压等诸多问题，后来都用强制触发间隙[4]，此时，旁路开关起到使非自灭弧型保护间隙灭弧的作用。

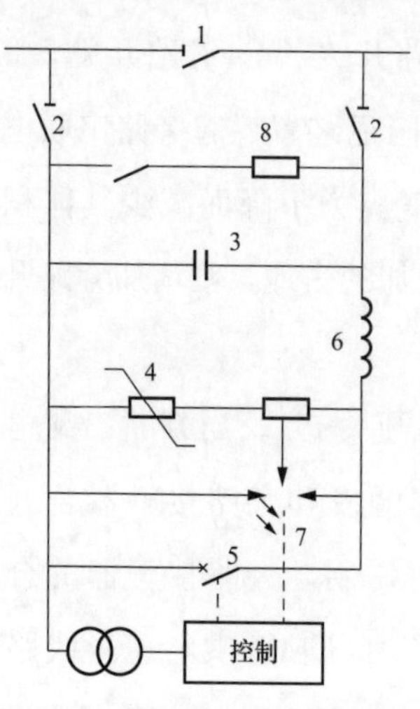

图 6-19　实际装置的电气主接线

1—旁路隔离开关；2—串联隔离开关；3—串联电容器组；4—金属氧化物限压器；5—旁路开关；6—阻尼电抗；7—间隙；8—电阻

图 6-19 给出了国外配电网串补装置一种电气主接线[124,127]，和图 6-18（e）略有差别。所增加的可投切电阻是为了应对次同步谐振、电动机自激、铁磁谐振现象的发生。串联电容器组的过电压保护设备包括金属氧化物限压器、间隙和旁路开关。阻尼装置仅为一个限流电抗器。电压互感器接于两相之间，为整套装置的控制及其加热（如需要）提供相应的电源。根据串联电容器组的极限电压来选择金属氧化物限压器，金属氧化物限压器的非线性伏安特性决定了间隙的触发电压。在电容电压上升到预先设定的触发水平后的 500～1000μs 时间内，间隙触发导通，间隙的主电极间应有电弧。光传感器检测到间隙的闪络，向旁路开关发合闸指令。大约 80ms 后，旁路开关合闸，并使间隙熄弧。现场运行的统计数据表明：在间隙动作了 29 次后，还没有维护或更换的需要[124]。图 6-20 给出了相应的户外柱上式安装的配电网串补装置现场照片。

图 6-20　配电网串补装置现场照片

6.7　控制、保护和通信

配电网串补装置较为完备的控制保护功能应包括实时监测功能、故障告警与处理功能、自动投退功能、操作与闭锁功能、时间记录和故障录波功能、通信及远传功能。配电网串补装置电气主接线不同，相应的控制与保护也会随之不同。针对串联电容器组的保护有不平衡电流保护、反时限过流保护[131]（过负荷保护[4]）、过电压保护、阻抗保护、谐振电流保护等。针对 MOV 的保护有 MOV 过电流保护、MOV 能量保护、MOV 温度保护等。针对间隙的保护有自触发保护、延时触发保护和拒触发保护等。在此着重阐述和超特高压串补装置差别相对较大的部分。

6.7.1　自动投退

（1）线路停电或故障断电时自动退出：当检测到线路电压持续多个周波为零或低于退出整定值并无 TV 断线时，向旁路开关发合闸指令。线路停电时需保证旁路开关在合位，以避免线路运行或重合闸时变压器励磁涌流对串联电容器组的冲击，降低发生铁磁谐振的风险。

（2）线路充电或重合闸时自动投入：当检测到配电网串补装置安装点线路电压回升，即线路电压高于投入整定值，并持续数秒，则延时 30s 后向旁路开关发分闸指令[153]，使配电网串补装置投入运行。

6.7.2　通信功能

（1）发送状态信息：将配电网串补装置模拟量和开关状态数字量等发送至变电站主控室，以便实时监视装置状态和统计开关动作次数，如发现问题，应及时采取相应的措施。

（2）接收指令：可在主控室内向配电网串补装置发相应的控制指令，如旁路开关的分/合闸指令和保护整定值的设定。

（3）发送告警信号：配电网串补装置控制器向主控室发送的告警信号包括不平衡电流超过限定值（表示部分电容器损坏）、MOV 或间隙保护失效以及开关动作失效等，以便及时检查和采取措施。

6.7.3　晶闸管的控制与保护

如图 6-18（b）所示的电气主接线引入了晶闸管阀，就应有和晶闸管阀密切相关的控制和保护。

控制方面至少应满足下列要求：

（1）应能及时可靠导通晶闸管，以便保证串联电容器组电压不超过极限电压。

（2）晶闸管 TCU 应可靠、快速触发晶闸管并将晶闸管的状态信息返回给配电网串补装置控制器。

保护方面至少应满足下列要求：

（1）配电网串补装置控制器接收不到相应的晶闸管状态信息时，至少应产生相应的告警。

（2）晶闸管应有电压击穿保护。

（3）应配置晶闸管误触发保护。

（4）应配置晶闸管触发异常保护。

（5）应配置晶闸管阀故障保护。

6.7.4 电容器的保护

电容器内部有轻微故障，但不影响配电网串补装置安全运行时，相应的保护宜产生告警。电容器内部有严重故障，且影响配电网串补装置安全运行时，相应保护应动作于旁路。串联电容器组接线不同，保护方式也会不同，主要有阻抗、差压和差流三种。差流可分为双支路差流和桥差差流。

（1）每相采用多台电容器单元并联时，可采用如图 6-21（a）所示的阻抗保护[151]。当电容器单元的熔丝熔断，串联电容器组的阻抗值也会有相应的变化。通过测量串联电容器组的电压和电流，并实时计算出电容值，以此来判断串联电容器组内电容器单元的损坏程度。此判据需要考虑谐波的影响，否则会在电网有谐波分量时阻抗测量精度不高，甚至会导致保护误判。阻抗保护可设置阻抗保护告警和动作两个整定值。

（2）每相电容器串联段数为两段及以上时，可采用如图 6-21（b）所示的相电压差动保护。

（3）每相能接成两个桥臂时，可采用如图 6-21（c）所示的双支路差流保护。

（4）每相能接成 H 形时，可采用图 6-21（d）所示的电容不平衡保护[4,152]。正常运行时，桥差回路的电流 ΔI 接近于 0。当电容器单元中的电容器元件因故障而被切除后，桥差回路将有电流流过，ΔI 的大小可反映电容器单元的损坏程度。当然，ΔI 大小还取决于线路电流 I，可采用差流比来判断，即桥差回路的

电流 ΔI 和线路电流 I 比值作为保护的动作判据[151]。串联电容器组不平衡保护可设置不平衡保护告警、不平衡低值旁路和不平衡高值旁路三个整定值。

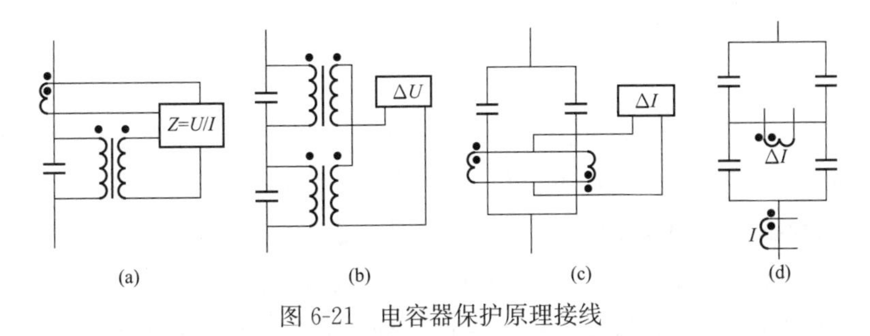

图 6-21　电容器保护原理接线

（a）阻抗保护；（b）相电压差动保护；（c）双支路差流保护；（d）H 桥差流保护

阻抗保护和相电压差动保护中的电压互感器可以兼做串联电容器组的放电电路。超/特高压串补装置也经常采用双支路差流保护和 H 桥差流保护。

6.8　布置

串补装置布置与其容量及所在线路的电压等级有很大的关系。在低压（10kV 及以下）线路上的小容量串联电容器组，可以利用电容器单元的极对壳绝缘直接装在地面适当的基础上[147]、封闭式箱体内或直接装在线路的电杆上[123]。图 6-22 给出了采用封闭式箱体的配电网串补装置现场照片。柱上式安装的配电网串补装置现场照片如图 6-20 所示。

图 6-22　三河市永旺配电网串补装置

在 35kV 及以上电压的线路上，通常把电容器及其附属设备安装在与线路电压等级相适应的电容器平台上。这种电容器平台有支柱式和悬挂式两种形式。占绝大多数的串补装置采用支柱式布置，即采用支柱绝缘子支撑的电容器平台。

参 考 文 献

［1］ Hingorani G. Narain，Gyugyi Laszlo. Understanding FACTS：Concepts and Technology of Flexible AC Transmission Systems ［M］. New York：IEEE，2002.

［2］ DL/T 1219—2013 串联电容器补偿装置　设计导则［S］.

［3］ GB/T 6115.1—2008 电力系统用串联电容器 第1部分：总则［S］.

［4］ 浙江省电力中心试验所高压试验组，浙江大学发电教研组. 串联电容补偿装置在电力系统中的应用［M］. 北京：水利电力出版社，1977.

［5］ DL/T 1295—2013 串联补偿装置用火花间隙［S］.

［6］ 周孝信，郭剑波，林集明，等. 电力系统可控串联电容补偿［M］. 北京：科学出版社，2009.

［7］ IEEE 1534—2009 IEEE Recommended Practice for Specifying Thyristor-Controlled Series Capacitors［S］.

［8］ GB/T 6115.4—2014 电力系统用串联电容器 第4部分：晶闸管控制的串联电容器［S］.

［9］ IEC 60143-4：2010 Series capacitors for power systems-Part 4：Thyristor controlled series capacitors［S］.

［10］ 中国电力百科全书编辑委员会，中国电力百科全书编辑部. 中国电力百科全书　输电与变电卷［M］. 第3版. 北京：中国电力出版社，2014.

［11］ Torgerson D R，Allaire J F，Chakravorty S，et al. Cigré Technical Brochure No. 123，Thyristor controlled series compensation［R］. Paris：Cigré，1997.

［12］ DL/T 1274—2013 1000kV 串联电容器补偿装置技术规范［S］.

［13］ 室谷金义，浅野正邦，沈文琪. 世界各国的超高压串联电容器装置［J］. 电力电容器，1984，(1)：53-65.

［14］ Jancke G，Aerstrom K F. The series capacitor in Sweden［J］. Electrical Engineering，1952，71 (3)：222-227.

［15］ Roberto Campos de Lima Furnas，Per Lindberg. Operational experience of 800kV series capacitors［C］. IEEE PES 2005 Inaugural Conference and Exposition in Africa. Durban，South Africa：IEEE. 2006.

［16］ 全国供电技术会议秘书处. 送电线路的串联电容补偿［M］. 北京：水利电力出版社，

1959.

[17] 方复明，菜郊. 电网中的串联电容补偿 [J]. 电网技术，1978，(1)：1-12.

[18] 张力民. 电气化铁道牵引供电系统简易串联电容补偿装置 [J]. 西铁科技，1994，(1)：2-4.

[19] 浙东供电局革委会，浙江省电管局革委会串补小组. 绍兴宁波 110kV 串联电容补偿工程 [R]. 绍兴：浙东供电局革委会，1969.

[20] 李长益，魏旭，李群. 固定式串联补偿装置在江苏 500kV 系统中的运行 [J]. 电力设备，2003，4 (4)：40-42.

[21] 林集明，彭饱书，郭强，等. 南方电网天平可控串联补偿装置 [J]. 国际电力，2004，8 (5)：48-51.

[22] 郭剑波，武守远，李国富，等. 甘肃成碧 220kV 可控串补国产化示范工程研究 [J]. 电网技术，2005，29 (19)：42-47.

[23] 朱宏杰，朱任翔，陈雷. 第 1 套国产化串联电容补偿装置的工程化应用 [J]. 电力建设，2006，27 (12)：11-13.

[24] Dai Chaobo，Xiang Zutao，Wang Yuhong，et al. Design implementation and testing experience of 1000kV series capacitor in China [C]. 2016 CIGRE-IEC Colloquium，Montreal QC Canada：CIGRE，2016.

[25] 宋任峰，李志国. 潜式串联电容补偿装置：200920094591. 8 [P]. 2010-07-14.

[26] 戴朝波. 一种分布式串联电容器补偿装置：201410502676. 0 [P]. 2015-01-07.

[27] 武守远，金雪芬，戴朝波，等. 一种潜式串联电容器补偿装置：201110440453. 2 [P]. 2012-05-02.

[28] 吴倩，戴朝波，王轩，等. 一种潜式串联电容器补偿装置：201310659340. 0 [P]. 2015-06-10.

[29] Divan D，Johal H. Distributed FACTS—A New Concept for Realizing Grid Power Flow Control [J]. IEEE Transactions on Power Electronics，2007，22 (6)：2253-2260.

[30] 戴朝波，王宇红，彭俱，等. 分布式灵活交流输电技术 [J]. 智能电网，2014，2 (11)：1-8.

[31] Smart Wires Inc. Deploying Smart Wires at the Tennessee Valley Authority (TVA) [R]. Oakland：Smart Wires Inc，2014.

[32] 詹雄，王宇红，赵刚，等. 分布式静止同步串联补偿器研究与设计 [J]. 电力电子技术，2019，53 (3)：95-98.

[33] Smart Wires，EirGird. SmartVavle pilot project 2016/2017 [R]. Oakland：Smart

Wires Inc，2017.

[34] Strenstrom L，Lindberg P，Samuelsson J. Testing procedure for metal oxide varistors protecting EHV series capacitors [J]. IEEE Transactions on Power Delivery，1988，3 (2)：568-583.

[35] GB/T 34869—2017 串联补偿装置电容器组保护用金属氧化物限压器 [S].

[36] GB/T 6115. 2—2017 电力系统用串联电容器 第 2 部分：串联电容器组用保护设备 [S].

[37] IEC 60143-2：2012 Series capacitors for power systems-Part 2：Protective equipment for series capacitor banks [S].

[38] Adolfsson M B，Einvall C H，Lindberg P，et al. EHV series capacitor banks：a new approach to platform to ground signalling，relay protection and supervision [J]. IEEE Transactions on Power Delivery，1989，4 (2)：1369-1378.

[39] 张翠霞，廖蔚明，李国富，等. 一种高压绝缘光纤柱：201010211867. 3 [P]. 2010-10-06.

[40] 李志远，李国富，陈没，等. 基于电流互感器供电的串补平台电源研制 [J]. 电网技术，2012，36 (12)：195-199.

[41] Zakonjsek J，Palki B S，Aggarwal R K，et al. Cigré Technical Brochure No. 411 Protection，control and monitoring of series compensated networks [R]. Paris：Cigré，2010.

[42] 崔虎宝，王宇红，刘慧文，等. 一种采用多模通信光纤传递能量装置：201020597250. 5 [P]. 2011-06-22.

[43] 荆平，武守远，邱宇峰，等. 220kV 成碧可控串补装置的保护配置 [J]. 电网技术，2005，29 (21)：9-13.

[44] 郑彬，项祖涛，班连庚，等. 特高压交流输电线路加装串联补偿装置后断路器开断暂态恢复电压特性分析 [J]. 高电压技术，2013，39 (3)：605-611.

[45] 周孝信，李亚健，武守远，等. 可控串补晶闸管阀触发控制的电容电压增量控制算法 [J]. 中国电机工程学报，2001，21 (05)：2-5.

[46] 汤海雁，武守远，戴朝波，等. 抑制次同步谐振的可控串补底层附加阻尼控制算法 [J]. 中国电机工程学报，2010，30 (25)：117-121.

[47] Angquist L. Synchronous Voltage Reversal Control of Thyristor Controlled Series Capacitor [D]. Stockholm：Royal Institute of Technology Department of Electrical Engineering，2002.

[48] 孙海顺，裴志宏，文劲宇，等. TCSC实验装置研制中的若干问题研究［J］. 电力自动化设备，2004，24（09）：4-8.

[49] Ängquist L，Ingeström G，Jönsson H Å. Dynamical performance of TCSC schemes［J］. Cigre，1996：14-302.

[50] 李可军，赵建国. TCSC模式切换控制方法的研究［J］. 电网技术，2005，29（05）：43-46.

[51] GB/T 11024.1—2010 标称电压1000V以上交流电力系统用并联电容器　第1部分：总则［S］.

[52] 梁琮. IEEE电容器组保护新理念及对我国标准制定工作的启示［J］. 电网技术，2008，32（14）：75-79.

[53] IEEE C37. 99—2012 IEEE Guide for the Protection of Shunt Capacitor Banks［S］.

[54] GB/T 15166. 4—2008 高压交流熔断器 第4部分：并联电容器外保护用熔断器［S］.

[55] DL/T 442—2017 高压并联电容器单台保护用熔断器使用技术条件［S］.

[56] 房金兰. 无熔丝电容器技术的发展与应用［J］. 电力电容器与无功补偿，2008，29（01）：1-3.

[57] 谭艺玲，董燕，陈温良，等. 内熔丝全膜高压并联电容器的发展与相关问题的探讨［J］. 电力电容器与无功补偿，2008，29（02）：37-41.

[58] GB/T 11024. 4—2001 标称电压1kV以上交流电力系统用并联电容　第4部分：内部熔丝［S］.

[59] GB/T 6115. 3—2002 电力系统用串联电容器 第3部分：内部熔丝［S］.

[60] DL/T 840—2016 高压并联电容器使用技术条件［S］.

[61] 电力行业电力电容器标准化技术委员会. 并联电容器装置技术及应用［M］. 北京：中国电力出版社，2011.

[62] GB/T 11024. 3—2019 标称电压1000V以上交流电力系统用并联电容器　第3部分：并联电容器和并联电容器组的保护［S］.

[63] GB 50227—2017 并联电容器装置设计规范［S］.

[64] 严飞，盛国钊，倪学锋. 1000kV系统用并联电容器组不平衡保护设计［J］. 高电压技术，2008，34（09）：1856-1861.

[65] 倪学锋，刘建坤，梁琮，等. 一种双桥差电力电容器装置：200820111229. 2［P］. 2009-02-25.

[66] 黄进红，李伦，苟鹏飞. 一种三桥差电力电容器装置：201520416279. 1［P］. 2015-

10-28.

[67] 戴朝波，李锦屏，王宇红. 一种“3/2”式桥差电力电容器装置：201120101104. 3 [P]. 2011-11-16.

[68] 赵波，章利刚，金雪芬，等. 一种内熔丝电容器花式接线结构：201110087807. X [P]. 2011-11-23.

[69] 田秋松，张健毅. 1000kV 特高压串联电容器接线方式与耐爆能量的分析计算 [J]. 电力电容器与无功补偿，2011，32 (04)：48-52.

[70] Redlund J，Fecteau J，Paulsson L，et al. A new fast protective device for high voltage series capacitors [C]. IEEE Power Engineering Society General Meeting，Montreal，Quebec：IEEE，2006.

[71] 张杰，黄康驾. 串联补偿电容装置火花间隙自触发原因分析 [J]. 广西电力，2014，37 (5)：43-47.

[72] 张强，朱宁辉，陈静. 超高压串联补偿装置 GAP 误动作研究 [J]. 电力电容器与无功补偿，2014，35 (6)：9-13.

[73] 董勤晓，刘之方，屈凯峰，等. 一种串补火花间隙的密封间隙：201110343345. 3 [P]. 2012-03-21.

[74] Li G，Xiang Z，Wang X，et al. Technical Brochure No. 693 Experience with equipment for series and shunt compensation [R]. Paris：Cigré，2017.

[75] 林敏，李杰. 500kV 串联补偿装置自触发及主间隙放电分散性研究 [J]. 江苏电机工程，2014，33 (6)：20-22.

[76] 刘之方，李国富，董勤晓，等. 一种火花间隙：201210080656. X [P]. 2012-08-01.

[77] 刘振亚. 特高压交流输电技术研究成果专辑（2011 年）[M]. 北京：中国电力出版社，2012.

[78] 王俊平. 可控串补区内故障间隙自触发问题分析及处理建议 [J]. 黑龙江电力，2015，37 (4)：364-367.

[79] 刘之方，李国富，董勤晓，等. 一种触发型火花间隙及其控制方法：201310075512. X [P]. 2013-07-10.

[80] 中国南方电网超高压输电公司. 串联补偿工程现场技术 [M]. 北京：中国电力出版社，2014.

[81] Grünbaum R，Redlund J，Rollin L P. Safety in speed [J]. ABB Review，2007，(4)：5-7.

[82] 段振坤，李国武. 串补电容器并联间隙工作原理与特点分析 [J]. 华北电力技术，2012，(12)：41-44.

[83] Halvarsson P, Jeppsson O, Johansson J, et al. Device and method for triggering a spark gap: US7295416B2 [P]. 2002-05-13.

[84] 马迎新，田建光，徐忱. 超高压串补装置平台设备供能技术分析 [J]. 华北电力技术，2013，(12)：53-56.

[85] Lutz K, Jeff B, Kadry S. Thyristor protected series capacitor: design aspects [C]. IEE Seventh International Conference on AC-DC Power Transmission. London: IEE. 2001.

[86] IEEE 1726—2013 IEEE Guide for the Functional Specification of Fixed-Series Capacitor Banks for Transmission System Applications [S].

[87] IEEE 824—2004 IEEE Standard for series capacitor banks in power systems [S].

[88] 武守远，戴朝波. 电力系统故障电流限制技术原理与应用 [M]. 北京：中国电力出版社，2014.

[89] Lutz K, Thumm G H. Design and experience with thyristor controlled and thyristor protected series capacitors [C]. IEEE International Conference on Power System Technology. Kunming: IEEE, 2002.

[90] Schulze H J, Niedernostheide F J, Kellner-Werdehausen U, et al. High-voltage Thyristors for HVDC and Other Applications: Light-triggering Combined with Self-protection Functions [J]. Werdehausen, 2003.

[91] 马向南. ±800kV 楚雄换流站光流触发晶闸管故障分析及措施 [J]. 高压电器，2017，53 (11):236-245.

[92] Bharat B, Richard G H. Thyristor protected series capacitors project at Southern California Edison Co [C]. IEEE Power Engineering Society Summer Meeting, Chicago: IEEE, 2002.

[93] 郝跃东，何露芽，沈志刚. 直流保护冗余配置的“三取二”逻辑实现方法比较 [J]. 南方电网技术，2012，6 (06)：15-18.

[94] 林集明，郑健超，刘长浥，等. 伊冯可控串补过电压保护控制及主动绝缘配合研究 [J]. 电网技术，1998，22 (6)：1-5.

[95] 戴朝波，金雪芬，刘慧文，等. 灵活交流输电装置的控制保护系统和方法：201110192304. 9 [P]. 2011-11-02.

[96] 戴朝波，李锦屏，武守远，等. 串联电容器装置的控制保护方法、装置与系统：201110192299. 1 [P]. 2011-11-16.

[97] 戴朝波，金雪芬，石泽京，等. MOV支路的控制保护系统和方法：201110192088. 8

［P］. 2011-11-02.

［98］ 武守远，戴朝波，李锦屏，等. 一种串联电容器装置的控制保护方法、装置与系统：201110192297. 2［P］. 2011-11-02.

［99］ 张浩. 可控串补（TCSC）同步软锁相环的仿真研究［D］. 北京：中国电力科学研究院，2012.

［100］ Teodorescu R，Liserre M，Rodr Guez P. Grid Converters for Photovoltaic and Wind Power Systems［M］. Chichester：John Wiley & Sons，2011.

［101］ Floyd M. Gardner，姚剑清. 锁相环技术［M］. 第 3 版. 北京：人民邮电出版社，2007.

［102］ 张兴，张崇巍. PWM 整流器及其控制［M］. 北京：机械工业出版社，2012.

［103］ Ghartemani M K. A synchronization scheme based on an enhanced phase-locked loop system［D］. Toronto：University of Toronto Department of Electrical and computer Engineering，2004.

［104］ Saitou M，Matsui N，Shimizu T. A control strategy of single-phase active filter using a novel d-q transformation［C］. IEEE 2003 Industry Applications Conference，Salt Lake City：IEEE，2003.

［105］ Silva S M，Lopes B M，Filho B J C，et al. Performance evaluation of PLL algorithms for single-phase grid-connected systems［C］. IEEE 2004 Industry Applications Conference，Seattle：IEEE，2004.

［106］ Arruda L N，Silva S M，Filho B J C. PLL structures for utility connected systems［C］. IEEE 2001 Industry Applications Conference，Chicagao：IEEE，2001.

［107］ Ciobotaru M，Teodorescu R，Blaabjerg F. A New Single-Phase PLL Structure Based on Second Order Generalized Integrator［C］. IEEE 2006 Power Electronics Specialists Conference，Jeju：IEEE，2006.

［108］ Rodriguez P，Luna A，Candela I，et al. Multiresonant Frequency-Locked Loop for Grid Synchronization of Power Converters Under Distorted Grid Conditions［J］. IEEE Transactions on Industrial Electronics，2011，58（1）：127-138.

［109］ 胡臻达，武守远，戴朝波. 特高压输电线路用新型 TCSC 方案及其控制策略研究［J］. 电网技术，2012，36（09）：73-80.

［110］ 郝鑫杰，戴朝波，宋晓通，等. 双 TCR 支路型 TCSC 基波阻抗特性和控制策略仿真研究［J］. 华北电力大学学报（自然科学版），2012，39（05）：42-48.

［111］ 崔博源，李志兵，王承玉，等. 提高特高压串补用旁路隔离开关转换电流开合能力的

方法［J］. 高压电器，2014，50（08）：26-31.

［112］ GB 50011—2010 建筑抗震设计规范［S］.

［113］ 祝令瑜，汲胜昌，沈琪，等. 特高压串联电容器补偿装置噪声的 Sysnoise 仿真［J］. 电力电容器与无功补偿，2011，32（6）：53-57.

［114］ 马其燕. 特高压串补装置开关操作引起的电磁瞬态过程研究［D］. 北京：华北电力大学，2013.

［115］ 高飞. 基于 PEEC 理论的串补装置中快速暂态过电压时域计算方法［D］. 北京：中国电力科学研究院，2011.

［116］ 詹雄，戴朝波，刘慧文，等. 特高压串补平台测量箱的大电流试验研究［J］. 电网技术，2012，36（1）：26-31.

［117］ Heyman C，Willforss S，Grunbaum R，et al. Field Experience of Encapsulated Fast Protective Device for Series Capacitors［C］. Ⅻ symposium of specialists in electric operational and expansion planning，Rio De Janeiro：2012.

［118］ 王宝琳，王宝卿，孟杰，等. 高压长距离输电线路串补平台供电可靠性研究［J］. 电力安全技术，2015（05）：11-14.

［119］ 李振动，藏斌，宋巍，等. 超高压 ABB 串联补偿典型故障分析与处理［J］. 电力学报，2015，30（4）：320-323.

［120］ Grunbaum R，Ingestrom G，Ekehov B，et al. 765kV series capacitors for increasing power transmission capacity to the Cape Region［C］. Power Engineering Society Conference and Exposition in Africa，Johannesburg：IEEE，2012.

［121］ 魏明，王宇红，戴朝波. 伊敏——冯屯可控串补控制策略的 RTDS 实验研究［J］. 电网技术，2009，33（04）：71-76.

［122］ Holmberg D，Danielsson M，Halvarsson P，et al. The stöde thyristor controlled series capacitor［J］. CIGRE，1998：14-105.

［123］ Morgan L，Barcus J M，Ihara S. Distribution series capacitor with high-energy varistor protection［J］. IEEE Transactions on Power Delivery，1993，8（3）：1413-1419.

［124］ Hedin J S，Paulsson L H. Application and evaluation of a new concept for compact series compensation for distribution networks［C］. CIRED 12th International Conference on Electricity Distribution，Birmingham：IET，1993.

［125］ 林宗良. 串联电容补偿装置在电气化铁道的应用［J］. 电气化铁道，2008，（2）：1-4.

［126］ Wamkeue R，Kandil N，East J，et al. Series Compensation for a Hydro-Quebec Long Distribution Line［J］. RE&PQJ，1（1），2003.

[127] McCarrel, Bahry, Folkesson, et al. Distribution Series Capacitor Application for Improved Motor Start and Flicker Mitigation [C]. IEEE PES Transmission and Distribution Conference and Exhibition, IEEE, 2006.

[128] Miske S A. Considerations for the application of series capacitors to radial power distribution circuits [J]. IEEE Transactions on Power Delivery, 2001, 16 (2): 306-318.

[129] 周封，肖强，刘志刚，等. 配电网串联电容补偿对电机机端电压调节性能的影响 [J]. 电力系统保护与控制，2015，43 (8): 107-114.

[130] 王笑棠，王曜飞，宋亚夫，等. 串补解决10kV配电线路高压与低压问题的研究 [J]. 电力电容器与无功补偿，2015，36 (02): 33-37.

[131] Marbury R E, Owens J B. Series capacitors on distribution circuits [J]. Electrical Engineering, 1948, 67 (2): 158-162.

[132] 任强，杨涛，谢伟峥，等. 串联补偿装置与并联补偿装置兼容运行 [J]. 电力电容器与无功补偿，2011，32 (01): 1-4.

[133] 曹荣江. 配电网络中的串联补偿装置 [M]. 北京：中国工业出版社，1964.

[134] Anderson P. M., Farmer R. G. 电力系统串联补偿 [M]. 北京：中国电力出版社，2008.

[135] Zeng Y, Zhang B, Li M, et al. A research of D-FSC technology for improving voltage quality in distribution networks [C]. International Conference on Electric Utility Deregulation and Restructuring and Power Technologies, Changsha: IEEE, 2015.

[136] 清华大学电力工程系，南昌有色冶金设计院，山西省电力局. 串联电容引起的电动机自激 [M]. 北京：科学出版社，1978.

[137] Bucatariu I, Coroiu F. Optimal location of series capacitor in radial distribution networks with distributed load [C]. International Conference on Environment and Electrical Engineering, Rome: IEEE, 2011.

[138] 卓谷颖，江道灼，梁一桥，等. 改善配网电压质量的固定串补技术研究 [J]. 电力系统保护与控制，2013，41 (8): 61-67.

[139] 曹荣江，盛国钊. 关于配电线路中的"串联电容补偿装置"问答 [J]. 高电压技术，1979，(2): 87-93.

[140] 李旭洋，董新洲，薄志谦. 电力变压器铁磁谐振检测方法研究 [J]. 电力系统保护与控制，2011，39 (9): 102-107.

[141] ValverdeV, Mazón A J, Zamora I, et al. Ferroresonance in Voltage Transformers: Analysis and Simulations [J]. RE&PQJ, 2007, 1 (5): 465-471.

［142］ Barr R A. Series compensation of distribution and subtransmission lines［D］. Wollongong：University of Wollongong Department of Electrical and Computer Engineering，1997.

［143］ 孙井学，王立伟，汪廷浩，等. 基于快速开关的配网串补装置保护策略研究［J］. 智能电网，2015，3（9）：801-805.

［144］ 周子寿. 在串联补偿网络中防止异步电机自激的措施［J］. 高电压技术，1982，（4）：25-31.

［145］ Figueiredo C E C，Silveira M S，Santos G J G，et al. Series compensation on medium voltage radial systems［C］. 23rd International conference on Electricity Distribution. Lyon：Cired，2015.

［146］ Wagner C F. Self-Excitation of Induction Motors With Series Capacitors［J］. 1941，60（12）：1241-1247.

［147］ 钱晓俊，梁一桥，汪卫国，等. 智能型串联补偿装置在10kV线路中的应用［J］. 电世界，2016，57（05）：8-9.

［148］ ABB. MiniCap，Series compensation for distribution networks Reliable，economical and self-regulating［R］. Quebec：ABB，2015.

［149］ 梁宗裕. 新型串联高电压补偿系统在中卫电网的应用［J］. 宁夏电力，2014，（4）：28-32.

［150］ 卓谷颖. 改善配网电压质量的固定串补技术研究［D］. 杭州：浙江大学，2013.

［151］ 李嘉迪. 中高压配网快速开关型串补保护控制研究［D］. 北京：华北电力大学，2015.

［152］ 任强. 辽宁阜新66kV串联补偿装置［C］. 电力电容器无功补偿技术学术会议，南昌：2008.

［153］ DL/T 1832—2018 配电网串联电容器补偿装置技术规范［S］.